电焊工操作入门与提高

金凤柱　陈　永　编著

机 械 工 业 出 版 社

本书是一本焊接工人学习、掌握、提高操作技术的指导书。全书共10章，内容包括焊接技术基础知识、常用焊接方法基本操作技术、平焊、立焊、横焊、仰焊、水平固定管道的焊接、管道的横焊、管板焊接、焊接缺欠及焊接变形。书中把常用金属材料的焊接性及焊接材料选用指南、焊条电弧焊焊缝熔敷重量及焊条消耗量作为附录，以供读者参考。本书用丰富的图表和简明扼要的语言，介绍了各种焊接操作技术的入门知识、操作要点和技巧，以及焊接缺欠及变形的防止措施，具有极强的针对性和实用性。具有初中文化水平的读者，通过自学本书，并按相关指导加强练习，会在较短的时间内熟练掌握焊接操作的技巧，成为一名优秀的焊工。

本书可供焊接工人阅读，也可作为焊接技术人员和相关专业职业培训学校师生的参考书。

图书在版编目（CIP）数据

电焊工操作入门与提高/金凤柱，陈永编著．—北京：机械工业出版社，2011.10（2025.12重印）
ISBN 978-7-111-35884-8

Ⅰ.①电…　Ⅱ.①金…②陈…　Ⅲ.①电焊－基本知识　Ⅳ.①TG443

中国版本图书馆CIP数据核字（2011）第189015号

机械工业出版社（北京市百万庄大街22号　邮政编码100037）
策划编辑：陈保华　责任编辑：陈保华　李建秀
版式设计：张世琴　责任校对：张　媛
封面设计：陈　沛　责任印制：邓　博
涿州市般润文化传播有限公司印刷
2025年12月第1版第19次印刷
148mm×210mm·7.625印张·224千字
标准书号：ISBN 978-7-111-35884-8
定价：22.00元

凡购本书，如有缺页、倒页、脱页，由本社发行部调换

电话服务	网络服务
服务咨询热线：010-88361066	机 工 官 网：www.cmpbook.com
读者购书热线：010-68326294	机 工 官 博：weibo.com/cmp1952
010-88379203	金 书 网：www.golden-book.com
封面无防伪标均为盗版	教育服务网：www.cmpedu.com

前　言

随着生产的发展和科学技术的进步，焊接已成为一门独立的学科。焊接技术广泛应用于航空航天、核工业、造船、建筑及机械制造等工业部门，在我国的国民经济发展中，尤其是制造业发展中，焊接技术是一种不可或缺的加工手段。

焊接是制造业的基础，几乎所有的工程结构都离不开焊接工艺。在此种情况下，培养和造就大批懂技术、会操作、有创新能力、从事焊接作业的高素质劳动者，是现代企业人力资源管理活动和职业技术技能训练与鉴定的一项紧迫任务。焊工操作技能培训也是提高劳动者素质、增强劳动者就业能力的有效措施。

本书面向焊工阶层，以形象逼真的图解形式，配以简明扼要的文字，系统讲解了常用焊接方法的操作要点、技巧及其缺欠与防止措施，具有极强的针对性和实用性。本书遵循由浅入深、由易到难、由简单到复杂的规律，特别注重实际操作技能训练，以提高读者的实际操作水平。全书包括焊接技术基础知识、常用焊接方法基本操作技术、平焊、立焊、横焊、仰焊、水平固定管道的焊接、管道的横焊、管板焊接、焊接缺欠及焊接变形共10章。本书图文并茂，难易结合，在众多焊接书籍中独具特色。读者既可以通过系统的学习，循序渐进地提高操作技能，也可以通过目录，直接找到需要的内容进行查阅与学习。

本书从实际出发，适合从事焊接工作的初、中级焊工以及相关技术人员使用，也可作为相关专业职业培训学校师生的参考书。具有初中文化水平的读者，通过自学本书，并按相关指导加强练习，会在较短的时间内熟练掌握焊接操作的技巧，成为一名优秀的焊工。

本书由金凤柱和陈永编写，潘继民对全书进行了详细审阅。

在本书的编写过程中，参考了国内外同行的大量文献和相关标准，在此谨向有关人员表示衷心的感谢！

由于我们水平有限，错误之处在所难免，敬请广大读者批评指正。

编　者

目　　录

第1章　焊接技术基础知识

1.1　焊接工艺基础知识

1.1.1　焊接接头形式

采用焊接方法连接的接头称为焊接接头，焊接接头的基本形式分为对接接头、搭接接头、角接接头、T形接头、十字接头、端接接头、卷边接头和套管接头共8种，如图1-1所示。

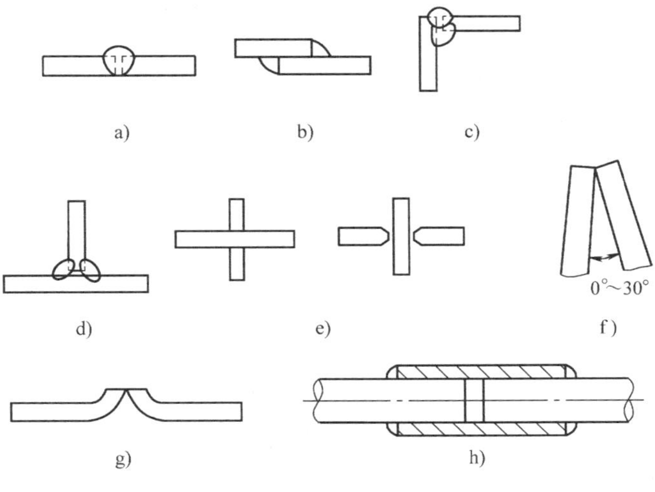

图1-1　焊接接头的基本形式

a）对接接头　b）搭接接头　c）角接接头　d）T形接头

e）十字接头　f）端接接头　g）卷边接头　h）套管接头

1.1.2　焊缝种类

焊缝的种类很多，按断续情况不同可将焊缝分为定位焊缝、断续焊缝、连续焊缝；按空间位置不同可分为平焊缝、横焊缝、立焊缝和仰焊缝，如表 1-1 所示，不同的空间位置均可采用焊缝倾角及焊缝转角来描述如图 1-2 所示。

表 1-1　空间位置不同的焊缝

焊缝名称	焊缝倾角/（°）	焊缝转角/（°）	施焊位置
平焊缝	0 ~ 5	0 ~ 10	水平位置
横焊缝	0 ~ 5	70 ~ 90	横向位置
立焊缝	80 ~ 90	0 ~ 180	立向位置
仰焊缝	0 ~ 5	165 ~ 180	仰焊位置

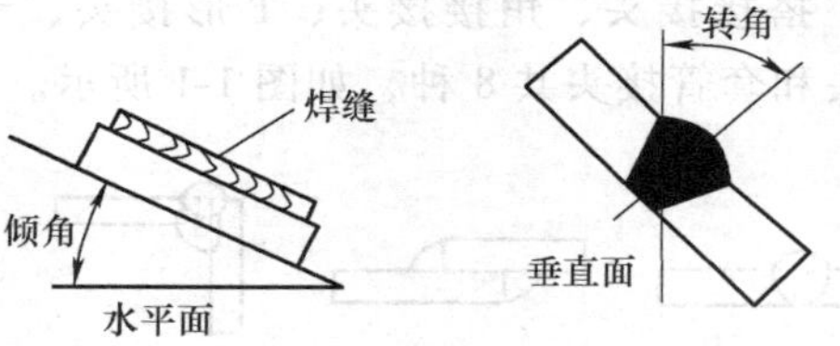

图 1-2　焊缝倾角及焊缝转角

1.1.3　焊接位置

焊接时工件连接处的空间位置叫作焊接位置，焊接位置分为平焊位置、横焊位置、立焊位置和仰焊位置，焊接位置示意如图 1-3 所示，焊接位置操作如图 1-4 所示。

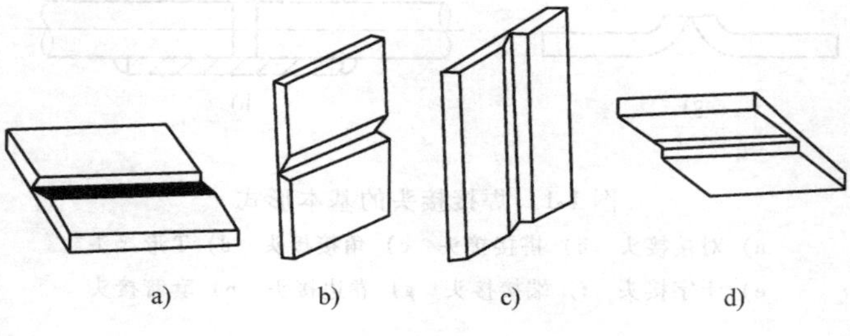

图 1-3　焊接位置示意图

a）平焊位置　b）横焊位置　c）立焊位置　d）仰焊位置

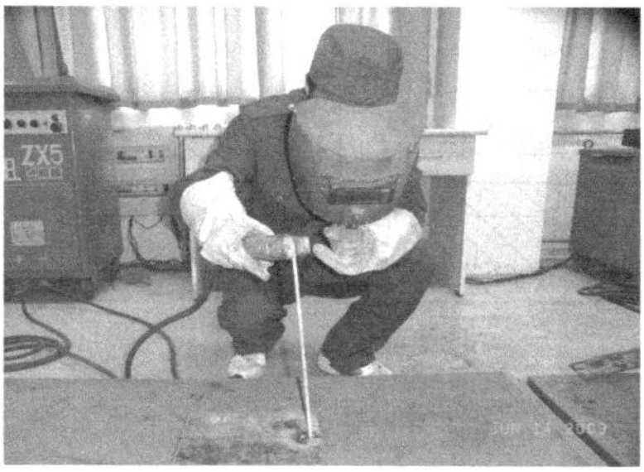

a)

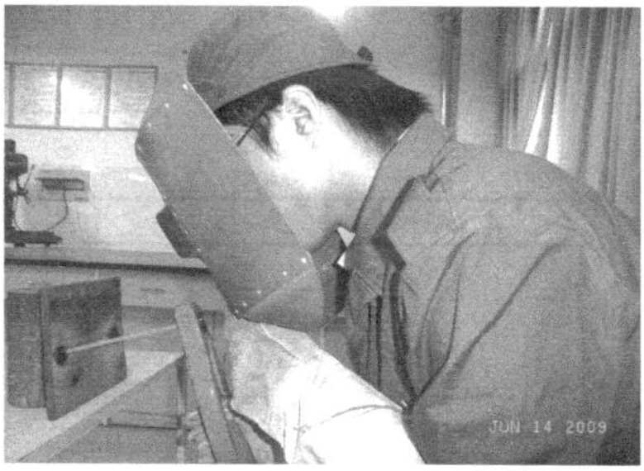

b)

c)

d)

图 1-4　焊接位置操作图

a）平焊　b）横焊　c）立焊　d）仰焊

1.1.4　坡口类型

焊接接头的坡口一般有 I 形坡口、U 形坡口、V 形坡口和双 V 形坡口四种。

1）I 形坡口一般用于厚度在 6mm 以下的金属板材的焊接，如图 1-5 所示。

2）U 形坡口一般用于厚度大于 20mm 板材和重要的焊接结构，焊接变形小，如图 1-6 所示。

3）V 形坡口形状简单，加工方便，是最常用的坡口形式，常用于厚度在 6～40mm 之间工件的焊接，如图 1-7 所示。

4）双 V 形坡口常用于厚度在 12～60mm 之间板材的双面焊接，

焊后的残余变形较小，如图 1-8 所示。

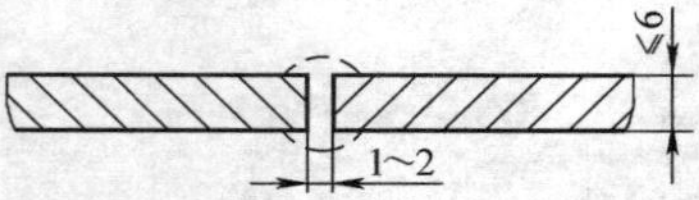

图 1-5　I 形坡口

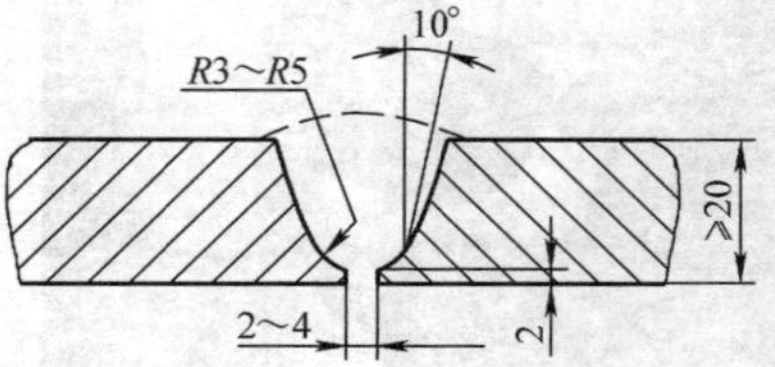

图 1-6　U 形坡口

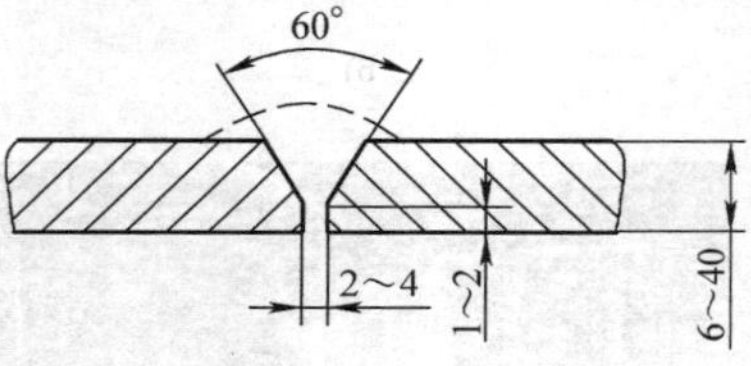

图 1-7　V 形坡口

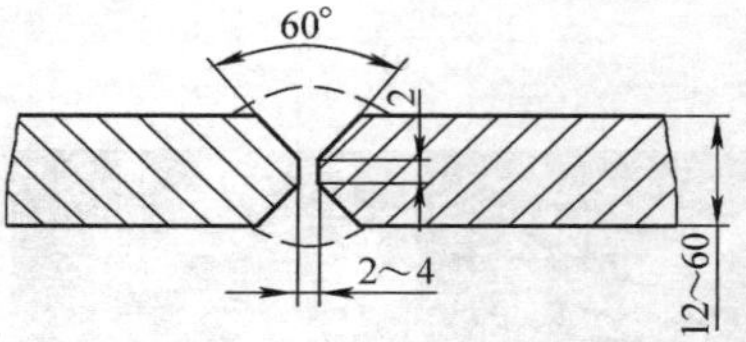

图 1-8　双 V 形坡口

1.1.5　焊缝的基本符号

焊缝的基本符号如表 1-2 所示。

表 1-2　焊缝的基本符号

序号	名　　称	示意图	符号
1	卷边焊缝（卷边完全熔化）		
2	I 形焊缝		
3	V 形焊缝		
4	单边 V 形焊缝		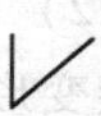
5	带钝边 V 形焊缝		

（续）

序号	名　　称	示意图	符号
6	带钝边单边 V 形焊缝		
7	带钝边 U 形焊缝	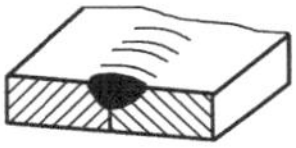	
8	带钝边 J 形焊缝	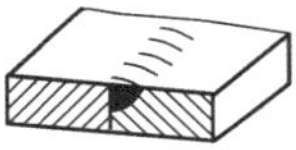	
9	封底焊缝		
10	角焊缝		
11	塞焊缝或槽焊缝	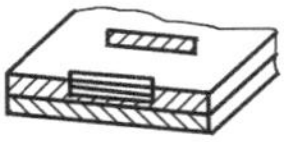	
12	点焊缝	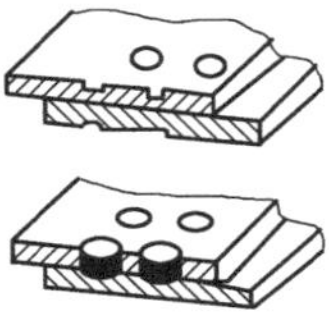	
13	缝焊缝	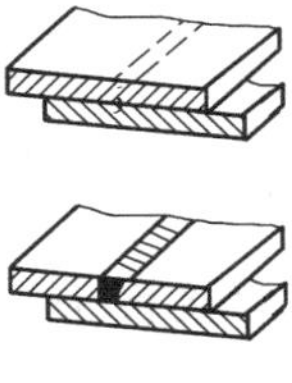	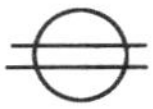

（续）

序号	名　　称	示意图	符号
14	陡边 V 形焊缝		
15	陡边单 V 形焊缝	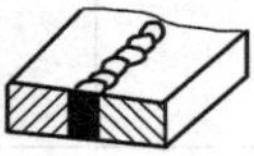	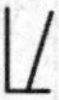
16	端焊缝		
17	堆焊缝		
18	平面连接（钎焊）	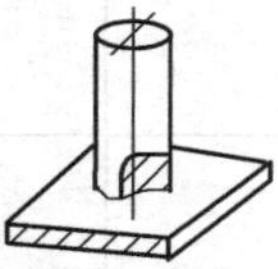 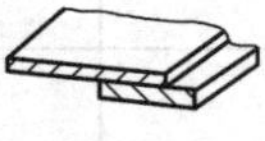	
19	斜面连接（钎焊）	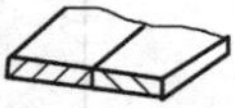	
20	折叠连接（钎焊）		

1.1.6　焊缝基本符号的组合

在标注双面焊的焊接接头和焊缝时，基本符号可以组合使用，如表 1-3 所示。

表 1-3　焊缝基本符号的组合

名　　称	示　意　图	符　　号
双面 V 形焊缝 （X 形焊缝）	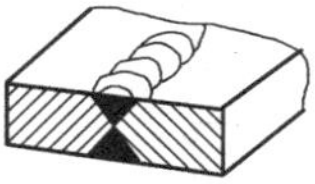	
双面单 V 形焊缝 （K 形焊缝）	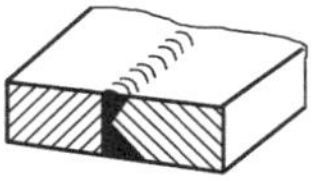	
带钝边的双面 V 形焊缝		
带钝边的双面单 V 形焊缝	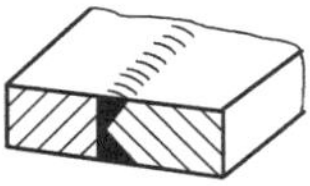	
双面 U 形焊缝		

1.1.7　焊缝的补充符号

焊缝的补充符号用来补充说明有关焊缝或接头的某些特征（如表面形状、衬垫、焊缝分布、施焊位置等），如表 1-4 所示。

表 1-4　焊缝的补充符号

名　　称	符　　号	说　　明
平面	——	焊缝表面通常经过加工后平整
凹面		焊缝表面凹陷
凸面		焊缝表面凸起
圆滑过渡		焊趾处过渡圆滑

（续）

名　　称	符　　号	说　　明
永久衬垫	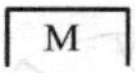	衬垫永久保留
临时衬垫	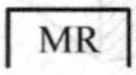	衬垫在焊接完成后拆除
三面焊缝		三面带有焊缝
周围焊缝		沿着工件周边施焊的焊缝标注位置为基准线与箭头线的交点处
现场焊缝		在现场焊接的焊缝
尾部		可以表示所需的信息

1.1.8　焊缝的尺寸符号

产品图样上焊缝的符号、名称及示意图如表1-5所示。

表1-5　焊缝的符号、名称及示意图

符号	名称	示意图	符号	名称	示意图
δ	工件厚度	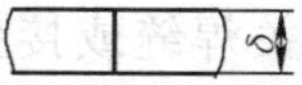	c	焊缝宽度	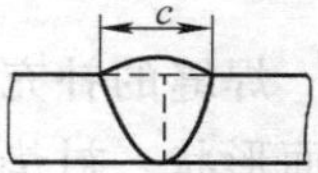
α	坡口角度	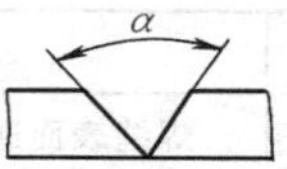	K	焊脚尺寸	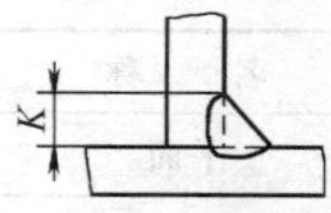
β	坡口面角度	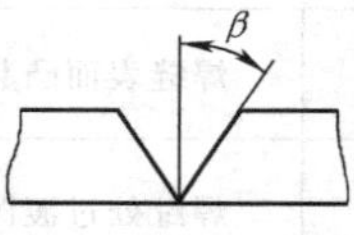	d	点焊：熔核直径 塞焊：孔径	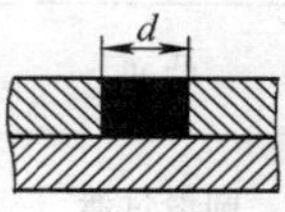

（续）

符号	名称	示意图	符号	名称	示意图
b	根部间隙	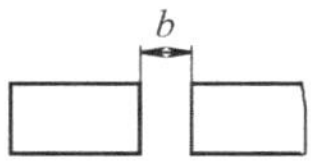	*n*	焊缝段数	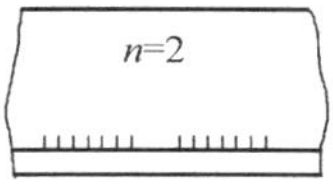
p	钝边	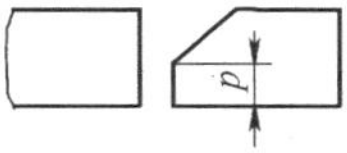	*l*	焊缝长度	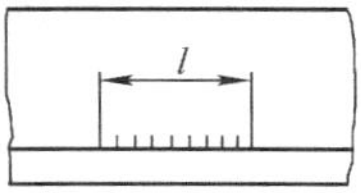
R	根部半径	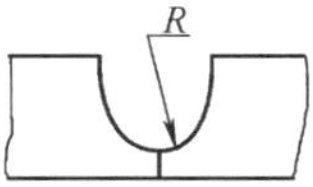	*e*	焊缝间距	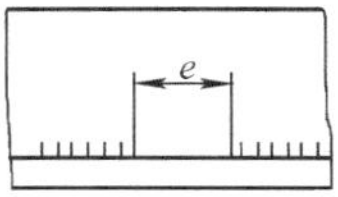
H	坡口深度	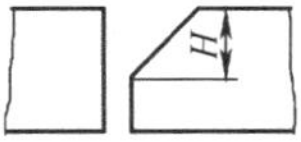	*N*	相同焊缝数量	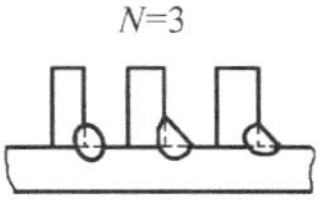
S	焊缝有效厚度	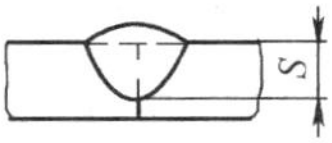	*h*	余高	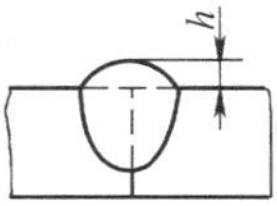

1.1.9　焊接电流

1. 焊接电流对焊接质量的影响

（1）焊接电流过小　焊接电流过小不仅引弧困难，而且电弧也不稳定，会造成未焊透和夹渣等缺欠。由于焊接电流过小使热量不足，还会造成焊条的熔滴堆积在表面，使焊缝成形不美观。

（2）焊接电流过大　焊接电流过大不仅会使熔深较大，容易产生烧穿和咬边等缺欠，而且还会使合金元素烧损过多，并使焊缝过热，造成接头热影响区晶粒粗大，影响焊缝力学性能。焊接电流太大时，还会造成焊条末端过早发红，使药皮脱落和失效，从而导致产生气孔。

2. 影响焊接电流大小的主要因素

焊接电流的大小，与焊条的类型、焊条直径、工件厚度、焊接接头形式、焊缝位置以及焊接层次等有关，其中关系最大的是焊条直径。

通常焊接电流与焊条直径有如下关系：

$$I = k \times d$$

式中 I——焊接电流（A）；

d——焊条直径（mm）；

k——经验系数。

当焊条直径 d 为 1～2mm 时，$k=25\sim30$；$d=2\sim4$mm 时，$k=30\sim40$；$d=4\sim6$mm 时，$k=40\sim60$。

1.1.10 电弧电压

1. 电弧电压与弧长

电弧电压即电弧两端（两电极）之间的电压降，当焊条和母材一定时，电弧电压主要由电弧长度来决定。电弧长，则电弧电压高；电弧短，则电弧电压低。

在焊接过程中，焊条端头至工件间的距离称为电弧长度（弧长）。通常电弧长度（弧长）L 可按下述经验公式确定：

$$L = (0.5\sim1.0)\,d$$

式中 d——焊条直径（mm）。

2. 长弧与短弧

当电弧长度大于焊条直径时称为长弧，小于焊条直径时称为短弧。使用酸性焊条时，一般采用长弧焊接，这样电弧能稳定燃烧，并能得到质量良好的焊接接头。由于碱性焊条药皮中含有较多的氧化钙和氟化钙等高电离电位的物质，若采用长弧则电弧不易稳定，容易出现各种焊接缺欠，因此凡碱性焊条均应采用短弧焊接。

确定焊接电弧长度时应注意以下事项：

1）在焊接时，电弧燃烧不稳定，容易左右摆动，所得到的焊缝质量也较差，电弧的热量不能集中作用在熔池上，而散失在空气中，并使焊缝的熔深较小，熔宽较大，且焊缝表面的鱼鳞纹不均匀。同时电弧过长时，还会由于空气中的氧、氮等元素侵入电弧区，引起严重飞溅，使焊缝产生气孔。但弧长如果过小，也会引起操作困难。

2）电弧长度还与工件坡口形式等因素有关。V形坡口对接、角接的第一层应采用短弧焊接，以保证焊透，且不致发生咬边现象；第二层可采用长弧焊接，以填满焊缝。焊缝间隙小时用短电弧，间隙大时电弧可稍长，并加大焊接速度。薄钢板焊接时，为防止烧穿，电弧长度不宜过大。仰焊时电弧应最短，以防止熔化金属下淌；立焊、横焊时，为了控制熔池温度，也应用小电流、短弧焊接。

3）在运条的过程中，不论使用哪种类型的焊条，都要始终保持电弧长度基本不变，只有这样才能保证整条焊缝的熔宽和熔深一致，从而获得高质量的焊缝。

1.1.11　焊接层数

多层焊和多层多道焊的接头组织细小，热影响区较窄，因此有利于提高焊接接头的塑性和韧性，特别对于易淬火钢，后焊缝对前焊缝有回火作用，可改善接头组织和力学性能。低碳钢及16Mn等普通低合金钢的焊接层数对接头质量影响不大，但如果层数过少，每层焊缝厚度过大时，对焊缝金属的塑性有一定的影响。其他钢种都应采用多层多道焊，一般每层焊缝的厚度不大于4mm。

1.1.12　焊接速度

焊接速度可由操作者根据具体情况灵活掌握，原则是保证焊缝具有所要求的外形尺寸，且熔合良好。在焊接过程中，操作者应随时调整焊接速度，以保证焊缝的高低和宽窄的一致性。如果焊接速度太小，则焊缝会过高或过宽，外形不整齐，焊接薄板时甚至会烧穿；如果焊接速度太大，焊缝较窄，则会产生未焊透的缺欠。

1.2　焊接材料基础知识

1.2.1　焊条的类型

1. 酸性焊条

药皮中含有大量的氧化钛、氧化硅等酸性造渣物及一定数量的碳酸盐等，熔渣氧化性强。

2. 碱性焊条

药皮中含有大量的碱性造渣物（大理石、萤石等），并含有一定数量的脱氧剂和渗合金剂。碱性焊条主要靠碳酸盐分解出二氧化碳作保护气体，弧柱气氛中的氢分压较低。而且萤石中的氟化钙在高温时与氢结合成氟化氢，可降低焊缝中的含氢量，故碱性焊条又称为低氢型焊条。

3. 酸性焊条与碱性焊条工艺性能比较（见表 1-6）

表 1-6 酸性焊条与碱性焊条工艺性能比较

酸性焊条	碱性焊条
1）药皮组分氧化性强	1）药皮组分还原性强
2）对水、锈产生气孔的敏感性不大，焊条在使用前经 150～200℃ 烘干 1h，若不受潮，也可不烘干	2）对水、锈产生气孔的敏感性大，要求焊条使用前经（300～400）℃ ×（1～2）h 烘干
3）电弧稳定，可用交流电或直流电施焊	3）由于药皮中含有氟化物，恶化电弧稳定性，必须用直流电施焊，只有当药皮中加入稳弧剂后，方可交、直流两用
4）焊接电流较大	4）焊接电流较小，较同规格的酸性焊条小 10% 左右
5）可长弧操作	5）必须短弧操作，否则易引起气孔及增加飞溅
6）合金元素过渡效果差	6）合金元素过渡效果好
7）焊缝成形较好，除氧化铁型外，熔深较浅	7）焊缝成形尚好，容易堆高，熔深较深
8）熔渣结构呈玻璃状	8）熔渣结构呈岩石结晶状
9）脱渣较方便	9）坡口内第一层脱渣较困难，以后各层脱渣较容易
10）焊缝常、低温冲击性能一般	10）焊缝常、低温冲击性能较高
11）除氧化铁型外，抗裂性能较差	11）抗裂性能好

（续）

酸性焊条	碱性焊条
12）焊缝中含氢量高，易产生白点，影响塑性	12）焊缝中扩散氢含量低
13）焊接时烟尘少	13）焊接时烟尘多，且烟尘中含有害物质较多

4. 焊条药皮类型（见表 1-7）

表 1-7　焊条药皮类型

药皮类型	药皮主要成分（质量分数）	焊接电源
钛型	氧化钛≥35%	直流或交流
钛钙型	氧化钛 30% 以上，钙、镁的碳酸盐 20% 以下	直流或交流
钛铁矿型	钛铁矿≥30%	直流或交流
氧化铁型	多量氧化铁及较多的锰铁脱氧剂	直流或交流
纤维素型	有机物 15% 以上，氧化钛 30% 左右	直流或交流
低氢型	钙、镁的碳酸盐和萤石	直流
石墨型	多量石墨	直流或交流
盐基型	氯化物和氟化物	直流

注：当低氢型药皮中含有适量稳弧剂时，可用于交流或直流焊接。

5. 各种药皮焊条的主要特点（见表 1-8）

表 1-8　各种药皮焊条的主要特点

药皮类型	电源种类	主要特点
不属已规定的类型	不规定	在某些焊条中采用氧化锆、金红石碱性型等，这些新渣系目前尚未形成系列
氧化钛型	直流或交流	含大量氧化钛，焊接工艺性能良好，电弧稳定，再引弧方便，飞溅很小，熔深较浅，熔渣覆盖性良好，脱渣容易，焊缝波纹特别美观，可全位置焊接，尤宜于薄板焊接，但焊缝塑性和抗裂性稍差。根据药皮中钾、钠及铁粉等用量的变化，分为高钛钾型、高钛钠型及铁粉钛型等

（续）

药皮类型	电源种类	主要特点
钛钙型	直流或交流	药皮中含氧化钛30%以上，钙、镁的碳酸盐20%以下，焊接工艺性能良好，熔渣流动性好，熔深一般，电弧稳定，焊缝美观，脱渣方便，适用于全位置焊接。如J422焊条即属此类型，是目前碳钢焊条中使用最广泛的一种
钛铁矿型	直流或交流	药皮中含钛铁矿≥30%，焊条熔化速度快，熔渣流动性好，熔深较深，脱渣容易，焊波整齐，电弧稳定，平焊、角焊工艺性能较好，立焊稍次，焊缝有较好的抗裂性
氧化铁型	直流或交流	药皮中含大量氧化铁和较多的锰铁脱氧剂，熔深大，熔化速度快，焊接生产率较高，电弧稳定，再引弧方便，立焊、仰焊较困难，飞溅稍大，焊缝抗热裂性能较好，适用于中厚板焊接。由于电弧吹力大，适于野外操作。若药皮中加入一定量的铁粉，则为铁粉氧化钛型
纤维素型	直流或交流	药皮中含15%以上的有机物，30%左右的氧化钛，焊接工艺性能良好，电弧稳定，电弧吹力大，熔深大，熔渣少，脱渣容易。可作立向下焊、深熔焊或单面焊双面成形焊接。立、仰焊工艺性好，适用于薄板结构、油箱管道、车辆壳体等焊接。随药皮中稳弧剂、粘结剂含量变化，分为高纤维素钠型（采用直流反接）、高纤维素钾型两类
低氢钾型	直流或交流	药皮组分以碳酸盐和CaF_2为主。焊条使用前须经300～400℃烘焙。短弧操作，焊接工艺性一般，可全位置焊接。焊缝有良好的抗裂性和综合力学性能。适于焊接重要的焊接结构。按药皮中稳弧剂量、铁粉量和粘结剂不同，分为低氢钠型、低氢钾型和铁粉低氢型等
低氢钠型	直流	

（续）

药皮类型	电源种类	主要特点
石墨型	直流或交流	药皮中含有大量石墨，通常用于铸铁或堆焊焊条。采用低碳钢焊芯时，焊接工艺性能较差，飞溅较多，烟雾较大，熔渣少，适于平焊，采用有色金属焊芯时，能改善其工艺性能，但电流不宜过大
盐基型	直流	药皮中含大量氯化物和氟化物，主要用于铝及铝合金焊条。吸潮性强，焊前要烘干。药皮熔点低，熔化速度快。采用直流电源，焊接工艺性较差，短弧操作，熔渣有腐蚀性，焊后需用热水清洗

注：表内含量均为质量分数。

1.2.2　焊条的牌号

焊条牌号通常以一个汉语拼音字母（或汉字）与三位数字表示。拼音字母（或汉字）表示焊条各大类，后面的三位数字中，前面两位数字表示各大类中的若干小类，第三位数字表示各种牌号焊条的药皮类型及焊接电源。

焊条牌号中第三位数字的含义如表 1-9 所示，其中盐基型主要用于有色金属焊条，石墨型主要用于铸铁焊条和个别堆焊焊条。数字后面的字母符号表示焊条的特殊性能和用途，如表 1-10 所示，对于任一给定的电焊条，只要从表中查出字母所表示的含义，就可掌握这种焊条的主要特征。

表 1-9　焊条牌号中第三位数字的含义

焊条牌号	药皮类型	焊接电源种类
□××0	不属已规定的类型	不规定
□××1	氧化钛型	直流或交流
□××2	钛钙型	直流或交流
□××3	钛铁矿型	直流或交流
□××4	氧化铁型	直流或交流
□××5	纤维素型	直流或交流
□××6	低氢钾型	直流或交流

（续）

焊条牌号	药皮类型	焊接电源种类
□××7	低氢钠型	直流
□××8	石墨型	直流或交流
□××9	盐基型	直流

注：“□”表示焊条牌号中的拼音字母或汉字，××表示牌号中的前两位数字。

表 1-10　牌号后面加注字母符号的含义

字母符号	表示的意义	字母符号	表示的意义
D	底层焊条	RH	高韧性超低氢焊条
DF	低尘焊条	LMA	低吸潮焊条
Fe	高效铁粉焊条	SL	渗铝钢焊条
Fe15	高效铁粉焊条，焊条名义熔敷效率 150%	X	向下立焊用焊条
G	高韧性焊条	XG	管子用向下立焊焊条
GM	盖面焊条	Z	重力焊条
R	压力容器用焊条	Z16	重力焊条，焊条名义熔敷效率 160%
GR	高韧性压力容器用焊条	CuP	含 Cu 和 P 的抗大气腐蚀焊条
H	超低氢焊条	CrNi	含 Cr 和 Ni 的耐海水腐蚀焊条

1.2.3　焊条型号与牌号的对照

国家标准将焊条用型号表示，并划分为若干类。原国家机械委则在《焊接材料产品样本》中，将焊条牌号按用途划分为十大类，焊条型号与牌号的对照如表 1-11 所示。

表 1-11　焊条型号与牌号的对照

型号			牌号			
国标	名称	代号	类型	名称	代号	
					字母	汉字
GB/T 5117—1995	碳钢焊条	E	一	结构钢焊条	J	结
GB/T 5118—1995	低合金钢焊条	E	一	结构钢焊条	J	结

（续）

型号			牌号			
国标	名称	代号	类型	名称	代号	
					字母	汉字
GB/T 5118—1995	低合金钢焊条	E	二	钼和铬钼耐热钢焊条	R	热
			三	低温钢焊条	W	温
GB/T 983—1995	不锈钢焊条	E	四	不锈钢焊条	G	铬
					A	奥
GB/T 984—2001	堆焊焊条	ED	五	堆焊焊条	D	堆
GB/T 10044—2006	铸铁焊条及焊丝	EZ	六	铸铁焊条	Z	铸
GB/T 13814—2008	镍及镍合金焊条	E	七	镍及镍合金焊条	Ni	镍
GB/T 3670—1995	铜及铜合金焊条	E	八	铜及铜合金焊条	T	铜
GB/T 3669—2001	铝及铝合金焊条	T	九	铝及铝合金焊条	L	铝
—	—	—	十	特殊用途焊条	T	特

1.2.4　焊丝的类型

焊丝的分类方法很多，如图1-9所示。

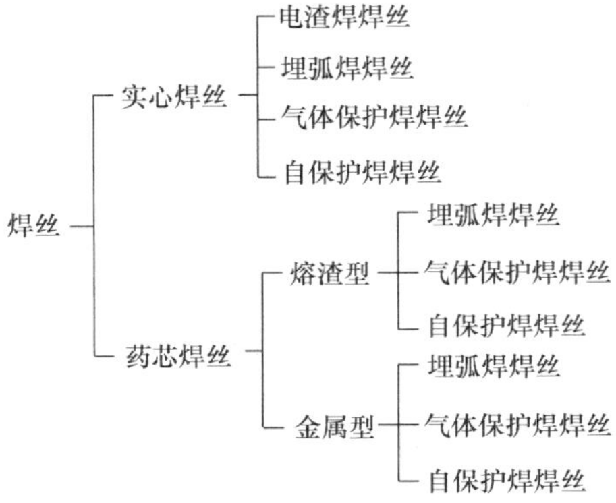

图1-9　焊丝的分类

1.2.5 焊丝的型号

1. 实心焊丝的型号

ER 55 -B2 -Mn

- -Mn：焊丝中含有Mn元素
- -B2：焊丝化学成分分类代号
- 55：熔敷金属抗拉强度最低值为550 N/mm^2
- ER：实心焊丝

2. 药芯焊丝的型号

E 50 1 T -1 M L

- L：熔敷金属V形缺口冲击吸收能量在－40℃时不小于27J
- M：保护气体为（75%~80%）$Ar+CO_2$
- -1：焊丝类别特点：外加保护气，直流电源，焊丝接正极，用于单道和多道焊
- T：药芯焊丝
- 1：焊接位置为全位置
- 50：熔敷金属抗拉强度不小于480 N/mm^2
- E：焊丝

1.2.6 焊丝的牌号

1. 实心焊丝的牌号

H 08 Mn2 Si A

- A：优质品，S、P≤0.030%
- Si：Si≤1%
- Mn2：Mn约2%
- 08：C约0.08%
- H：焊接用焊丝

2. 药芯焊丝的牌号

Y J 50 1 Ni -1

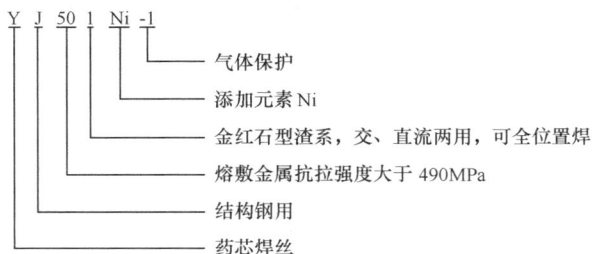

- -1 —— 气体保护
- Ni —— 添加元素 Ni
- 1 —— 金红石型渣系，交、直流两用，可全位置焊
- 50 —— 熔敷金属抗拉强度大于 490MPa
- J —— 结构钢用
- Y —— 药芯焊丝

1.2.7　焊丝型号与牌号的对照

1. 实心焊丝的型号与牌号对照（见表 1-12）

表 1-12　实心焊丝的型号与牌号对照

焊丝类型	牌号	相应标准的焊丝型号		
		中国（GB）	美国（AWS）	日本（JIS）
CO_2 气体保护焊焊丝	MG49-1	ER49-1	—	—
	MG49-Ni	—	—	—
	MG49-G	ER49-G	ER70S-G	YGW-11
	MG50-3	ER50-3	ER70S-3	—
	MG50-4	ER50-4	ER70S-4	—
	MG50-6	ER50-6	ER70S-6	—
	MG50-G	ER50-G	ER70S-G	YGW-16
	MG59-G	—	—	—
氩弧焊填充焊丝	TG50RE	ER50-4	ER70S-4	—
	TG50	—	—	—
	TGR50M	—	—	—
	TGR50ML	—	—	—
	TGR55CM	ER55-B2	—	—
	TGR55CML	ER55-B2L	—	—
	TGR55V	ER55B2MnV	—	—
	TGR55VL	—	—	—
	TGR55WB	—	—	—

（续）

焊丝类型	牌号	相应标准的焊丝型号		
		中国（GB）	美国（AWS）	日本（JIS）
氩弧焊填充焊丝	TGR55WBL	—	—	—
	TGR59C2M	ER62-B3	—	—
	TGR59C2ML	ER62-B3L	—	—
埋弧焊焊丝	H08A、H08E	H08A、H08E	EL8	W11
	H08MnA	H08MnA	EM12	W21
	H10Mn2	H10Mn2	EH14	W41
	H10MnSi	H10MnSi	EM13K	—

2. 药芯焊丝的型号与牌号对照（见表1-13）

表1-13 药芯焊丝的型号与牌号对照

牌号	相应标准的药芯焊丝型号		
	中国（GB）	美国（AWS）	日本（JIS）
YJ501-1	E501T1	E71T-1	YFW-24
YJ501Ni-1	E501T1	E71T-5	YFW-24
YJ502-1	E501T5	E70T-1	—
YJ502R-1	E501T1	—	—
YJ502R-2	E501T4	—	—
YJ507-1	E500T5	E70T-5	—
YJ507Ni-1	E500T5	—	—
YJ507TiB-1	E500T5	E70T-5	—
YJ507-2	E500T4	E70T-4	YFW-13
YJ507G-2	E500T8	E70T-8	—
YJ507R-1	E501T5	E71T-8	YFW-14
YJ507R-2	E500T4	E70T-GS	—
YJ707-1	E700T5	E80T5-Ni1	—

1.2.8 焊剂的类型

焊接时能够熔化形成熔渣和气体，对熔化金属起保护和冶金处理作用的一种颗粒状物质，称作焊剂，焊剂的分类如图 1-10 所示。

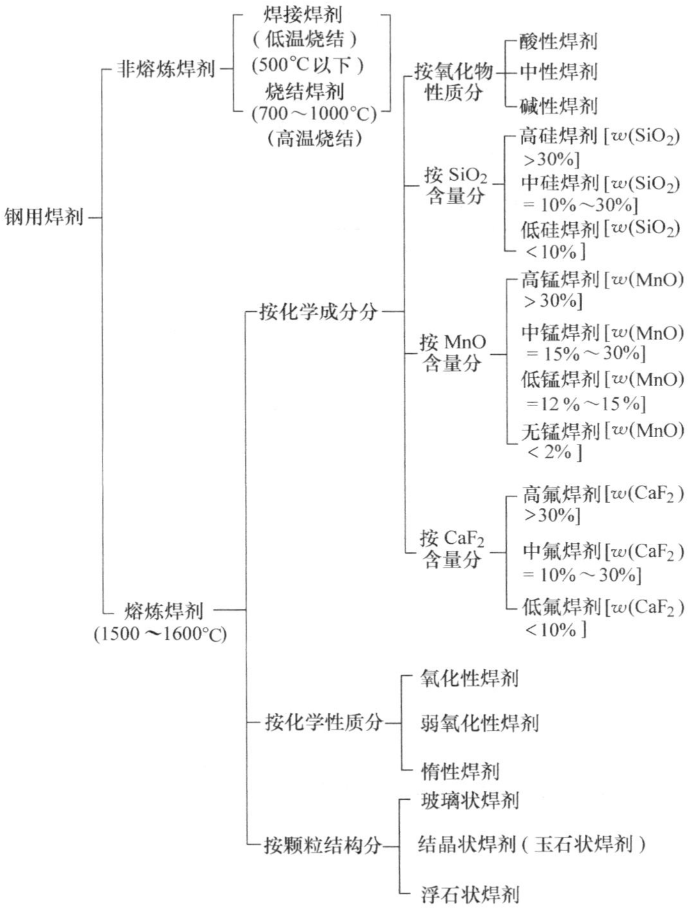

图 1-10　焊剂的分类

1.2.9　焊剂的型号

1. 碳钢埋弧焊用焊剂的型号

F 4 A 2 - H08A

- H08A：表示焊丝牌号
- 2：表示熔敷金属冲击吸收能量不小于 27J 时试验温度为 −20℃（见表1-15）
- A：表示试件为焊态
- 4：表示熔敷金属抗拉强度的最小值为 415N/mm²（见表1-14）
- F：表示焊剂

表 1-14 型号中第一位数字的含义

焊剂型号	抗拉强度 R_m /（N/mm²）	下屈服强度 R_{eL} /（N/mm²）	断后伸长率 A（%）
F4××-H×××	415~550	≥330	≥22
F5××-H×××	480~650	≥400	≥22

表 1-15 熔敷金属冲击试验温度

焊剂型号	冲击吸收能量/J	试验温度/℃
F××0-H×××	≥27	0
F××2-H×××		−20
F××3-H×××		−30
F××4-H×××		−40
F××5-H×××		−50
F××6-H×××		−60

2. 低合金钢埋弧焊用焊剂的型号

F 55 A 4-H08MnMoA - H8

- H8：表示熔敷金属中扩散氢含量不大于 8 mL/100g
- H08MnMoA：表示焊丝牌号
- 4：表示熔敷金属冲击吸收能量不小于 27J 时的最低试验温度为 −40℃（见表1-17）
- A：表示试件为焊态
- 55：表示熔敷金属抗拉强度值为 550~700N/mm²（见表1-16）
- F：表示焊剂

表1-16　型号中前两位数字的含义

焊剂型号	抗拉强度 R_m /（N/mm²）	下屈服强度或规定非比例延伸强度 R_{eL} 或 $R_{p0.2}$/（N/mm²）	断后伸长率 A（%）
F48××-H×××	480～660	400	22
F55××-H×××	550～700	470	20
F62××-H×××	620～760	540	17
F69××-H×××	690～830	610	16
F76××-H×××	760～900	680	15
F83××-H×××	830～970	740	14

注：表中单值均为最小值。

表1-17　熔敷金属冲击试验温度

焊剂型号	冲击吸收能量 A_{KV}/J	试验温度/℃
F×××0-H×××	≥27	0
F×××2-H×××		-20
F×××3-H×××		-30
F×××4-H×××		-40
F×××5-H×××		-50
F×××6-H×××		-60

3. 不锈钢埋弧焊用焊剂的型号

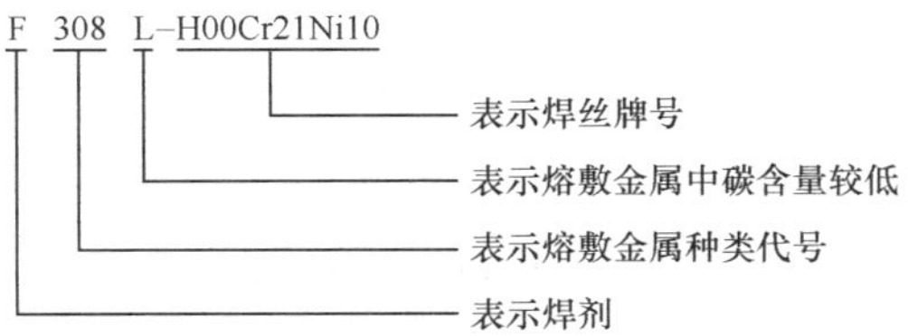

1.2.10　焊剂的牌号

1. 熔炼焊剂的牌号

HJ ×₁ ×₂ ×₃

- ×₃ — 牌号编号（相同类型中的不同编号，按0、1、…、9排列）
- ×₂ — 焊剂类型（SiO_2和CaF_2含量，见表1-19）
- ×₁ — 焊剂类型（MnO含量，见表1-18）
- HJ — 埋弧焊及电渣焊用熔炼焊剂

表1-18　焊剂类型（×₁）

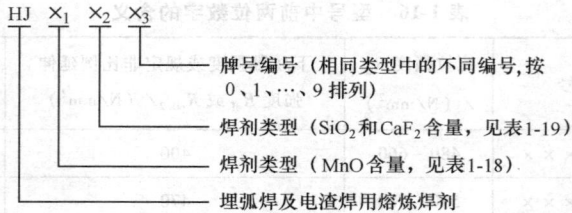

×₁	焊剂类型	w（MnO）（%）
1	无锰	<2
2	低锰	2~15
3	中锰	>15~30
4	高锰	>30

表1-19　焊剂类型（×₂）

×₂	焊剂类型	w（SiO_2）（%）	w（CaF_2）（%）
1	低硅低氟	<10	<10
2	中硅低氟	10~30	
3	高硅低氟	>30	
4	低硅中氟	<10	10~30
5	中硅中氟	10~30	
6	高硅中氟	>30	
7	低硅高氟	<10	>30
8	中硅高氟	10~30	
9	其他	不规定	不规定

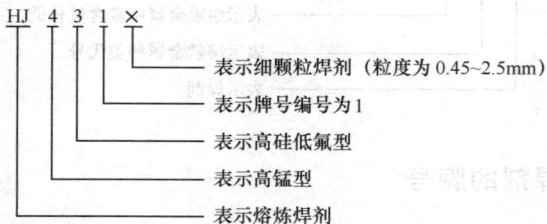

示例：

HJ 4 3 1 ×

- × — 表示细颗粒焊剂（粒度为0.45~2.5mm）
- 1 — 表示牌号编号为1
- 3 — 表示高硅低氟型
- 4 — 表示高锰型
- HJ — 表示熔炼焊剂

2. 烧结焊剂的牌号

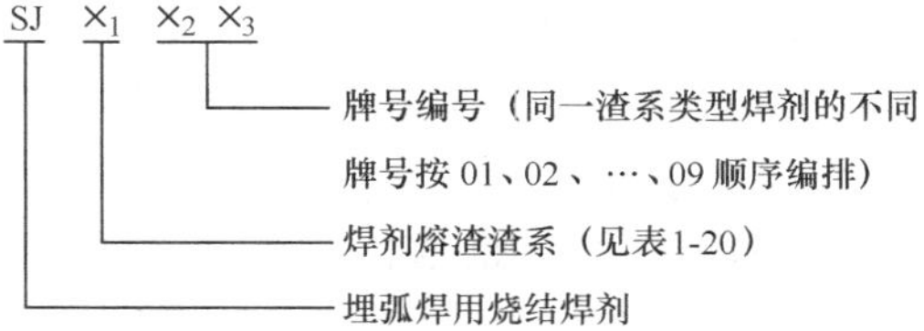

表1-20 焊剂熔渣渣系（$\times_1$）

$\times_1$	熔渣渣系类型	主要化学成分（质量分数）组成类型
1	氟碱型	$CaF_2 \geqslant 15\%$，$CaO + MgO + MnO + CaF_2 > 50\%$、$SiO_2 < 20\%$
2	高铝型	$Al_2O_3 \geqslant 20\%$、$Al_2O_3 + CaO + MgO > 45\%$
3	硅钙型	$CaO + MgO + SiO_2 > 60\%$
4	硅锰型	$MnO + SiO_2 > 50\%$
5	铝钛型	$Al_2O_3 + TiO_2 > 45\%$
6、7	其他型	不规定

示例：

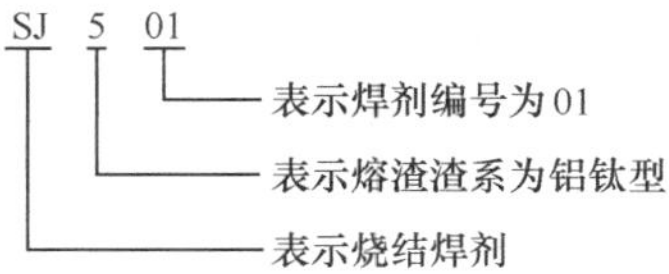

1.3 焊接设备基础知识

1.3.1 焊条电弧焊机的维护

正确使用和维护焊接设备，不但能保证其工作性能，还能延长使用寿命，所以对操作者来说，必须掌握电弧焊设备的正确使用与维护方法。

1）焊机的安装场地，应通风干燥、无振动、无腐蚀性气体，焊接设备机壳必须接地。

2）电弧焊设备的电源开关必须采用磁力启动器，且必须使用降压启动器，使用时在合、断电源开关时，头部不得正对电闸。

3）保持焊机接线柱的接触良好，固定螺母要压紧。经常检查电弧焊设备的电刷与换向片间的接触情况，当火花过大时，必须及时更换或压紧电刷，或修整换向片。

4）焊钳与工件短接情况下，不得启动焊接设备。

5）焊机应按额定焊接电流和负载持续率来使用，不得过载。

6）要保持焊机的内部和外部清洁，要经常润滑焊机的运转部分，整流焊机必须保证整流元件的冷却和通风良好。

7）检修焊机故障时必须切断电源，移动焊机时，应避免剧烈振动。

8）工作完毕或临时离开工作场地时，必须切断电源。

1.3.2 焊条电弧焊机常见故障的排除

焊条电弧焊机常见故障、产生原因及排除方法如表1-21所示。

表1-21 焊条电弧焊机常见故障、产生原因及排除方法

故障特征	产生原因	消除方法
焊机过热	1）焊机过载 2）变压器绕组短路 3）铁心螺杆绝缘损坏	1）减小焊接电流 2）消除短路 3）恢复绝缘
焊接过程中电流忽大忽小	1）焊接电缆、焊条等接触不良 2）可动铁心随焊机振动而移动	1）使接触可靠 2）防止铁心移动
可动铁心在焊接过程中，发出强烈的嗡嗡声	1）可动铁心的制动螺钉或弹簧太松 2）铁心活动部分的移动机构损坏	1）紧固螺钉，调整弹簧拉力 2）检查修理移动机构
焊机外壳带电	1）一次绕组或二次绕组碰壳 2）电源线与罩壳碰接 3）焊接电缆误碰外壳 4）未接地或接地不良	1）检查并消除碰壳处 2）消除碰壳现象 3）消除碰壳现象 4）接好地线
焊接电流过小	1）焊接电缆过长，降压太大 2）焊接电缆卷成盘形，电感太大 3）电缆接线柱与焊件接触不良	1）减小电缆长度或加大直径 2）将电缆放开，不使其成盘状 3）使接触处接触良好
焊机空载电压太低	1）网路电压过低 2）变压器一次绕组匝间短路 3）磁力启动器接触不良	1）调整电压至额定值 2）消除短路现象 3）使接触良好

（续）

故障特征	产生原因	消除方法
焊接电流调节失灵	1）控制绕组匝间短路 2）焊接电流控制器接触不良 3）控制整流元件击穿	1）消除短路现象 2）使电流控制器接触良好 3）更换元件
焊接电流不稳定	1）主回路交流接触器抖动 2）风压开关抖动 3）控制绕组接触不良	1）消除抖动 2）消除抖动 3）使其接触良好
风扇电动机不转	1）熔丝烧断 2）电动机绕组断线 3）按钮开关触头接触不良	1）更换熔丝 2）修复或更换电动机 3）修复或更换按钮开关
焊接过程中焊接电压突然降低	1）主回路全部或部分产生短路 2）整流元件击穿 3）控制回路断路	1）修复线路 2）更换元件，检查保护线路 3）检修控制回路

1.3.3　钨极惰性气体保护焊焊枪的结构

钨极惰性气体保护焊（TIG）焊枪主要由枪体、喷嘴、电极、夹持体、弹性夹头、电缆、气体输入管、冷却水管和焊枪开关组成，如图 1-11 所示。

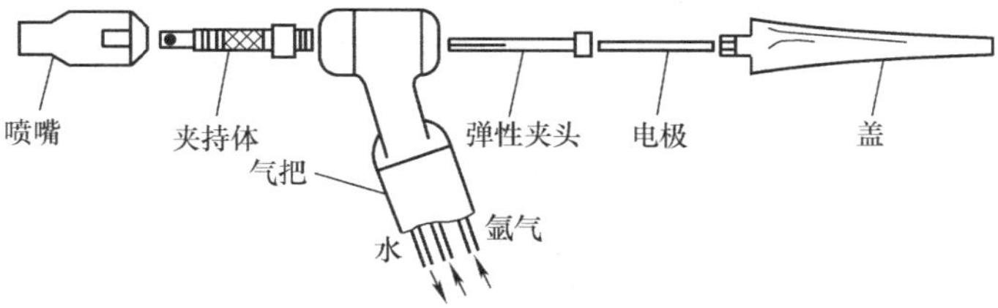

图 1-11　TIG 焊枪的结构

1.3.4　钨极惰性气体保护焊焊枪喷嘴的选择

焊枪喷嘴是保护气体的出气通道，要求光滑均匀，能以较小的气体流量获得较好的保护效果，结构简单，易于加工。喷嘴内通道通常有圆柱形和收敛形两种形状，如图 1-12 所示。圆柱形喷嘴保护效果较好，收敛形喷嘴常用于小电流和狭窄处。圆柱形喷嘴的主要尺寸如下：

$$d_2=(2.5\sim3.5)d_1, h=(1.4\sim1.6)d_2+7\sim9\text{mm}, S=1.5\sim20\text{mm}$$

式中　d_1——钨极直径（mm）；

h——圆柱形通道高度（mm）；

d_2——通道内径（mm）；

S——喷嘴壁厚（mm）。

喷嘴的材料可以是陶瓷、纯铜或石英。陶瓷喷嘴价格低廉，使用较多，焊接电流不超过350A。纯铜喷嘴使用电流可达500A，需要用绝缘套将喷嘴与导电部分绝缘。石英喷嘴较贵，但焊接时可见度好。

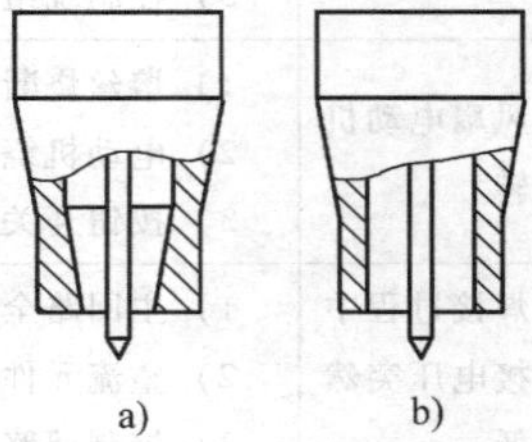

图1-12　喷嘴内通道形状
a）收敛形　b）圆柱形

在一定条件下，气体流量和喷嘴直径有一个最佳配合范围。对手工氩弧焊而言，当流量为5～25L/min时，其对应的喷嘴口径为5～20mm。在此范围内，气体保护效果最好，有效保护区最大。如果气体流量过小或喷嘴口径过大，会使气流挺度差，排除周围空气的能力弱，保护效果不佳；若气流量太大或喷嘴口径过小，会因气流速度过高而形成紊流，这样不仅缩小了保护范围，还会使空气卷入，降低保护效果。喷嘴大小和气体流量对保护效果的影响如图1-13所示。

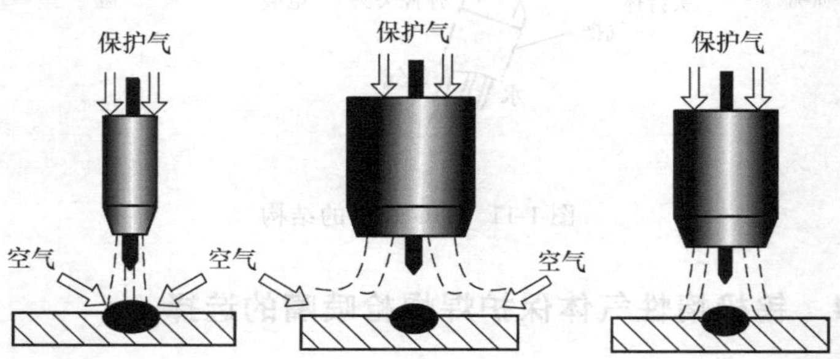

图1-13　喷嘴大小和气体流量对保护效果的影响
a）喷嘴过小　b）喷嘴过大　c）喷嘴适中

1.3.5　钨极的选用

1. 钨极端部形状

钨极端部形状和表面状况对电弧的稳定性有较大的影响，采用交流钨极氩弧焊时，钨极端部一般为圆珠形。采用直流钨极氩弧焊时，钨极端部一般为平底锥形，端部角度为 30°～50°，这样可使电弧对母材的吹力最强，保证焊接时电弧稳定燃烧和热量集中。钨极尖锥角度的大小对焊缝熔深和熔宽也有一定的影响。通常减小锥角，焊缝熔深增大，熔宽减小；反之，熔深减小，熔宽增大。常用钨极端部的形状尺寸如图 1-14 所示。

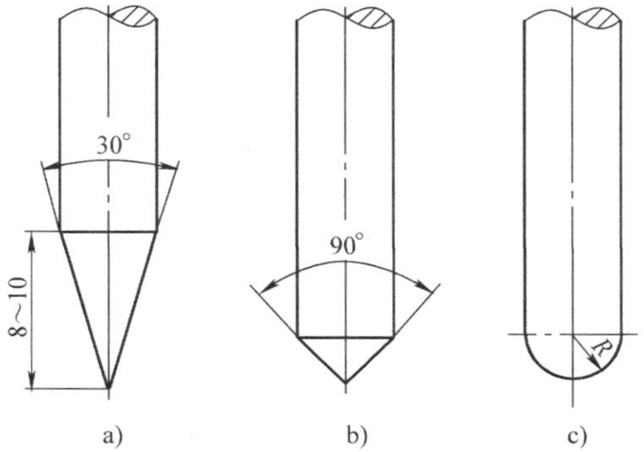

图 1-14　常用钨极端部的形状尺寸
a）直流小电流　b）直流大电流　c）交流电

2. 钨极的截取

钨极价格较贵，由于生产厂家制成的钨极成品规格不同，长度尺寸为 76～760mm。为了不浪费又便于修磨，在截取时不能用台虎钳夹断或折断，以免脆断撕裂，而应根据焊枪装夹钨极的最大有效尺寸，均匀地在砂轮上磨断后，再修磨钨极两端头使其满足所需尺寸。

3. 磨削钨极时的注意事项

1）必须在专用的硬磨料精磨砂轮上进行，修磨时要保持钨极端部几何形状的均一性。

2）在磨削钍钨极时，应在密封式或抽风式砂轮上磨削。

3）磨削完的钨极端头不能有油污和表面氧化膜，否则无法进行引弧。

4）对空心平底锥形钨极的钻孔要使用 W18Cr4V 高速钢钻头，钻孔时不加润滑剂，不要使钨极出现裂纹，也不要出现偏心现象。

4. 钨极直径与焊接电流的关系

如果钨极直径太大，焊接电流很小，钨极端部温度不够，电弧会在钨极端头不规则地燃烧，造成电弧不稳，焊缝成形差，且不利于操作。如果直径太小，焊接电流偏大，超过了钨极直径的许用电流，钨极易被烧损，使焊缝产生夹钨等不良效果。不同钨极直径所允许的电流范围如表 1-22 所示。

表 1-22 不同钨极直径所允许的电流范围

钨极直径/mm	直流电流/A		交流电流/A
	正极性	反极性	
1～2	65～150	10～20	20～100
3	140～180	20～40	100～160
4	250～340	30～50	140～220
5	300～400	40～80	200～280
6	350～500	60～100	250～300

5. 钨极材料与焊机空载电压的关系

不同的电极材料要求的焊机空载电压不同，钨极材料与焊机空载电压的关系如表 1-23 所示。

表 1-23 钨极材料与焊机空载电压的关系

电极名称	电极型号	所需空载电压/V		
		低碳钢	不锈钢	铜
纯钨极	—	95	95	95
钍钨极	WTH-10	70～75	55～70	40～65
铈钨极	WCe-20	40	40	35

6. 钨极伸出长度

钨极伸出长度增加，喷嘴距工件的距离增加，氩气易受空气气流的影响而发生摆动；伸出长度减小，喷嘴至工件的距离较近，保护效果好，但过近会妨碍观察熔池。焊接对接焊缝时，一般钨极伸出长度为4～6mm；焊接角焊缝时，钨极伸出长度为6～8mm。

1.3.6　钨极氩弧焊机的维护

1）焊机外壳必须接地，以免造成危险。

2）保持焊机清洁，定期用干燥压缩空气进行清洁。

3）注意焊枪冷却水系统的工作情况，以防烧坏焊枪。

4）氩气瓶要严格按照高压气瓶的规定使用。

5）定期检查焊接电源和控制部分继电器、接触器的工作情况，发现触头接触不良时，及时修理或更换。

6）注意供气系统的工作情况，发现漏气时应及时解决。

7）及时更换烧坏的喷嘴。

8）工作完毕或离开现场时，必须切断焊接电源，关闭水源及氩气瓶阀门。

1.3.7　钨极氩弧焊机常见故障的排除

手工钨极氩弧焊机的常见故障排除如表1-24所示。

表1-24　手工钨极氩弧焊机的常见故障排除

故障特征	可能产生的原因	消除方法
焊机起动后，无保护气输送	1）电磁气阀故障 2）气路堵塞 3）控制线路故障	检修
焊接电弧不稳	1）焊接电源故障 2）消除直流分量线路故障 3）脉冲稳弧器不工作	检修
焊机起动后，高频振荡器工作，引不起电弧	1）焊件接触不良 2）网络电压太低 3）接地电缆太长 4）钨极形状或伸出长度不合适	1）清理焊件 2）提高网络电压 3）缩短接地电缆 4）调整钨极伸出长度或更换钨极

（续）

故障特征	可能产生的原因	消除方法
焊机不能正常起动	1）焊枪开关故障 2）控制系统故障 3）起动继电器故障	检修
电源开关接通，指示灯不亮	1）开关损坏 2）指示灯坏 3）熔断器烧断	1）更换开关 2）更换指示灯 3）更换熔断器

1.3.8 CO_2 气体保护焊送丝系统

1. 送丝方式

CO_2 气体保护焊主要采用等速送丝方式的焊机，其焊接电流是通过送丝速度来调节，送丝机构质量的好坏，直接关系到焊接过程的稳定性。因此要求送丝系统要能维持并保证送丝均匀而平稳，且能使送丝速度在一定范围内进行无级调节，以满足不同直径焊丝及焊接参数的要求。半自动 CO_2 焊的送丝方式有三种，即推丝式、推拉丝式和拉丝式，如图 1-15 所示。

2. 影响送丝稳定性的因素

（1）软管内径　软管内径要和焊丝直径有适当的配合。软管内径过小，焊丝与软管内壁间的接触面积增大，增加送丝阻力。软管内径过大，焊丝在软管内呈波浪形送进，如果采用推丝式，同样会使送丝阻力增大。不同焊丝直径相适应的软管内径尺寸如表 1-25 所示。

表 1-25　不同焊丝直径相适应的软管内径尺寸

焊丝直径/mm	软管内径/mm	焊丝直径/mm	软管内径/mm
0.8～1.0	1.5	>1.4～2.0	3.2
>1.0～1.4	2.5	>2.0～3.5	4.7

（2）软管材料　送丝软管材料的摩擦系数越小越好，一般情况下，用尼龙制成的软管比用弹簧钢丝绕成的软管送丝稳定性要好。

（3）软管弯曲度　软管弯曲时，送丝阻力增大，因此要减小软

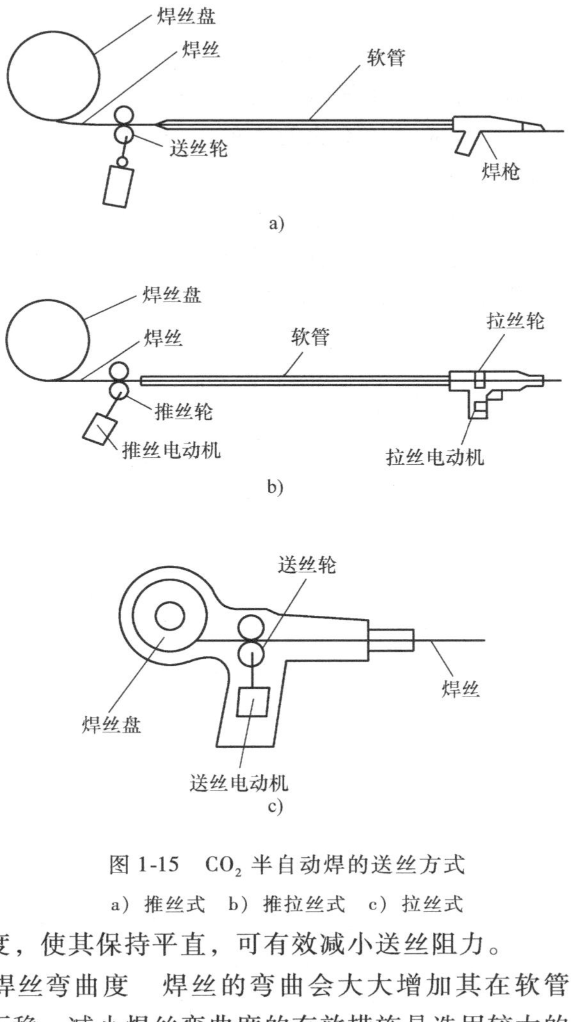

图 1-15 CO_2 半自动焊的送丝方式

a）推丝式 b）推拉丝式 c）拉丝式

管的弯曲度，使其保持平直，可有效减小送丝阻力。

（4）焊丝弯曲度 焊丝的弯曲会大大增加其在软管中的阻力，导致送丝不稳。减小焊丝弯曲度的有效措施是选用较大的焊丝盘。

（5）导电嘴孔径 如果导电嘴孔径过小，就会增大送丝阻力，当焊丝略有弯曲时，就可能被卡紧在导电嘴中；如果导电嘴孔径过大，会使焊丝的导电性和导向性不好，造成送丝不稳定。一般情况下，对于钢焊丝，如果焊丝直径不大于1.6mm时，要求导电嘴孔径比焊丝直径大0.1～0.3mm；如果焊丝直径大于1.6mm时，要求导电嘴孔径比焊丝直径大 0.4 ~ 0.6mm。对于有色金属焊丝，还要在此基础上将孔径尺寸增大 0.1 ~ 0.3mm。

（6）导电嘴长度　如果导电嘴的长度过大，也会增大焊丝在导电嘴中的阻力，并造成送丝不稳的现象。一般情况下，导电嘴的长度为 20 ~ 30mm。

（7）导电嘴的材料　一般情况下，导电嘴选用黄铜制造，其送丝阻力小，铬青铜或磷青铜制造的导电嘴的送丝阻力稍大一些，不同规格型号的黄铜导电嘴如图 1-16 所示。

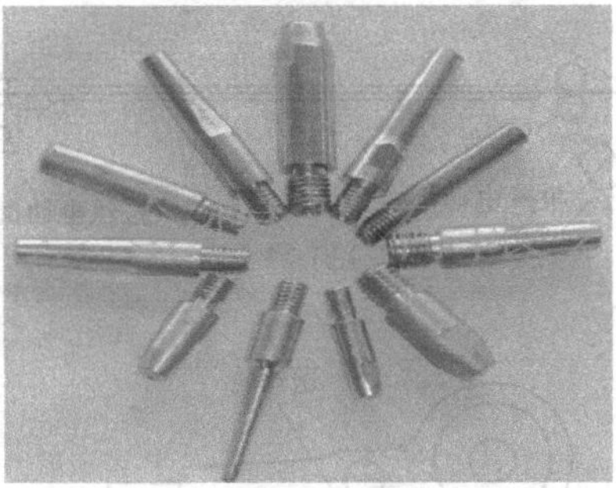

图 1-16　黄铜导电嘴

1.3.9　CO_2 气体保护焊焊枪

最常用的 CO_2 气体保护焊的焊枪是半自动焊枪，有鹅颈式和手枪式两种，如图 1-17 所示。

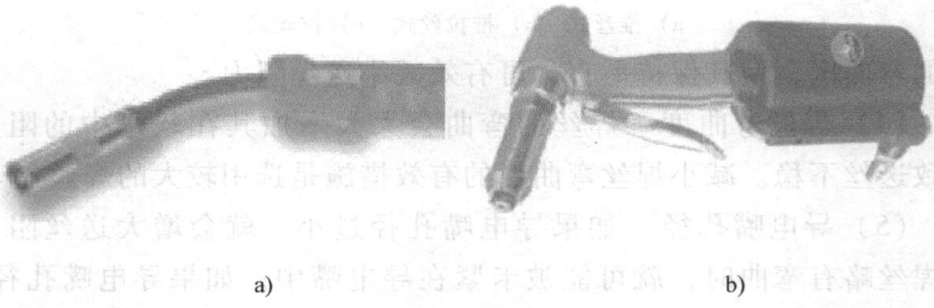

图 1-17　常用 CO_2 气体保护焊焊枪

a）鹅颈式　b）手枪式

1.3.10 CO_2 气体保护焊焊机的维护

1）经常检查送丝软管工作情况，及时清理管内污垢，以防被污垢堵塞。

2）经常检查导电嘴磨损情况，及时更换磨损大的导电嘴，以免影响焊丝导向及焊接电流的稳定性，发现导电嘴孔径严重磨损时应及时更换。

3）经常检查电源和控制部分的接触器及继电器触点的工作情况，发现烧损或接触不良应及时修理或更换。

4）经常检查送丝电动机和小车电动机的工作状态，发现电刷磨损、接触不良时要及时修理或更换。

5）经常检查送丝滚轮的压紧情况和磨损程度，定期检查送丝机构、减速箱的润滑情况，及时添加或更换新的润滑油。

6）经常检查导电嘴与导电杆之间的绝缘情况，防止喷嘴带电，并及时清除附着的飞溅金属。

7）经常检查供气系统工作情况，防止漏气、焊枪分流环堵塞、预热器以及干燥器工作不正常等问题，保证气流均匀畅通。

8）定期用干燥压缩空气清洁焊机。

9）当焊机较长时间不用时，应将焊丝自软管中退出，以免日久生锈。

10）当焊机出现故障时，不要随便拨弄电器元件，应停机停电，检查修理。

11）工作完毕或因故离开，要关闭气路，切断电源。

1.3.11 CO_2 气体保护焊焊机常见故障的排除

判断 CO_2 设备故障时一般采用直接观察法、仪表测量法、示波器波形检测法和新元件代入等方法。检修和消除故障的一般步骤是，从故障发生部位开始，逐级向前检查。对于被检修的各个部分，首先检查易损、易坏、经常出毛病的部件，随后再检查其他部件。

CO_2 焊机常见故障的产生原因及排除方法如表 1-26 所示。

表 1-26 CO_2 焊机常见故障的产生原因及排除方法

序号	故障现象	故障的产生原因	故障的排除方法
1	焊接电弧不稳定	1）电网电压波动	1）加大供电电源变压器容量，不与其他大功率用电装置共用同一电网线路（如大功率电阻焊机等）
		2）送丝不稳定 ① 送丝滚轮 V 形槽口磨损或与焊丝直径不匹配 ② 送丝轮压力不够 ③ 送丝软管堵塞或接头处有硬弯 ④ 导电嘴孔径太大或太小 ⑤ 送丝软管弯曲半径小于400mm	2）使送丝稳定 ① 更换与焊丝直径相匹配的送丝轮 ② 调整压力 ③ 清理送丝软管中的尘埃、铁粉等，消除硬弯 ④ 更换合适孔径的导电嘴 ⑤ 展开送丝软管
		3）三相电源的相间电压不平衡	3）检查熔断器，整流元件是否损坏并更换之
		4）焊接参数未调好	4）重新选择焊接参数
		5）连接处接触不良	5）检查各导电连接处是否松动
		6）夹具导电不良	6）改善夹具与工件的接触
		7）二次侧极性接反	7）改变错误的接线
		8）焊工操作或规范选用不当	8）按正确操作方式施焊，重新选用焊接参数
		9）电抗器抽头位置选用不当	9）重新选用合适的电抗器抽头档
2	产生气孔或凹坑	1）工件表面不清洁	1）清理工件上的油、污、锈、涂料等
		2）焊丝上沾有油污或生锈	2）加强焊丝的保管与使用，清除焊丝、送丝轮和软管中的油污
		3）CO_2（或 Ar）气体流量太小	3）检查气瓶气压是否太低，接头处是否漏气、气体调节配比是否合适
		4）风吹焊接区，气体保护恶化	4）在野外或有风处施焊，应采取相应保护措施
		5）喷嘴上粘有飞溅物，保护气流不畅	5）清除喷嘴上的飞溅物，并涂抹硅油
		6）CO_2 气体质量太差	6）采用高纯度 CO_2 气体
		7）喷嘴与焊接处距离太远	7）保持合适的焊丝干伸长进行焊接

（续）

序号	故障现象	故障的产生原因	故障的排除方法
3	空载电压过低	1）电网电压过低 2）三相电源缺相运行 ① 熔断器烧断 ② 整流元件损坏 ③ 接触器某相触点接触不良	1）加大供电电源变压器容量，或避免白天用电高峰时焊接 2）检修 ① 更换 ② 更换 ③ 检修或更换
4	焊缝呈蛇行状	1）焊丝干伸长过长 2）焊丝矫直装置调整不合适	1）保持合适的焊丝干伸长 2）重新调整
5	送丝电动机不运转	1）送丝滚轮打滑 2）焊丝与导电嘴熔结在一起 3）送丝轮与导向管间焊丝发生卷曲 4）控制电路或送丝电路的熔断器的熔丝烧断 5）控制电缆插头接触不良 6）焊枪开关接触不良或控制电路断开 7）控制继电器线圈或触头烧坏 8）调整电路故障 ① 印制电路板插座接触不良 ② 电路中元器件损坏 ③ 有虚焊或断线现象 ④ 控制变压器烧坏 9）电动机损坏	1）调整送丝轮压力 2）重新更换导电嘴 3）剪除该段焊丝后，重新装焊丝 4）更换熔丝 5）检查插头后拧紧，如不行则更换 6）更换开关，修复断开处 7）更换控制继电器 8）排除调整电路故障 ① 检查插座插紧 ② 更换损坏元器件 ③ 修复断开或虚焊处 ④ 更换控制变压器 9）更换电动机
6	焊枪（喷嘴）过热	1）冷却水压不足或管道不畅 2）焊接电流过大，超过焊枪许用负载持续率	1）设法提高水压，清理疏通管路，消除漏水处 2）选用与实际焊接电流相适应的焊枪

（续）

序号	故障现象	故障的产生原因	故障的排除方法
7	电压调节失控	1）焊接主电路断线或接触不良 2）变压器抽头切换开关损坏 3）整流元件损坏 4）移相和触发电路故障 5）继电器线圈或触点烧坏 6）自饱和磁放大器故障	1）检查焊接电路，接通断开处，拧紧螺钉 2）更换新开关 3）更换整流元件 4）修理或更换损坏的元器件 5）更换继电器 6）逐级检查，排除故障
8	CO_2保护气体不流出或无法关断	1）电磁气阀失灵 2）气路堵塞 ①减压表冻结 ②水管折弯 ③飞溅物阻塞喷嘴 3）气路严重漏气 4）气瓶压力太低	1）先检查气阀控制线路或更换电磁气阀 2）使气路通畅 ①接通预热器 ②理顺水管 ③清除阻塞物，并涂抹硅油 3）更换破损气管，排除漏气原因 4）换上压力足够的新气瓶
9	引弧困难	1）焊接电路电阻太大 ①电缆截面太小或电缆过长 ②焊接电路中各连接处接触不良 2）焊接参数不合适 3）工件表面太脏 4）焊工操作不当	1）降低焊接电路电阻 ①加大电缆截面，减少接头或缩短电缆长度 ②检查各连接处，使之接触良好 2）加大电弧电压，降低送丝速度 3）清除工件表面油污、漆膜和锈迹 4）调节焊丝干伸长，改变焊枪角度，降低焊接速度
10	焊丝回烧（焊丝与导电嘴末端焊住）	1）焊接规范不合适 2）导电嘴导电不良 3）焊接回路电阻太大 4）焊工操作不当 5）导电嘴与工件间的距离太近	1）降低电弧电压，减低送丝速度 2）更换导电不良的导电嘴 3）加大电缆截面，缩短电缆长度，检查各连接处，使之保证良好导电 4）改变焊接角度，增加焊丝干伸长 5）适当拉开两者间的距离

（续）

序号	故障现象	故障的产生原因	故障的排除方法
11	焊接电压过低且电源有异常声音	1）硅整流元件击穿短路 2）三相主变压器短路	1）更换硅整流元件 2）修复短路处

1.4 焊接安全基础知识

焊接生产中需要使用大量的化学能和电能，稍有不慎，就会出现灼伤、触电、爆炸、火灾等事故。工业生产中应本着“安全第一，预防为主”的原则，保障焊接作业的安全。

1）操作者工作前应穿好干燥的棉质工作服、专用防护鞋，戴好操作者手套，如图 1-18 所示。

图 1-18 个人防护

2）焊接时一定不能佩戴金属饰物（如项链等）。

3）焊接时要有合适的防护面罩或头盔，操作者防护目镜遮光号的选择如表 1-27 所示。

4）焊接场地必须配备足够的、适用的灭火设备，如图 1-19 所示。

5）通电前，一定要检查电焊钳（或焊枪）是否远离工件，以防接触短路，如图 1-20 所示。

表 1-27 操作者防护目镜遮光号的选择

焊接方法	焊条直径/mm	焊接电流/A	最低遮光号	推荐遮光号
焊条电弧焊	<2.5	<60	7	—
	2.5~4	60~160	8	10
	4~6.4	160~250	10	12
	>6.4	250~550	11	14
熔化极气体保护焊、药芯焊丝电弧焊		<60	7	—
		60~160	10	11
		160~250	10	12
		250~500	10	14
钨极氩弧焊		<50	8	10
		50~100	8	12
		150~500	10	14

图 1-19 灭火设备

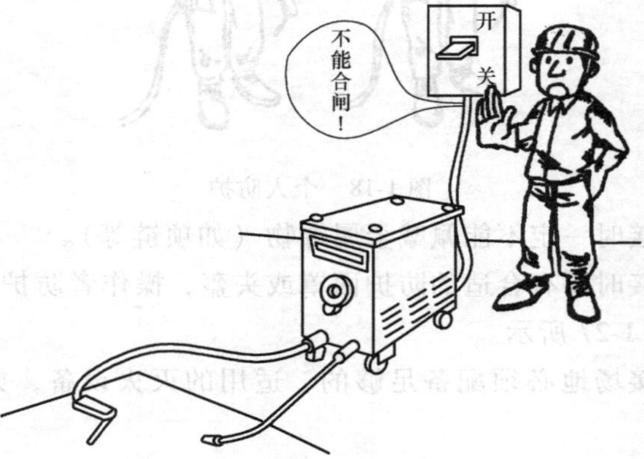

图 1-20 工件与电焊钳短路

6）气瓶安全使用要求包括：①禁止和易燃物品同车运输；②不能用铁器击打帽口；③不能沾有油脂；④运输时要使用专用胶轮小车；⑤使用时要将气瓶稳固直立地放置；⑥夏季炎热季节要注意防晒。气瓶安全使用要求如图1-21所示。

图1-21　气瓶安全使用要求

a）禁止和易燃物品同车运输　b）不能用铁器击打帽口　c）不能沾有油脂
d）使用专用胶轮小车运输　e）稳固直立地放置　f）夏季注意防晒

7）正确连接焊接回路，如图 1-22 所示。

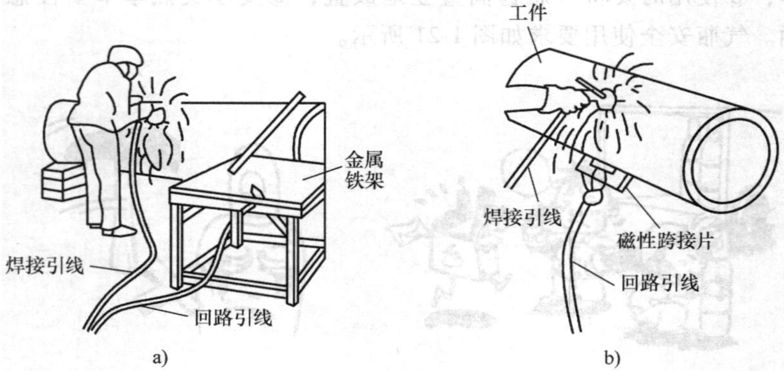

图 1-22　焊接回路的连接

a）不正确　b）正确

8）在光线不足处焊接时，使用的照明行灯电压不能大于 36V。在容器或管道内作业时，照明行灯电压不能超过 12V，如图 1-23 所示。

图 1-23　照明行灯电压要符合要求

9）在封闭的容器中焊接时，容器盖要打开，并且要有强制通风装置，还要有专人监护，如图 1-24 所示。

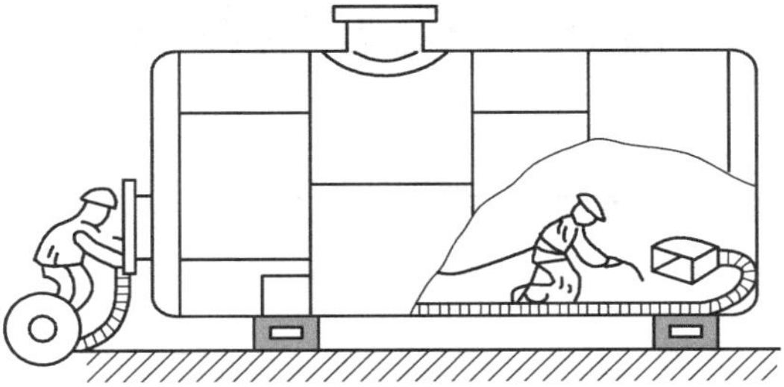

图 1-24　容器内焊接时的安全措施

第 2 章　常用焊接方法基本操作技术

2.1　焊条电弧焊基本操作技术

2.1.1　焊接姿势

焊接时，一般是左手持面罩，右手握焊钳，焊钳上夹持焊条，手握焊钳的姿势如图 2-1 所示。

一般情况下，焊接姿势的选择随人而定，无论什么姿势都没问题，关键是身体感觉舒服最好，特别是两只手要能灵活移动。但在焊接精密工件时，一般采用坐式焊接，身体更平稳，焊接质量好，如图 2-2 所示。

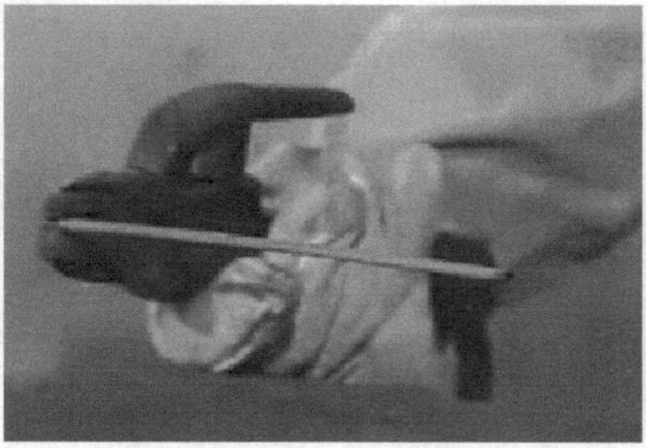

图 2-1　手握焊钳的姿势

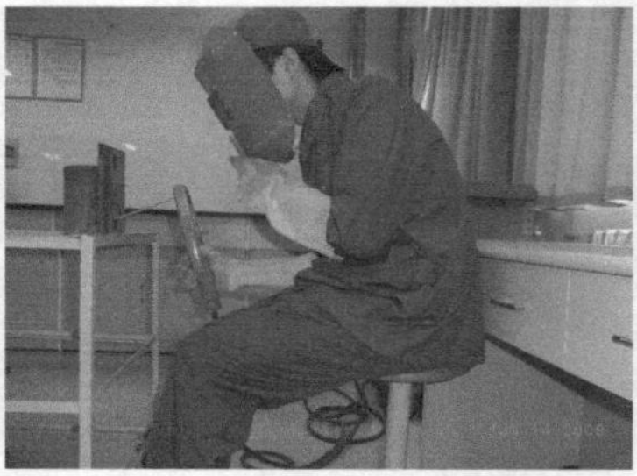

图 2-2　坐式焊接

2.1.2　引弧操作要点

1. 引弧操作步骤

焊条电弧焊时，引燃焊接电弧的过程，叫作引弧。引弧时，首先把焊条端部与工件轻轻接触，然后很快将焊条提起，这时电弧就在焊条末端与工件之间建立起来，如图 2-3 和图 2-4 所示。

引弧是焊条电弧焊操作中最基本的动作，其准备步骤是：

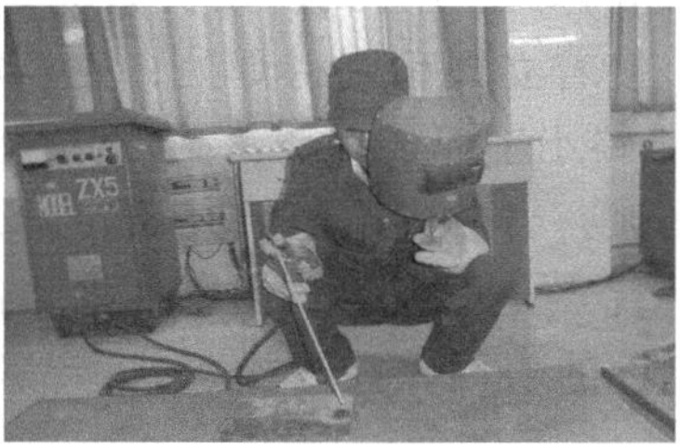

图 2-3 引弧准备

图 2-4 引燃电弧

1）穿好工作服、戴好工作帽及电焊手套。

2）准备好工件、焊条及辅助工具。

3）清理干净工件表面的油污和水锈。

4）检查焊钳及各接线处是否良好。

5）把地线与工件支架相连接，并把工件平放在支架上。

6）合上电闸、起动焊机，并调节所需焊接电流。

7）从焊条筒中取出焊条，用拇指按下焊钳弯臂，打开焊钳，把焊条夹持端放到焊钳口凹槽中，松开焊钳弯臂。

8）右手握住焊钳，左手持面罩。

9）找准引弧处，手保持稳定，用面罩遮住面部，准备引弧。

2. 引弧方法

常用的引弧方法有划弧法和敲击法两种，如图 2-5 所示。

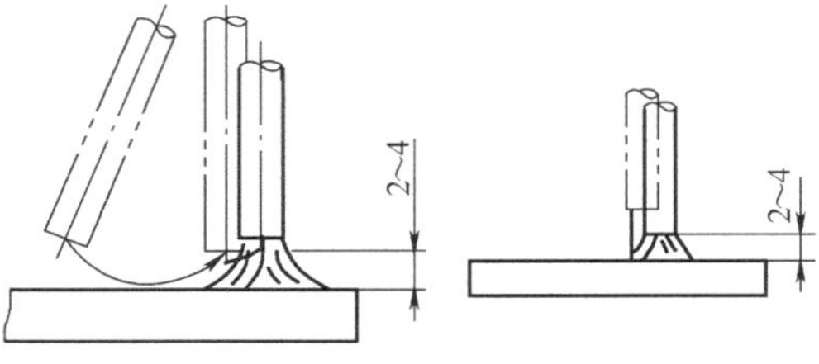

a) b)

图 2-5 引弧方法

a）划弧法 b）敲击法

（1）划弧法 划弧法是先将焊条末端对准工件，然后像划火柴似的将焊条在工件表面轻轻划擦一下，引燃电弧，划动长度越短越好，一般在 15～25mm 之间。然后迅速将焊条提升到使弧长保持 2～4mm 高度的位置，并使之稳定燃烧。接着立即移到待焊处，先停留片刻（起预热作用），再将电弧压短至略小于焊条直径，在始焊点做适量横向摆动，并在坡口根部稳定电弧，当形成熔池后开始正常焊接，如图 2-5a 所示。这种引弧方式的优点是电弧容易引燃，操作简便，引弧效率高。缺点是容易损坏工件的表面，在焊接正式产品时很少采用。

（2）敲击法　敲击法引弧也叫直击法引弧，常用于比较困难的焊接位置，对工件污染较小。敲击法是将焊条末端垂直地在工件起焊处轻微碰击，然后迅速将焊条提起，电弧引燃后，立即使焊条末端与工件保持 2～4mm，使电弧稳定燃烧，后面的操作与划弧法基本相同，如图 2-5b 所示。这种引弧方法的优点是不会使工件表面造成划伤缺欠，又不受工件表面的大小及工件形状的限制，所以是正式生产时采用的主要引弧方法。缺点是受焊条端部的状况限制，引弧成功率低，焊条与工件往往要碰击几次才能使电弧引燃和稳定燃烧，操作不易掌握。敲击时如果用力过猛，药皮容易脱落，操作不当还容易使焊条粘于工件表面。

两种引弧方法都要求引弧后，先拉长电弧，再转入正常弧长焊接，如图 2-6 所示。

引弧动作如果太快或焊条提得过高，不易建立稳定的电弧，或引弧后易于熄灭；引弧动作如果太慢，又会使焊条和工件粘在一起，产生长时间短路，使焊条过热发红，造成药皮脱落，也不能建立起稳定的电弧。

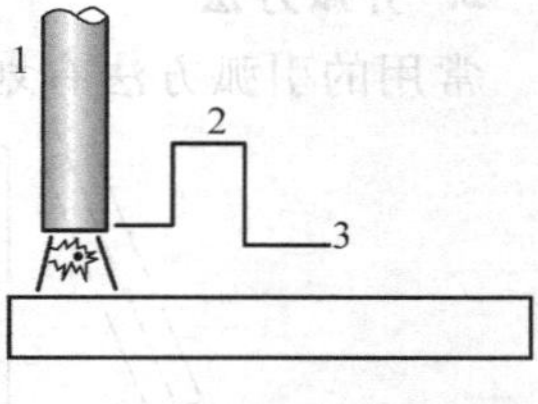

图 2-6　引弧后的电弧长度变化
1—引弧　2—拉长电弧
3—正常弧长焊接

（3）焊缝接头处的引弧　对于焊缝接头处的引弧，一般有两种方法：

1）第一种方法是从先焊焊缝末尾处引弧，如图 2-7 所示。这种连接方式可以熔化引弧处的小气孔，同时接头也不会高出焊缝。连接的方法是在先焊焊缝的尾端前面约 10mm 处引弧，弧长比正常焊接稍长些，然后将电弧移到原弧坑的 2/3 处，填满弧坑后，即可进入正常焊接。采用此方法引弧时一定要控制好电弧后移的距离，如果电弧后移太多，则可能造成接头过高；后移太少，将造成接头脱节，弧坑填充不满。

2）第二种方法是从先焊焊缝端头处引弧，如图 2-8 所示。这种连接方式要求先焊焊缝的起头处要略低些，连接时在先焊焊缝的起头略前处引弧，并稍微拉长电弧，将电弧引向先焊焊缝的起头处，并覆盖其端头，待起头处焊缝焊平后再向先焊焊缝相反的方向移动。

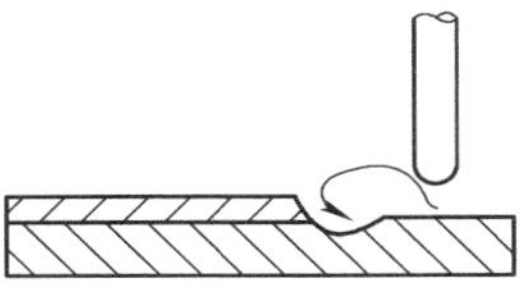

图 2-7　从先焊焊缝末尾处引弧

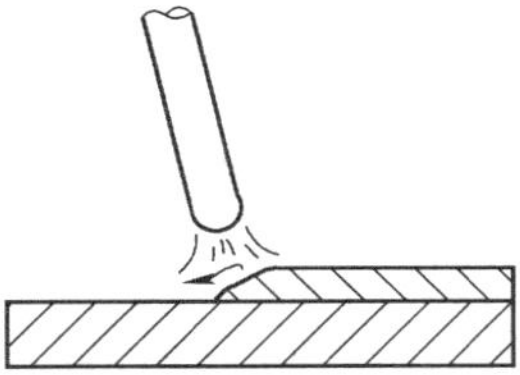

图 2-8　从先焊焊缝端头处引弧

采用上述两种方法，可以使焊缝接头处符合使用要求，如图 2-9a 所示，否则极易出现图 2-9b 和 c 所示的情况，接头强度达不到使用要求，或者外形不美观，并影响安装使用。

a)　b)　c)

图 2-9　焊缝连接要求

a）正确　b）、c）不正确

3. 引弧操作注意事项

1）为了便于引弧，焊条末端应裸露焊芯。若焊条端部有药皮套筒，可戴焊工手套捏除，如图 2-10 所示。

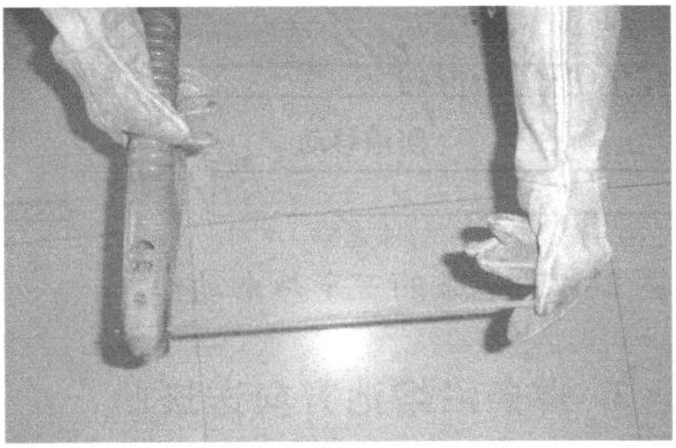

图 2-10　捏除焊条端部药皮套筒

2）引弧过程中如果焊条与工件粘在一起，可将焊条左右晃动几下，即可脱离，如图 2-11 所示。

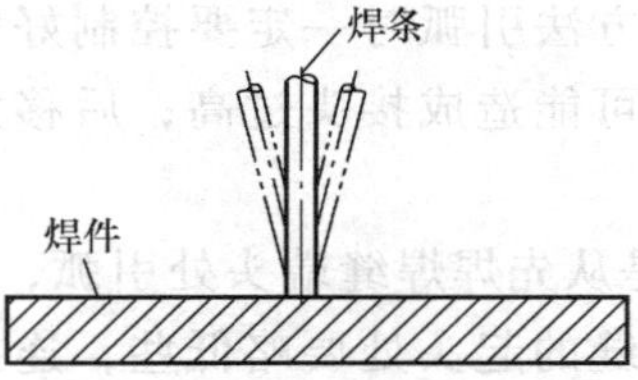

图 2-11 左右晃动焊条脱离工件

3）如果左右晃动焊条仍不能使其与工件脱离，焊条会发热，应立即将焊钳与焊条脱离，以防短路时间过长而烧坏焊机。

2.1.3 运条操作要点

焊接过程中，为了保证焊缝成形美观，焊条要做必要的运动，简称运条。运条同时存在三个基本运动：焊条沿焊接方向的均匀移动，焊条沿中心线不停地向下送进和横向摆动，如图 2-12 所示。

1. 沿焊接方向移动

焊条沿焊接方向的均匀移动速度即焊接速度，该速度的大小对焊缝成形起非常重要的作用。随着焊条的不断熔化，逐渐形成一条焊缝。若焊条移动速度太慢，则焊缝会过高、过宽，外形不整齐，焊接薄板时会产生烧穿现象；若焊条的移动速度太快，则焊条和工件会熔化不均，焊缝较窄。焊条移动时，应与前进方向成 65°~80°的夹角，如图 2-13 所示，以使熔化金属和熔渣推向后方。如果熔渣流向电弧的前方，会造成夹渣等缺欠。

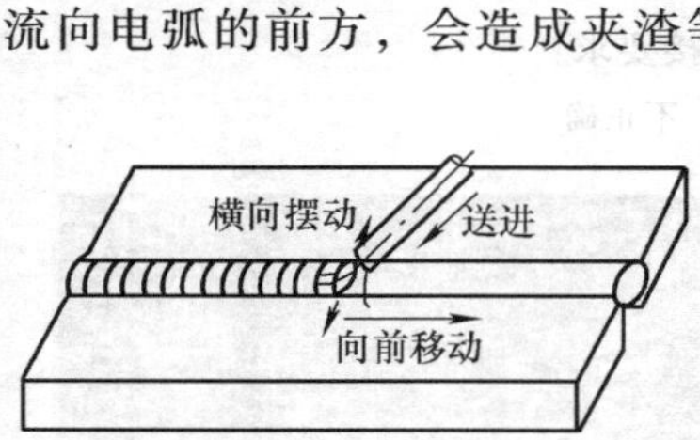

图 2-12 运条的三个基本动作

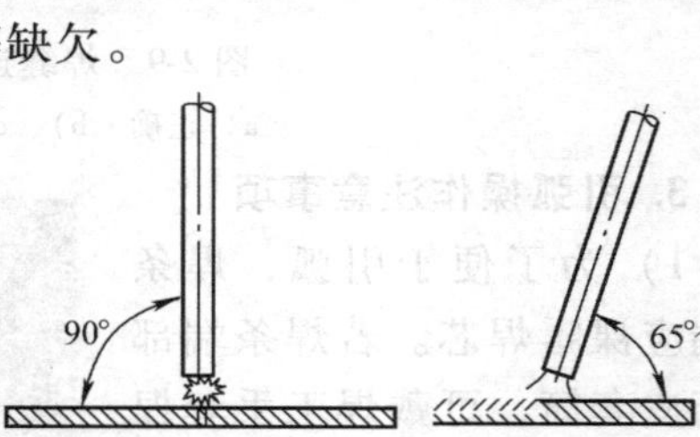

图 2-13 焊条前进时的角度

2. 焊条沿熔池方向送进

向下送焊条是为了调节电弧的长度，弧长的变化直接影响熔深及熔宽，焊条向熔池方向送进的目的是随着焊条的熔化来维持弧长不变。焊条下送速度应与焊条的熔化速度相适应，如图 2-14 所示。

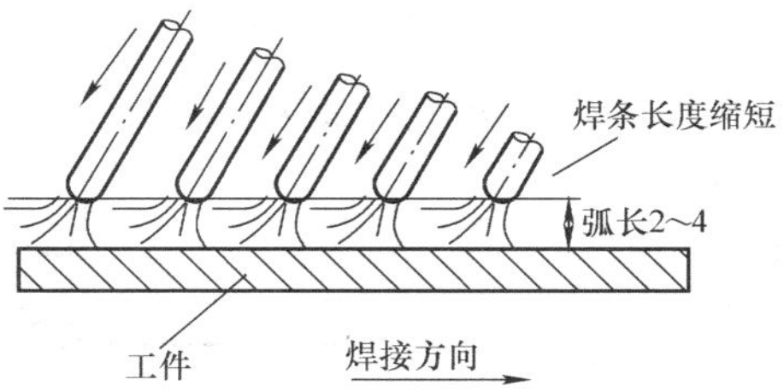

图 2-14　焊条沿熔池方向送进

如果下送速度太慢，会使电弧逐渐拉长，直至断弧，如图 2-15 所示；如果下送速度太快，会使电弧逐渐缩短，直至焊条与熔池发生接触短路，导致电弧熄灭。

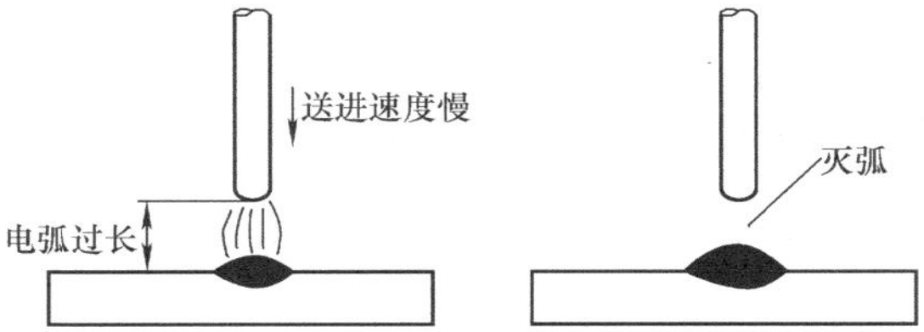

图 2-15　焊条送进速度太慢导致灭弧

3. 横向摆动

横向摆动可根据需要获得一定宽度的焊缝，如图 2-16 所示。

1）工件越薄，摆动幅度应该越小；工件越厚，摆动幅度应该越大，如图 2-17 所示。

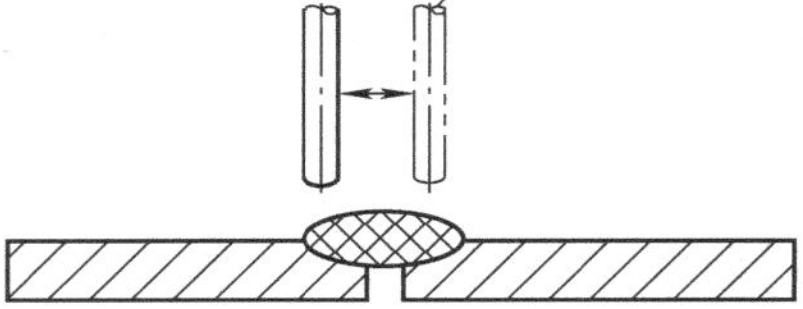

图 2-16　焊条横向摆动获得一定宽度的焊缝

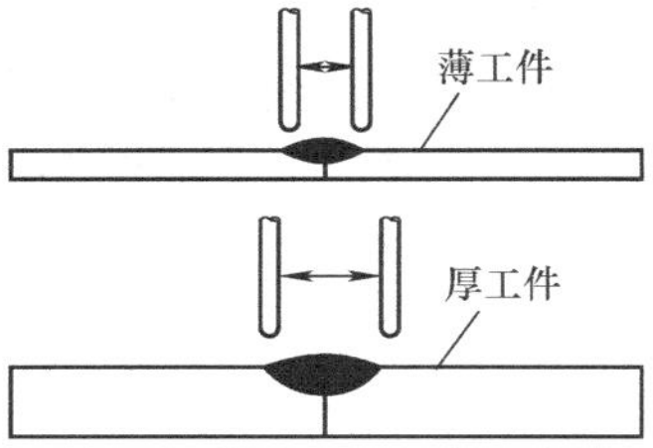

图 2-17　工件厚度与焊条摆动幅度的关系

2）I形坡口摆动幅度应稍小，V形坡口摆动幅度应较大，如图2-18所示。

3）多层多道焊时，外层应比内层摆动幅度大，如图2-19所示。

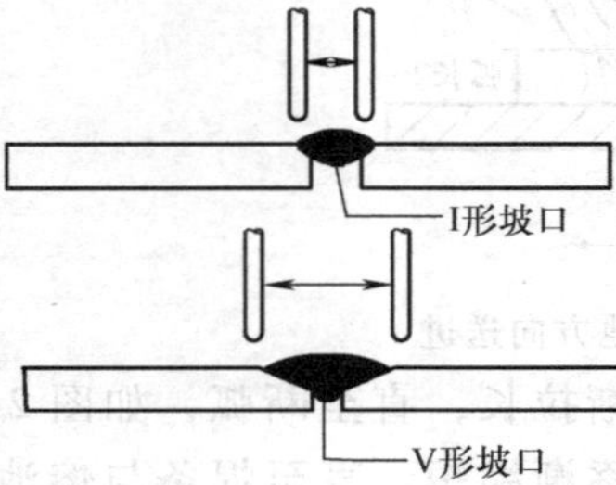

图2-18 坡口形状与焊条摆动幅度的关系

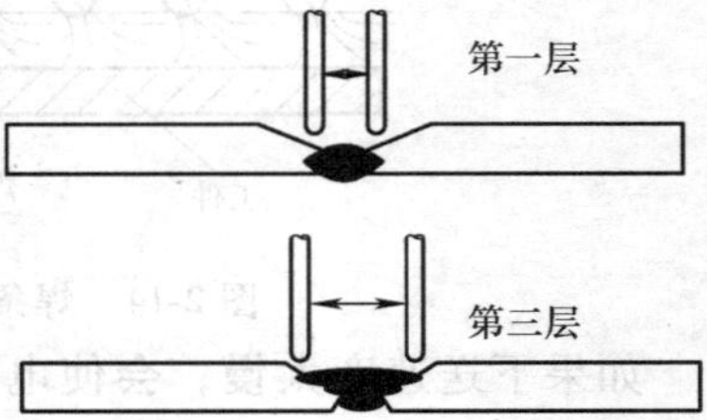

图2-19 焊接层次与焊条摆动幅度的关系

4）几种常见的横向摆动方式，如图2-20所示。

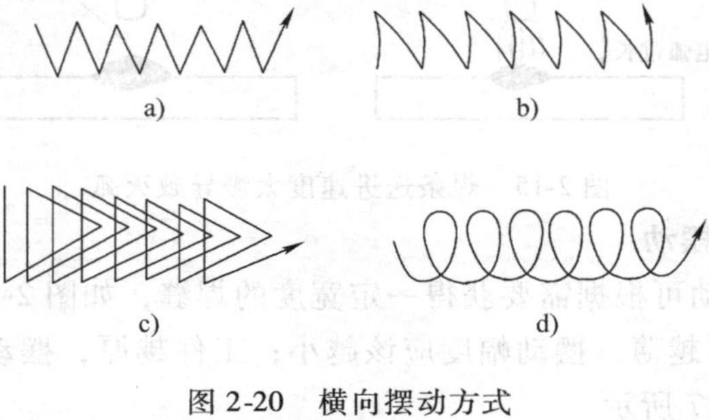

图2-20 横向摆动方式

a）锯齿形 b）月牙形 c）三角形 d）圆圈形

锯齿形运条法是指焊接时，焊条做锯齿形连续摆动及向前移动，并在两边稍停片刻，摆动的目的是为了得到必要的焊缝宽度，以获得良好的焊缝成形，如图2-20a所示。这种方法在生产中应用较广，多用于厚板对接焊。

月牙形运条法是指焊接时，焊条沿焊接方向做月牙形的左右摆动，同时需要在两边稍停片刻，以防咬边，如图2-20b所示。这种方法应用范围和锯齿形运条法基本相同，但此法焊出的焊缝较高。

三角形运条法是指焊接时，焊条做连续的三角形运动，并不断向前移动，如图2-20c所示。其特点是焊缝断面较厚，不易产生夹渣等缺欠。

圆圈形运条法是指焊接时，焊条连续做正圆圈或斜圆圈运动并向前移动，如图2-20d所示。其特点是有利于控制熔化金属不受重力作用而产生下淌现象，利于焊缝成形。

薄板对接平焊一般不开坡口，焊接时不宜横向摆动，可较慢地直线运条，短弧焊接，并通过调节焊条的倾角和弧长，控制熔渣的运动和熔池成形，避免因操作不当引起夹渣、咬边和焊缝不平整等缺欠。

2.1.4　收弧操作要点

收弧也叫灭弧，焊接过程中由于电弧的吹力，熔池呈凹坑状，并且低于已凝固的焊缝。焊接结束时，如果直接拉断电弧，会形成弧坑，产生弧坑裂纹和减小焊缝强度，如图2-21所示。在灭弧时，要维持正确的熔池温度，逐渐填满熔池。收弧方法如图2-22所示。

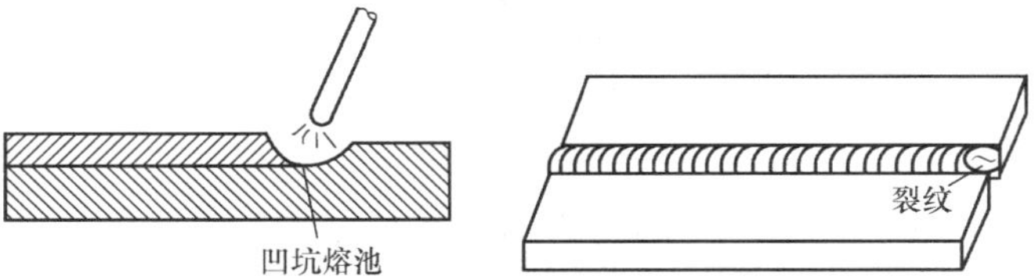

图2-21　收弧时易产生凹坑熔池和裂纹

1）一般焊接较厚的工件收弧时，采用划圈收弧法，即电弧移到焊缝终端时，利用手腕动作（手臂不动）使焊条端部做圆圈运动，当填满弧坑后拉断电弧，如图2-22a所示。

2）焊接比较薄的工件时，应在焊缝终端反复灭弧、引弧，直到填满弧坑，如图2-22b所示。但碱性焊条不宜采用这种方法，因为容易在弧坑处产生气孔。

3）当采用碱性焊条焊接时，应采用回焊收弧法，即当电弧移到焊缝终端时作短暂的停留，但未灭弧，此时适当改变焊条角度，如图2-22c所示，由位置1转到位置2，待填满弧坑后再转到位置3，然后慢慢拉断电弧。

4）如果焊缝的连接方式是后焊焊缝从接头的另一端引弧，焊到

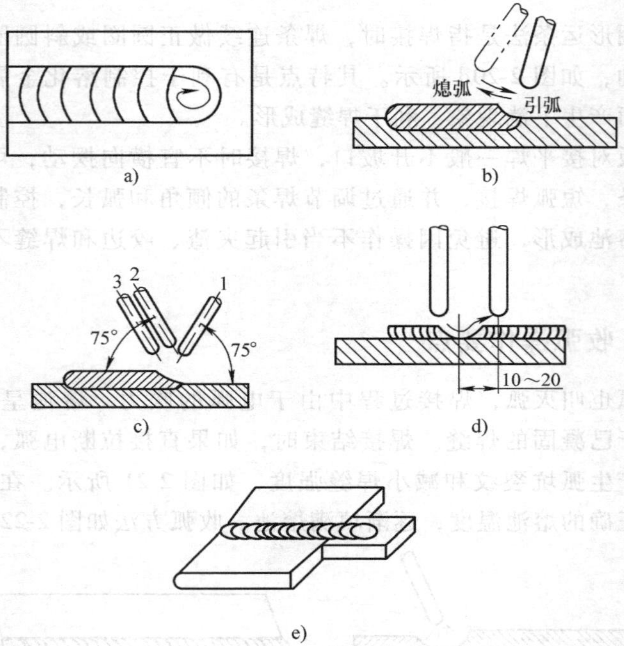

图 2-22　收弧方法
a）划圈收弧法　b）反复断弧收弧法　c）回焊收弧法
d）焊缝接头收弧　e）外接收弧板

前焊缝的结尾处时，焊接速度应略慢些，以填满焊缝的焊坑，然后以较快的焊接速度再略向前收弧，如图 2-22d 所示。

5）有时也可采用外接收弧板的方法进行收弧，如图 2-22e 所示。

2.1.5　立焊的特点和操作要点

1. 立焊的特点

立焊时如果熔池温度过高，则容易形成焊瘤，如图 2-23 所示。也容易产生咬边缺欠，焊缝表面不平整。对于 T 形接头的立焊，焊缝根部容易焊不透。立焊的优点是容易掌握焊透情况，由于熔渣容易分离，焊工可以清晰地观察到熔池的形状和状态，便于操作和控制熔池。

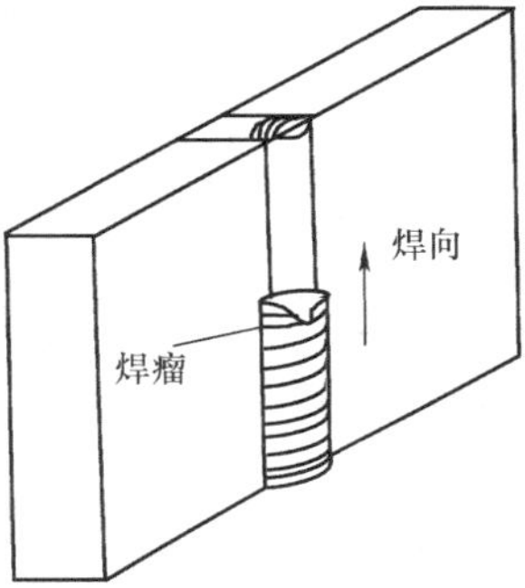

图 2-23 立焊时易产生焊瘤缺欠

2. 立焊的操作要点

1）立焊操作时，为便于操作和观察熔池，焊钳握法有正握法和反握法两种，如图 2-24 所示。

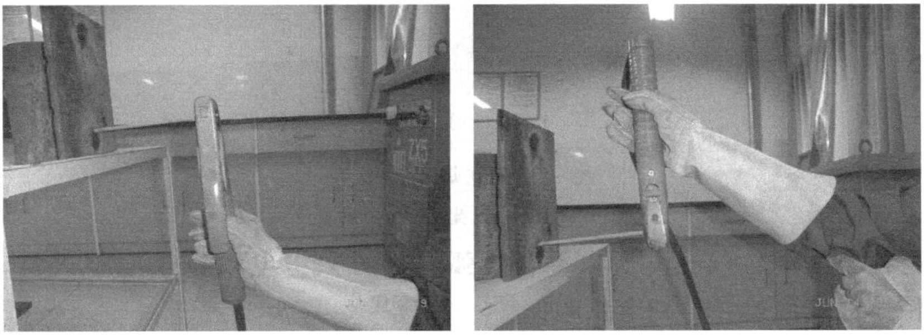

a) b)

图 2-24 焊钳的握法

a）正握法 b）反握法

2）立焊基本姿势有蹲姿、坐姿和站姿三种，如图 2-25 所示。焊工的身体不要正对焊缝，要略偏向左侧，使握钳的右手便于操作。

3）电弧长度应短于焊条直径，利用电弧的吹力托住金属液，缩短熔滴过渡到熔池中的距离，使熔滴能顺利到达熔池。

4）焊接时要注意熔池温度不能太高，焊接电流应比平焊时小 10% ~15%，尽量采用较小的焊条直径。

5）尽量采用短弧焊接，有时要采用挑弧焊接来控制熔池温度，

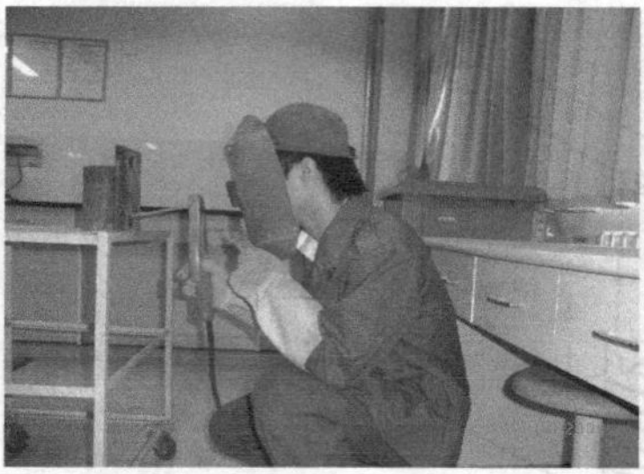

a)

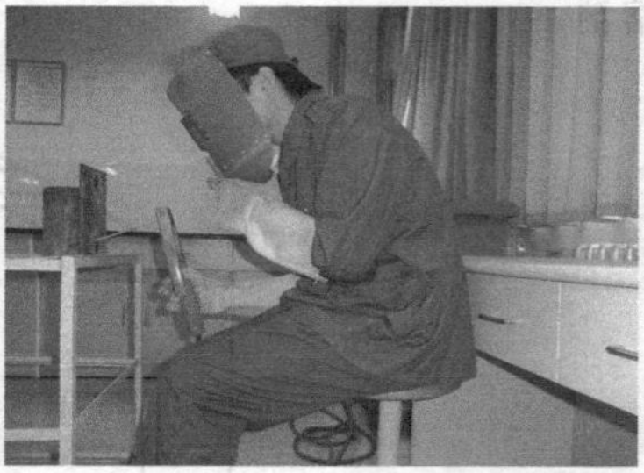

b)

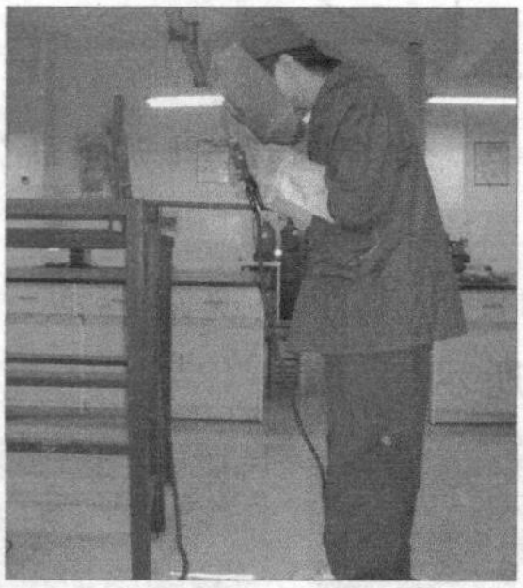

c)

图 2-25 立焊基本姿势

a）蹲姿 b）坐姿 c）站姿

这样容易产生气孔，所以，在挑弧焊接时只将电弧拉长而不灭弧，使熔池表面始终得到电弧的保护。

6）保证正确的焊条角度，一般应使焊条角度向下倾斜 60°～80°，电弧指向熔池中心，对接接头立焊时的焊条角度如图 2-26 所示，T 形接头立焊时的焊条角度如图 2-27 所示。

7）合理的运条方式也是保证立焊质量的重要手段，对于不开坡口的对接立焊，由下向上焊，可采用直线形、锯齿形、月牙形及挑弧法；开坡口的对接立焊常采用多层或多层多道焊，第一层常采用挑弧法或摆幅较小的三角形、月牙形运条；有时为了防止焊缝两侧产生咬边，根部未焊透，电弧在焊缝两侧及坡口顶角处要有适当的停留，使熔滴金属充分填满焊缝的咬边部分。弧长尽量缩短，焊条摆动的宽度不超过焊缝要求的宽度。不同接头的立焊焊条角度及运条方式如图 2-28 所示。

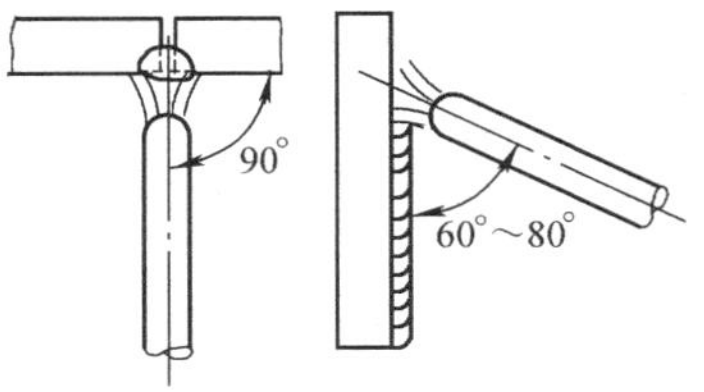

图 2-26　对接接头立焊时的焊条角度

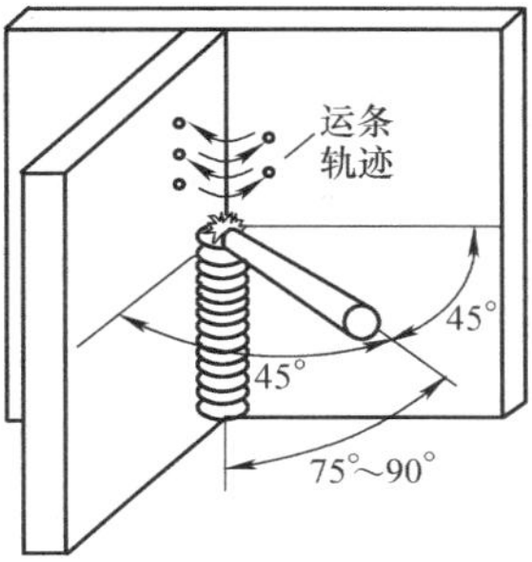

图 2-27　T 形接头立焊时的焊条角度

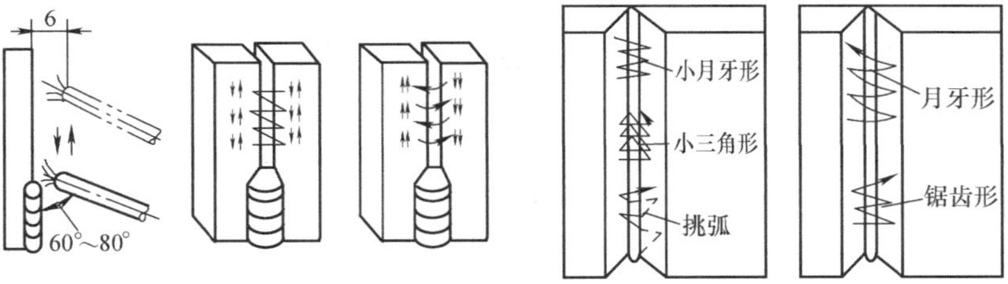

图 2-28　不同接头的立焊焊条角度及运条方式

a）不开坡口　b）开坡口

8）更换焊条要迅速，焊缝接头处出现金属液拉不开或熔渣金属液混在一起的情况时，要将电弧稍微拉长，适当延长在接头处的停留时间，增大焊条与焊缝的角度，使熔渣自然滚落下来。

9）运条至焊缝中心时，要加快运条速度，防止熔化金属下淌形成凸形焊缝或夹渣。

10）如果整条待焊接工件缝隙局部有较大的间隙时，应先用向下立焊法使熔化金属将过大的间隙填满后，再进行正常焊接。

11）焊接中要注意控制熔池温度，当发现熔池呈扁平椭圆形，如图 2-29a 所示，说明熔池温度合适。若发现熔池的下方出现鼓肚变圆时，如图 2-29b 所示，说明熔池温度已稍高，应立即调整运条方式，即使焊条在坡口两侧停留时间增加，加快中间过渡速度，并尽量缩短电弧长度。若不能把熔池恢复到扁平状态，而且鼓肚有增大时，如图 2-29c 所示，则说明熔池温度已过高，应立即灭弧，给熔池冷却时间，待熔池温度下降后再继续焊接。

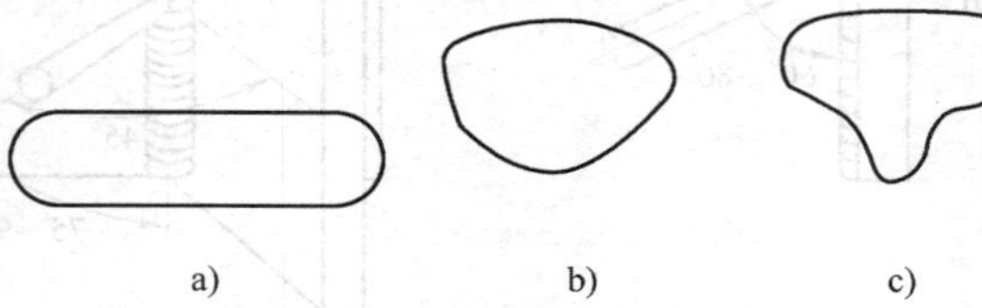

图 2-29 不同温度对应的熔滴形态

a）温度正常 b）温度稍高 c）温度过高

3. 立焊易产生的缺欠及防止措施

1）接头处焊波粗大是最常见的缺欠，一般情况下是因为接弧位置过于偏上，正确接弧位置应与前一熔池重叠 1/3 ~ 1/2，如图 2-30 所示。

2）易出现焊缝过宽、过高，产生的原因是横向摆动时手腕僵硬不灵活，速度过慢等。

3）易出现烧穿和焊瘤，产生的原因是运条过慢，无向上意识，断弧不利落，接弧温度过高等。

4）易产生夹渣，产生原因是运条无规律，热量不集中，焊接时间短，电流过小等。

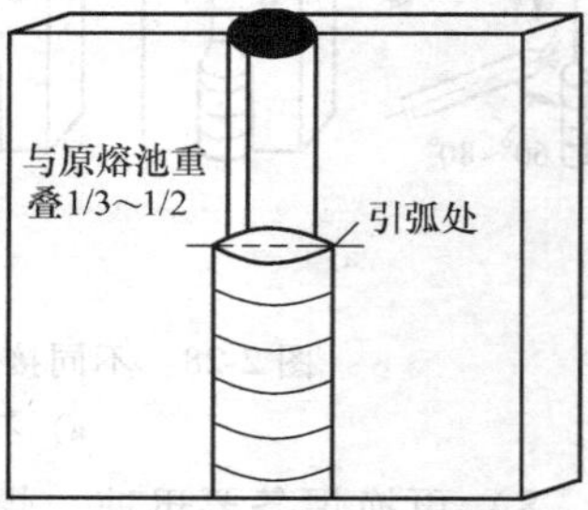

图 2-30 接头处引弧位置

2.1.6 横焊的特点和操作要点

1. 横焊的特点

横焊时，熔化金属在重力作用下发生流淌，操作不当则会在上侧产生咬边，下侧因熔滴堆积而产生焊瘤或未焊透等缺欠，如图 2-31 所示。因此开坡口的厚板多采用多层多道焊，较薄板焊时也常常采用多道焊。

2. 横焊操作要点

1）施焊时应选择较小直径的焊条和较小的焊接电流，可以有效地防止金属的流淌。

2）以短路过渡形式进行焊接。

3）采用恰当的焊条角度，以使电弧推力对熔滴产生承托作用，获得高质量的焊缝。不开坡口横焊时焊条角度如图 2-32a 所示，开坡口多层横焊的焊条角度和焊缝先后如图 2-32b 所示。

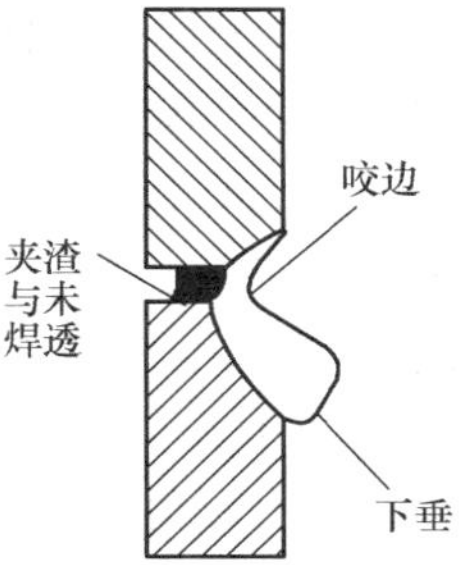

图 2-31　横焊时易产生的缺欠

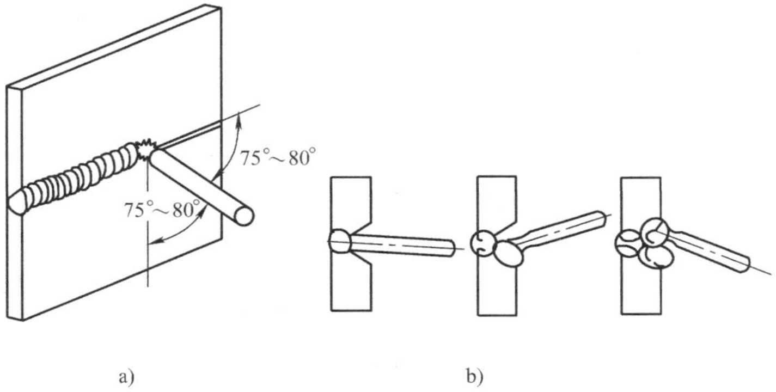

图 2-32　横焊焊条角度
a）不开坡口　b）开坡口

4）采用正确的运条方式。对于不开坡口的对接横焊，薄板正面焊缝选用往复直线式运条方式，较厚工件采用直线或斜环形运条方式，背面焊缝采用直线形运条。开坡口的对接横焊，采用多层焊时，第一层采用直线形或往复直线形运条，其余各层采用斜环形运条，斜环形运条方式如图 2-33 所示。运条速度要稍慢且均匀，避免焊条的熔滴金属过多地集中在某一点上形成焊瘤和咬边。

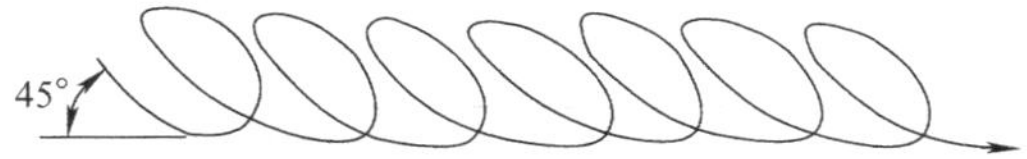

图 2-33　斜环形运条方式

5）由于焊条的倾斜以及上下坡口的角度影响，使电弧对上下坡口的加热不均匀。上坡口受热较好，下坡口受热较差，同时熔池金属因受重力作用下坠，极易造成下坡口熔合不良，甚至冷接。因此，应先击穿下坡口面，后击穿上坡口面，并使击穿位置相互错开一定距离（0.5~1个熔孔距离），使下坡口面击穿熔孔在前，上坡口面击穿熔孔在后。焊条倾角在坡口上缘与下缘的变化如图2-34a所示，焊缝形状及熔孔关系如图2-34b所示。

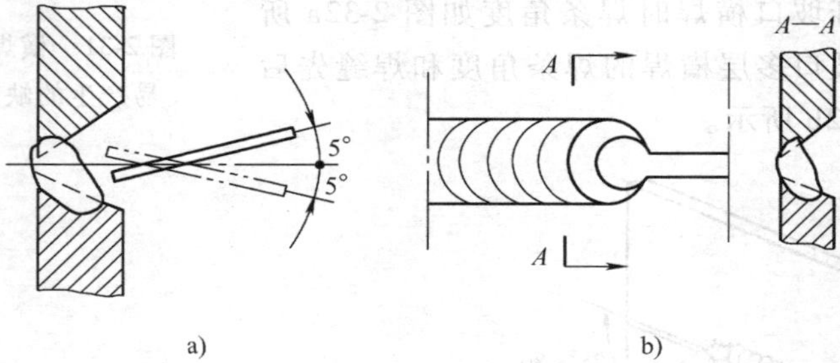

图2-34 焊接上下坡口时焊条的角度变化和焊缝形状及熔孔
a）焊条角度变化 b）焊缝形状及熔孔

6）厚板的横焊适合采用多层多道焊，每道焊缝均应采用直线形运条法，但要根据各焊缝的具体情况，始终保证短弧和适当的焊接速度，同时焊条的角度也应该根据焊缝的位置进行调节。

7）当熔渣超前，或有熔渣覆盖熔池形状倾向时，采用拨渣运条法，如图2-35所示。其中1为电弧的拉长，2为向后斜下方推渣，3为返回原处。

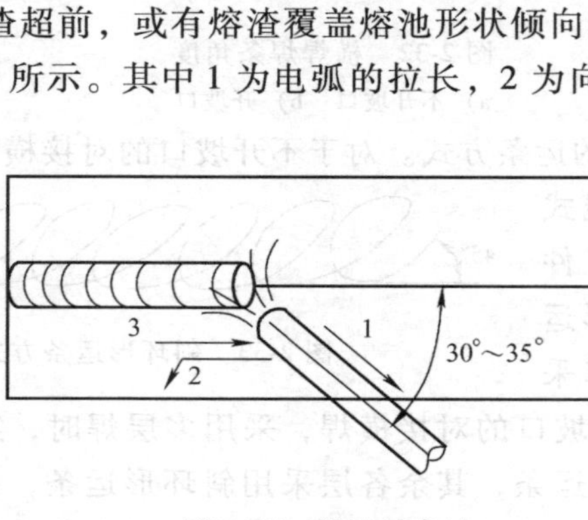

图2-35 拨渣运条法

3. 对接横焊的工艺参数

对接横焊的工艺参数如表 2-1 所示。

表 2-1 对接横焊的工艺参数

焊缝横断面形式	焊件厚度或焊脚尺寸/mm	第一层焊缝		其他各层焊缝		封底焊缝	
		焊条直径/mm	焊接电流/A	焊条直径/mm	焊接电流/A	焊条直径/mm	焊接电流/A
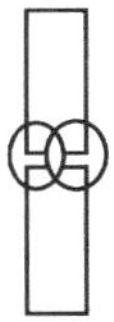	2	2	45 ~ 55	—	—	2	50 ~ 55
	2. 5	3. 2	75 ~ 110	—	—	3. 2	80 ~ 110
	3 ~ 4	3. 2	80 ~ 120	—	—	3. 2	90 ~ 120
		4	120 ~ 160	—	—	4	120 ~ 160
	5 ~ 8	3. 2	80 ~ 120	3. 2	90 ~ 120	3. 2	90 ~ 120
				4	120 ~ 160	4	120 ~ 160
	> 9	3. 2	90 ~ 120	4	140 ~ 160	3. 2	90 ~ 120
		4	140 ~ 160			4	120 ~ 160
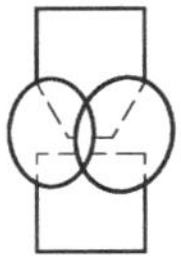	14 ~ 18	3. 2	90 ~ 120	4	140 ~ 160	—	—
		4	140 ~ 160				
	> 19	—	140 ~ 160	—	140 ~ 160	—	—

2. 1. 7 仰焊的特点和操作要点

仰焊是消耗体力最大、难度最高的一种特殊位置焊接方法，如图 2-36 所示。

1. 仰焊的特点

1）仰焊时，熔池倒悬在工件下面，焊缝成形困难，容易在焊缝表面产生焊瘤，背面产生塌陷，还容易出现未焊透、弧坑凹陷现象。

2）熔池尺寸较大，温度较高，清渣困难，有时易产生层间夹渣。

2. 仰焊的操作要点

1）仰焊时一定要注意保持正确的操作姿势，焊接点不要处于人的正上方，应为上方偏前，且焊缝偏向操作人员的右侧，如图 2-37

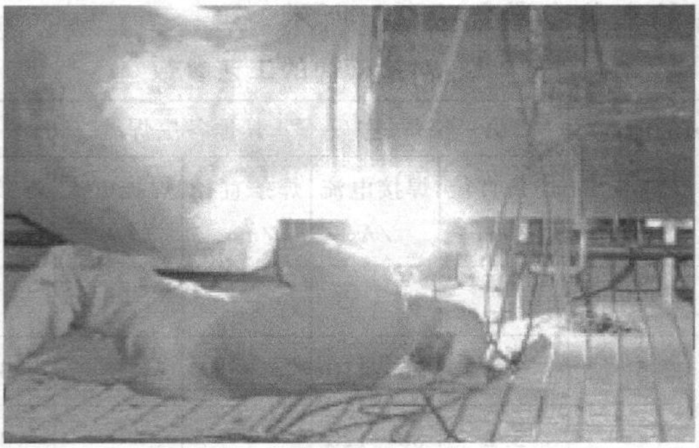

图 2-36　仰焊

所示。仰焊的焊条夹持方式与立焊相同。

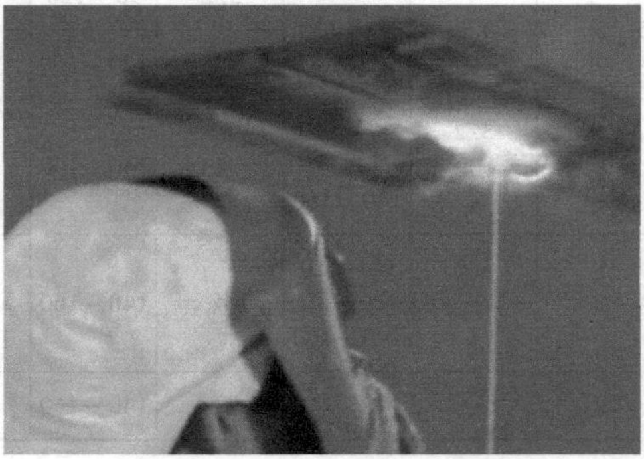

图 2-37　仰焊的正确操作姿势

2）采用小直径焊条、小电流焊接，一般焊接电流在平焊与立焊之间。

3）采用短弧焊接，以利于熔滴过渡。

4）保持适当的焊条角度和正确的运条方式，如图 2-38 所示。对于不开坡口的对接仰焊，间隙小时宜采用直线形运条，间隙大时宜采用往复直线形运条。开坡口对接仰焊采用多层焊时，第一层焊缝根据坡口间隙大小选用直线形或直线往复形运条方式，其余各层均采用月牙形或锯齿形运条方式。多层多道焊宜采用直线形运条。对于焊脚尺寸较小的 T 形接头采用单层焊，选用直线形运条方式；焊脚尺寸较大时，采用多层焊或多层多道焊。第一层宜选用直线形运条，其余各层可采用斜环形或三角形运条方式。

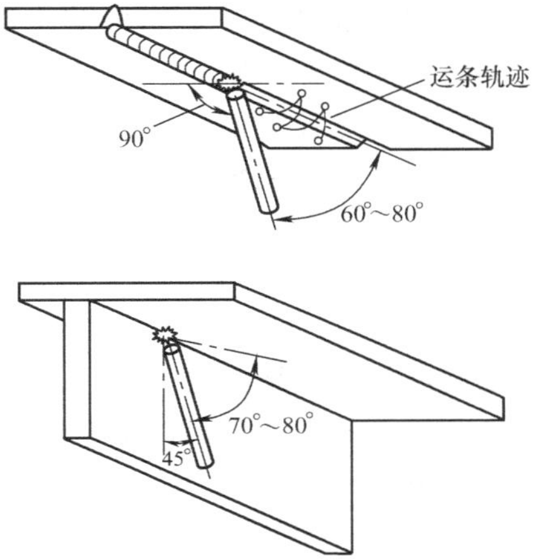

图 2-38　仰焊时的焊条角度和运条方式

5）当熔池的温度过高时，可以将电弧稍稍抬起，使熔池温度稍微降低。

6）仰焊时由于焊枪和电缆的重力等作用，操作人员容易出现持枪不稳等现象，所以有时需要双手握枪进行焊接。

7）采用斜圆圈运条时，有意识地让焊条头先指向上板，使熔滴先与上板熔合，由于运条的作用，部分金属液会自然地被拖到立面的钢板上来，这样两边就能得到均匀的熔合。

8）直线形运条时，保持 1～2mm 的短弧焊接，不要将焊条头搭在焊缝上拖着走，以防出现窄而凸的焊缝。

9）保持正确的焊条角度和均匀的焊速，保持短弧，向上送进速度要与焊条燃烧速度一致。

10）施焊中，所看到的熔池表面为平或稍凹时为最佳，当温度较高时熔池会表面外鼓或凸起，严重时将出现焊瘤，解决的方法是加快向前摆动的速度和延长两侧停留时间，必要时减小焊接电流。

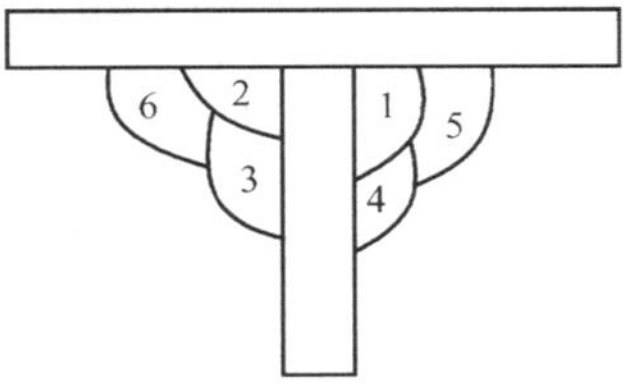

图 2-39　仰焊时的焊接顺序

11）多道焊时，除打底仔细清渣外，盖面各道不要清渣，可按图 2-39 顺序焊接，后一道焊的焊条中心指向前一道焊缝 1/3 或 1/2 的边缘。操作时，焊条角度必须正确，速度要均匀，电弧要短。

12）起头和接头在预热过程中很容易出现熔渣与金属液混在一起的现象，这时应将焊条与上板夹角减小，以增大电弧吹力，千万不能灭弧。如果起焊处已过高或产生焊瘤，应用电弧将其割掉。

2.1.8 灭弧焊操作要点

灭弧焊是通过控制电弧的燃烧和熄灭时间，以及运条动作来控制熔池的形状、温度和熔深的一种单面焊双面成形的焊接技术。它较容易控制熔池状态，对工件的装配质量及焊接参数的要求较低。但是它对焊工的操作技能要求较高，如果操作不当，会产生气孔、夹渣、咬边、焊瘤以及焊缝外凸等缺欠。灭弧焊常用操作方法有一点法和两点法，如图 2-40 所示。一点法适用于薄板、小直径管（≤ϕ60mm）及小间隙（1.5～2.5mm）条件下的焊接，两点法适用于厚板、大直径管、大间隙条件下的焊接。

1. 两点法的基本操作要点

先是在始焊端前方约 10～15mm 处的坡口面上引燃电弧，然后将电弧拉回至开始焊接处，稍加摆动对工件进行预热 1～1.5s 后，将电弧压低，当听到电弧穿透坡口时发出的“噗”声时，可看到定位焊缝以及相接的坡口两侧开始熔化。当形成第一个熔池时快速灭弧，第一个熔池常称为熔池座。当第一个熔池尚未完全凝固，熔池中心还处于半熔化状态时，重新引燃电弧，并在该熔池左前方的坡口面上以一定的焊条角度击穿工件根部。击穿时，压短电弧对工件根部加热 1～1.5s，然后再迅速将焊条沿焊接反方向挑划。当听到工件被击穿的“噗”声时，说明第一个熔孔已经形成，应快速地使一定长度

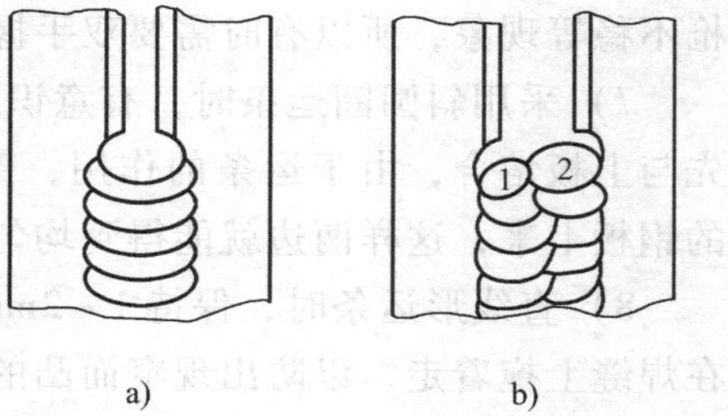

图 2-40 灭弧焊常用操作方法

a）一点法 b）两点法

的弧柱（平焊时为 1/3 弧柱，立焊时为 1/3 ~ 1/2 弧柱，横焊和仰焊时为 1/2 弧柱）带着熔滴透过熔孔，使其与背、正面的熔化金属分别形成背面和正面焊缝熔池。此时要快速灭弧，否则会造成烧穿。灭弧大约 1s，即当上述熔池尚未完全凝固，还有与焊条直径般大小的黄亮光点时，立即引燃电弧并在第一个熔池右前方进行击穿焊。然后依照上述方法完成以后的焊缝。

2. 一点法的基本操作要点

一点法建立第一个熔池的方法与两点法相同。施焊时应使电弧同时熔化两侧钝边，听到“噗”声后，立即灭弧。一般灭弧频率保持在每分钟 70 ~ 80 次左右。一点法的焊条倾角和熔孔向坡口根部熔入深度与两点法相同。各种位置灭弧焊时的焊条角度与坡口根部熔入深度如图 2-41 所示。

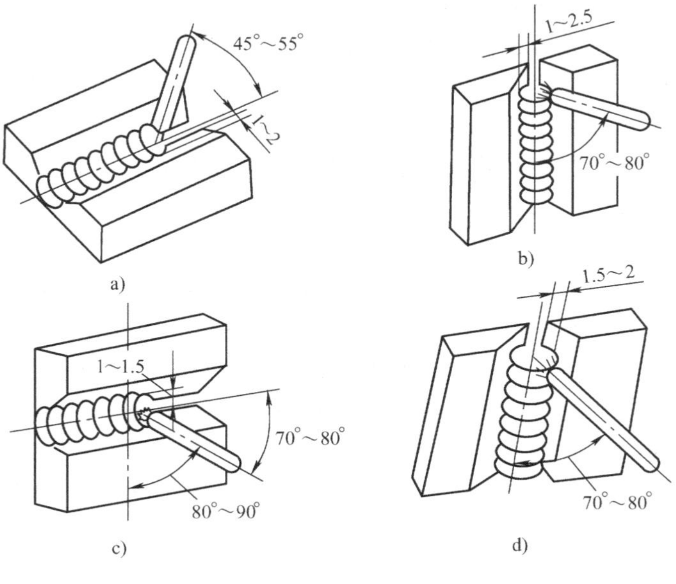

图 2-41　各种位置灭弧焊时的焊条角度与坡口根部熔入深度

a) 平焊　b) 立焊　c) 横焊　d) 仰焊

3. 灭弧焊注意事项

在开始焊接时，灭弧的时间可以短一些，随着焊接时间的延长，灭弧的时间也要增加，才能避免烧穿和产生焊瘤。进行灭弧焊时一定要注意熔池的形状，如果圆形熔池的下边缘由平直的轮廓逐渐鼓肚变圆时，表示温度高，应立即移弧或熄弧，使熔池降温避免产生焊瘤等缺欠。

2.1.9　连弧焊的特点和操作要点

1. 连弧焊的特点

连弧焊是指在焊接过程中电弧稳定燃烧，不熄弧。一般连弧焊焊接采用较小的根部间隙和焊接参数，并在短弧条件下进行规则的焊条摆动，使焊缝始终处于缓慢加热和缓慢冷却的状态，焊缝成形较好，但是它对工件的装配质量和焊接参数有较严格的要求。同时要求焊工操作熟练，否则容易产生烧穿或未焊透等缺欠。

2. 连弧焊的基本操作要点

引燃电弧后迅速将电弧压低，然后在始焊处做小锯齿形横向摆动对工件预热，然后将焊条尽力送向根部，等听到“噗”的一声后，快速将电弧移到任意一坡口面，然后在两坡口间以一定的焊条倾角（不同焊接位置倾角不同）做似停非停的微小摆动，当电弧将两坡口根部两侧各熔化1.5mm左右，将焊条提起1~2mm，以小锯齿形运条法做横向摆动，使电弧以一定长度一边熔化熔孔前沿一边向前焊接。焊接时，要保证焊条中心对准熔池的前沿与母材交界处，使熔池之间相互重叠。在焊接过程中要严格控制熔孔的大小。熔孔过大，背面焊缝过高，有的会产生焊瘤；熔孔过小，会产生未焊透或未熔合等缺欠。如果焊接需要接头，收弧时要注意缓慢地将焊条向熔池斜后方带一下后提起收弧。接头时先在距离弧坑1.0~1.5mm处引弧，然后将电弧移到弧坑的一半处，压低电弧，当听到“噗”的一声后，再做1~2s的似停非停的微小摆动之后将电弧提起继续焊接。

（1）平焊的操作要点　平焊的操作难点是更换焊条，在接头处容易产生冷缩孔或焊缝脱节。一般收弧前首先在熔池前方做一熔孔，然后再将电弧向坡口一侧10~15mm处收弧。快速换好焊条后，在距离弧坑10~15mm处引弧，运条到弧坑根部，压低电弧，当听到“噗”声后停顿2s左右，再提起焊条继续焊接，工件背面应保持1/3

弧柱长度。

(2) 立焊的操作要点 立焊时，为了避免产生咬边，横向摆动向上的幅度要小些。做击穿动作时，焊条倾角要略大于 90°，出现熔孔后立即恢复到原角度（45°~60°）。在保证背面成形良好的情况下，焊缝越薄越好。在焊缝接头处，最好将其修磨成缓坡后再进行接头操作。焊接时，保证工件背面有 1/2 的弧柱长度。

(3) 横焊的操作要点 首先在上坡口处引弧，然后将电弧带到上坡口根部，等坡口根部的钝边熔化后，再将金属液带到下坡口根部，形成第一个熔池后，再击穿熔池。为了防止金属液下淌，电弧从上侧到下侧的速度要慢一些，从下侧到上侧的速度要快一些。尽量采用短弧焊接。工件背面应保持 2/3 弧柱。

(4) 仰焊的操作要点 必须采用短弧焊接，利用电弧吹力拖住金属液，同时将一部分金属液送入工件背面。新熔池要与前熔池重叠一半左右并适当加快焊接速度，形成较薄的焊缝。焊条与工件两侧夹角一般是 90°，与焊接方向成 70°~80°。焊接时，工件背面应保持 2/3 弧柱。

各种位置连弧焊法的焊接参数如表 2-2 所示。

表 2-2 连弧焊法的焊接参数

焊接位置	板厚 δ/mm	焊条型号	焊条直径 ϕ/mm	焊接电流 I/A
平焊	8~12	E5015	3.2	80~90
立焊	8~12	E5015	3.2	70~80
横焊	8~12	E5015	3.2	75~85
仰焊	8~12	E5015	3.2	75~85

2.1.10 挑弧法焊接操作要点

当电弧在工件上形成一个不大的熔池后，将电弧向前或向两侧移开，电弧移动的距离要小于 12mm，弧长不超过 6mm，如图 2-42 所示。这时熔化金属迅速冷却、凝固形成一个台阶，当熔池缩小到焊条的 1~1.5 倍时，再将电弧移到台阶上面，在台阶上面形成新的熔池。这样不断重复熔化、冷却、凝固，就能堆集成一条焊缝。挑弧法焊接多用于立焊操作。

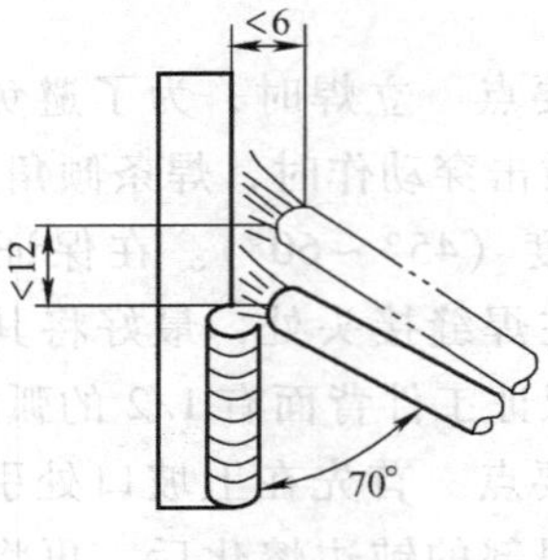

图 2-42　挑弧法焊接示意图

2.2　钨极氩弧焊基本操作技术

2.2.1　焊枪操作要点

1. 持枪方法

正确选择和掌握持枪方法，是焊接操作顺利进行与获得高质量焊缝的保证。持枪方法如图 2-43 所示。

1）图 2-43a 为 T 形焊枪握法之一，用于 150A、200A、300AT 形焊枪，应用较广。

2）图 2-43b 为 T 形焊枪握法之二，用于 150A、200AT 形焊枪。此种握法最稳，适用于焊接要求严格处。

3）图 2-43c 为 T 形焊枪握法之三，用于 500AT 形焊枪。焊接厚板及立焊、仰焊时多采用此种握法，对于 150A、200A、300AT 形焊枪也可采用此种握法。

对于操作不熟练者，在采用图 2-43c 中持枪方法时，可将其余三指触及焊缝旁作为支点，也可用其中两指或一指作支点。要稍用力握住焊枪，这样才能有效地保证电弧长度稳定。左手持焊丝，严防焊丝与钨极接触，以免产生飞溅、夹钨，破坏气体保护层，影响焊缝质量。

2. 平焊时焊枪、焊丝与工件的角度

在平焊时，焊枪、焊丝与工件的角度如图 2-44 所示。焊枪角度

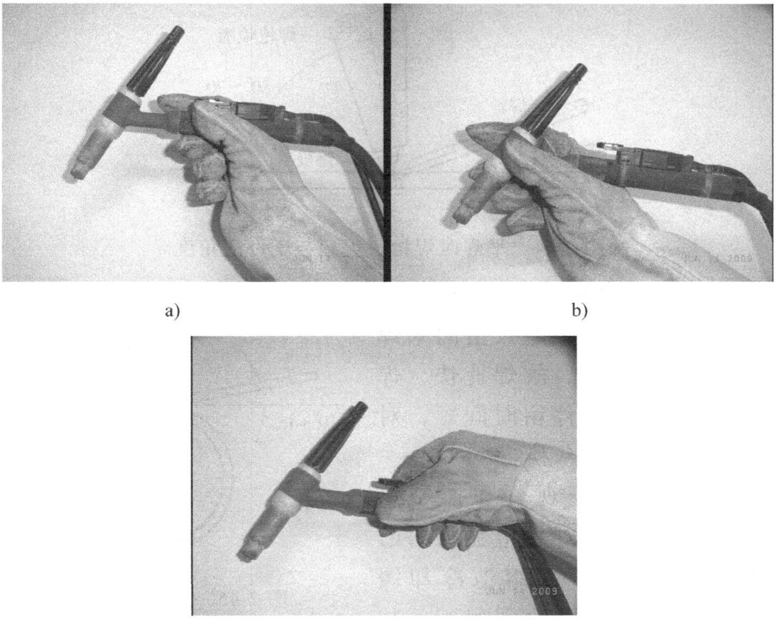

a)　　b)

c)

图 2-43　持枪方法

a）三指后握　b）三指前握　c）全手后握

过小，会降低氩气保护效果；焊枪角度过大，操作和填丝比较困难。对某些易被空气污染的材料，如钛合金等，应尽可能使焊枪与工件夹角为 90°，以确保氩气保护效果良好。

3. 环焊时焊枪、焊丝与工件的角度

环焊时，焊枪、焊丝与工件的角度和平焊区别不大，但工件的转动是逆着焊接方向的，如图 2-45 所示。

4. 焊枪运走形式

在焊接过程中，焊枪从右向左移动，焊接电弧指向待焊部分，焊丝位于电弧，这种方法叫作左焊法。在焊接过程中，焊枪从左向右移动，焊接电弧指向已焊部分，焊丝位于电弧后面，这种方法叫作右焊法。

左焊法便于观察和控制熔池温度，操作者易于掌握。适宜于焊

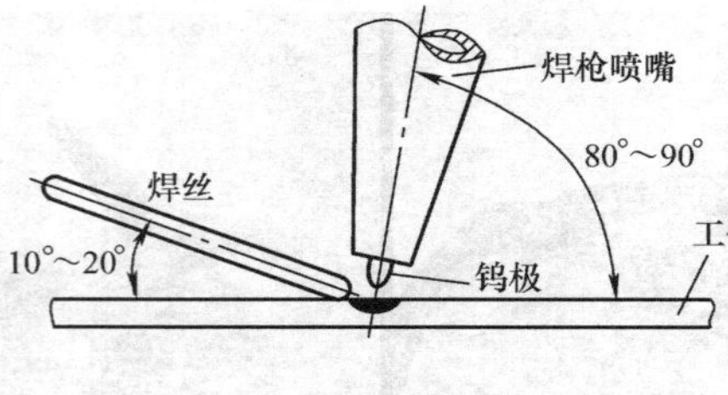

图 2-44　平焊时焊枪、焊丝与工件的角度

接薄板和对质量要求较高的不锈钢、高温合金。由于电弧指向未焊部分，有预热作用，故焊速快，焊缝窄，焊缝在高温停留时间短，对细化焊缝金属晶粒有利。

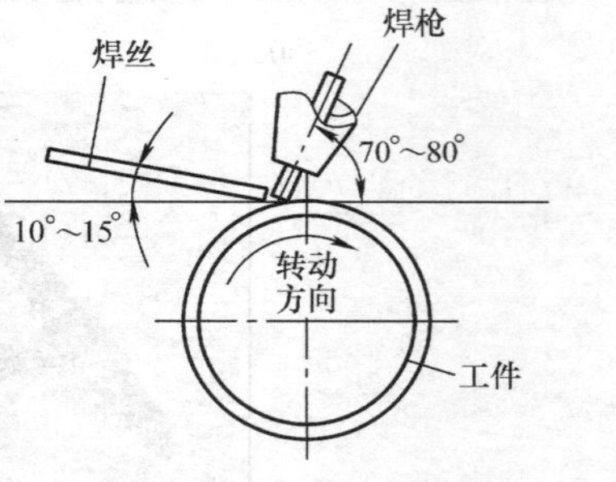

图 2-45　环焊时焊枪、焊丝与工件的角度

右焊法不便于观察和控制熔池，但由于右焊法焊接电弧指向已凝固的焊缝金属，使熔池冷却缓慢，有利于改善焊缝金属组织，减少气孔、夹渣。在相同能量时，右焊法比左焊法熔深大，适合于焊接厚度较大，熔点较高的工件。

钨极氩弧焊一般采用左焊法，焊枪作直线移动，但为了获得比较宽的焊缝，保证两侧熔合质量，氩弧焊枪也可作横向摆动，同时焊丝随焊枪的摆动而摆动，为了不破坏氩气对熔池的保护，摆动频率不能太高，幅度不能太大，喷嘴高度保持不变。常用的焊枪运走形式有直线移动形和横向摆动形两种。

（1） 直线移动　根据所焊材料和厚度不同，通常有直线匀速移动和直线断续移动两种方法。

1） 直线匀速移动是指焊枪沿焊缝作平稳的直线匀速移动，适合于不锈钢、耐热钢等薄件的焊接。其优点是电弧稳定，避免焊缝重复加热，氩气保护效果好，焊接质量稳定。

2）直线断续移动主要用于中等厚度材料（3 ~ 6mm）的焊接。在焊接过程中，焊枪按一定的时间间隔停留和移动。一般在焊枪停留时，当熔池熔透后，加入焊丝，接着沿焊缝纵向作间断的直线移动。

（2）横向摆动　根据焊缝的尺寸和接头形式的不同，要求焊枪作小幅度的横向摆动，按摆动方法不同，可分为月牙形摆动和斜月牙形摆动两种形式。

1）月牙形摆动是指焊枪的横向摆动是划弧线，两侧略停顿并平稳向前移动，如图 2-46 所示。这种运动适用于大的 T 字形角焊、厚板的搭接角度焊、开 V 形及双 V 形坡口的对接焊或特殊要求加宽的焊接。

2）斜月牙形摆动是指焊枪在沿焊接方向移动过程中划倾斜的圆弧，如图 2-47 所示。这种运动适用于不等厚的角接焊和对接焊的横向焊缝。焊接时，焊枪略向厚板一侧倾斜，并在厚板一侧停留时间略长。

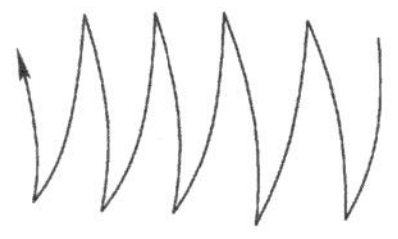

图 2-46　月牙形摆动

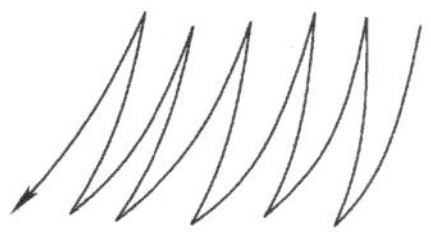

图 2-47　斜月牙形摆动

2.2.2　引弧和收弧操作要点

1. 引弧

钨极氩弧焊一般有短路引弧和引弧器引弧两种方法。

（1）短路引弧　短路引弧是钨极与引弧板或工件接触引燃电弧的方法。按操作方式，又可分为直接接触引弧和间接接触引弧。

1）直接接触引弧法是指钨极末端在引弧板表面瞬间擦过，像划弧似的逐渐离开引弧板，引燃后将电弧带到被焊处焊接，引弧板可采用纯铜或石墨板。引弧板可安放在焊缝上，也可错开放置，如图 2-48 所示。

2）间接接触引弧法是指钨极不直接与工件接触，而是将末端离开工件 4 ~ 5mm，利用填充焊丝在钨极与工件之间，从内向外迅速划擦过去，使钨极通过焊丝与工件间接短路，引燃后将电弧移至施焊处焊接。划擦过程中，如焊丝与钨极接触不到可增大角度，或减小

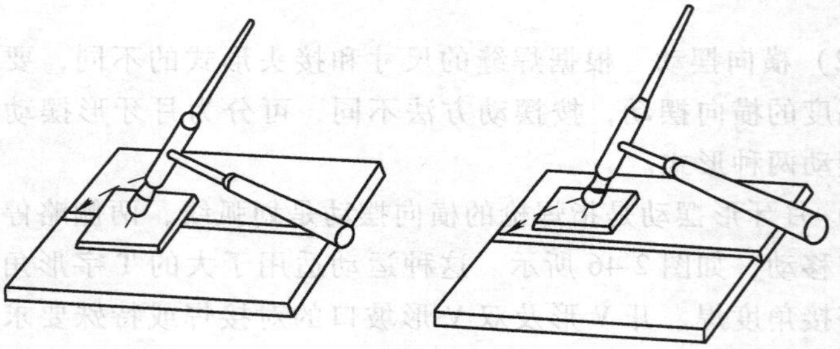

图 2-48　直接接触引弧法

a）压缝式　b）错开式

钨极至工件的距离，如图 2-49 所示。此法操作简便，应用广泛，不易产生粘接。

不允许钨极直接与试板或坡口面接触引弧。

短路引弧的缺点是引弧时钨极损耗大，钨极端部形状容易被破坏，所以仅当焊机没有引弧器时才使用。

（2）引弧器引弧　包括高频引弧和高压脉冲引弧，如图 2-50 所示。高频引弧是利用高频振荡器产生的高频高压击穿钨极与工件之间的气体间隙而引燃电弧；高压脉冲引弧是在钨极与工件之间加一个高压脉冲，使两极间气体介质电离而引燃电弧。

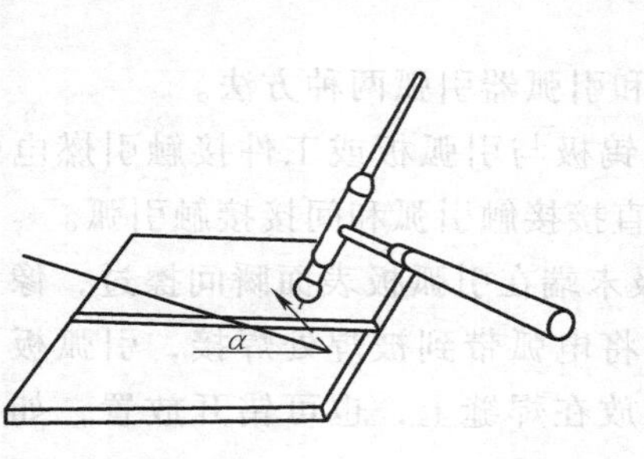

图 2-49　间接接触引弧法

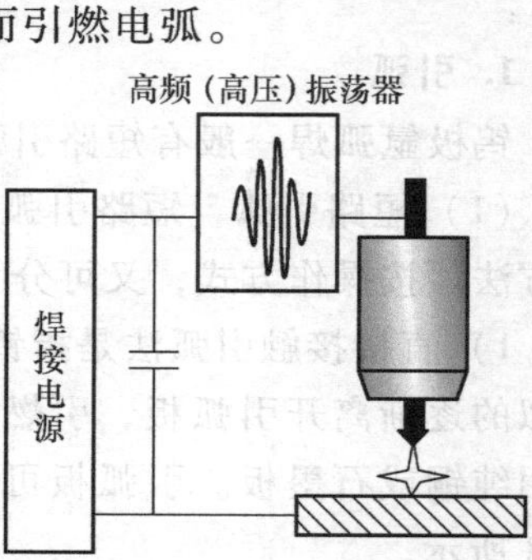

图 2-50　引弧器引弧

高频引弧与高压脉冲引弧操作时钨极不与工件接触，保持 3 ~ 4mm 的距离，通过焊枪上的启动按钮直接引燃电弧。引弧处不能在工件坡口外面的母材上，以免造成弧斑，损伤工件表面，引起腐蚀或裂纹。引弧处应在起焊处前10mm左右，电弧稳定后，移回焊接处进行正常焊接。此种引弧法效果好，钨极端头损耗小，引弧处焊接质量高，不会产生夹钨缺欠。

2. 收弧

收弧是保证焊接质量的重要环节，若收弧不当，易引起弧坑裂纹、烧穿、缩孔等缺欠，影响焊缝质量。一般采用以下几种收弧方法。

(1) 利用电流衰减装置收弧　一般氩弧焊设备都配有电流衰减装置。收弧后，氩气开关应延时10s左右再关闭（一般设备上都有提前送气与滞后关气装置），防止金属在高温下继续氧化。

(2) 改变操作方法收弧　若无电流衰减装置，多采用改变操作方法收弧，其基本要点是逐渐减少热量输入，即采取减小焊枪与工件夹角、拉长电弧或加快焊接速度的方法收弧。此时，使电弧热量主要集中在焊丝上，同时加快焊速，增大送丝量，将弧坑填满后收弧。对于管子封闭焊缝，收弧时一般是稍拉长电弧，重叠焊缝20～40mm，在重叠部分不加或少加焊丝。收弧后氩气开关应延迟一段时间再关闭，使氩气保护收弧处一段时间，防止金属在高温下继续氧化。

2.2.3 填丝操作要点

1. 填丝方法

钨极氩弧焊时，填丝的方法有断续填丝和连续填丝两种。

(1) 断续填丝法　以左手拇指、食指、中指捏紧焊丝，焊丝末端始终处于氩气保护区内。手指不动，只起夹持作用，靠手或小臂沿焊缝前后移动和手腕的上下反复动作，将焊丝加入熔池。此法适用于对接间隙较小、有垫板的薄板或角焊缝的焊接，在全位置焊接时多采用此法。但此方法使用电流小，焊接速度较慢，当坡口间隙过大或电流不合适时，熔池温度难于控制，易产生塌陷。

(2) 连续填丝法　这种方法对保护层的扰动小，它要求焊丝比较平直，将焊丝夹持在左手大拇指的虎口处，前端夹持在中指和无名指之间，靠大拇指来回反复均匀的用力，推动焊丝向前送向熔池中。中指和无名指夹稳焊丝并控制和调节方向，手背可依靠在工件上增加其稳定性，大拇指的往返推动频率可由填充量及焊接速度而定，如图 2-51 所示。连续填丝时手臂动作不大，待焊丝快用完时才前移。采用连续填丝法，对于要求双面成形的工件，速度快且质量好，可以有效地避免内部凹陷。

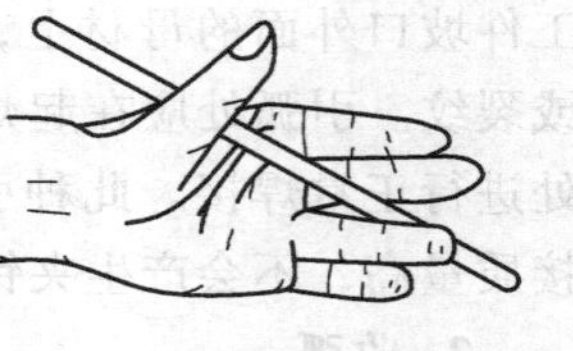

图 2-51　连续填丝操作方法

2. 填丝注意事项

1）必须等坡口两侧熔化后才能填丝，以免造成熔合不良。

2）不要把焊丝直接放在电弧下面，以免发生短路，送丝的正确位置如图 2-52 所示。

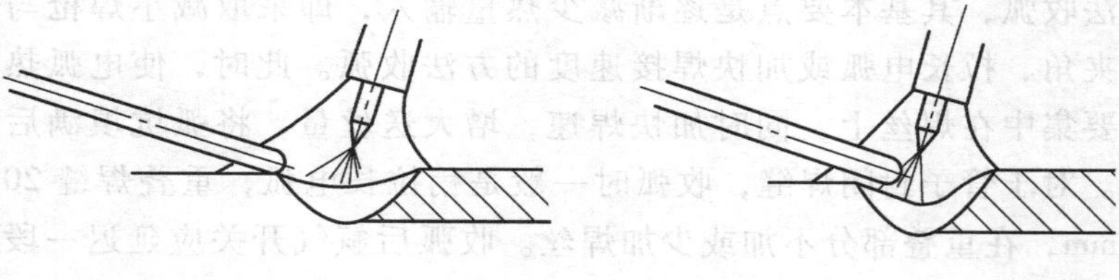

a)　　b)

图 2-52　送丝的正确位置

a）正确　b）不正确

3）夹持焊丝不能太紧，以免送丝不动。送丝时，注意焊丝与工件的夹角为 15°，从熔池前沿点进，随后撤回，如此反复动作。焊丝端头应始终处在氩气保护区内，以免高温氧化，造成焊接缺欠。

4）坡口间隙大于焊丝直径时，焊丝应随电弧作同步横向摆动，送丝速度均应与焊接速度相适应。

5）焊丝加入动作要熟练、速度要均匀。如果速度过快，焊缝余高大；过慢则焊缝易出现下凹和咬边现象。

6）撤回焊丝时，不要让焊丝端头撤出氩气保护区，以免焊丝端头被氧化，否则会造成氧化物夹渣或产生气孔。

7）不要使钨极与焊丝相碰，否则会发生短路，产生很大的飞溅，造成焊缝污染或夹钨。

8）不要将焊丝直接伸入熔池中央或在焊缝内横向来回摆动。

2.2.4　钨极氩弧薄板平对接焊操作要点

薄板是指厚度在 6mm 以下的板材。

1. 焊接参数

钨极氩弧薄板平对接焊的工艺参数如表 2-3 所示。

表 2-3　平板对接焊的工艺参数

焊接层次	焊接电流/A	电弧电压/V	氩气流量/（L/min）	钨极直径	焊丝直径	钨极伸出长度	喷嘴直径	喷嘴至工件距离
				mm				
打底焊	90～100	12～16	7～9	2.5	2.5	4～8	10	12
填充焊	100～110							
盖面焊	110～120							

2. 焊层及焊缝

薄板对接平焊采用左焊法，焊接层次为三层三道，如图 2-53 所示。

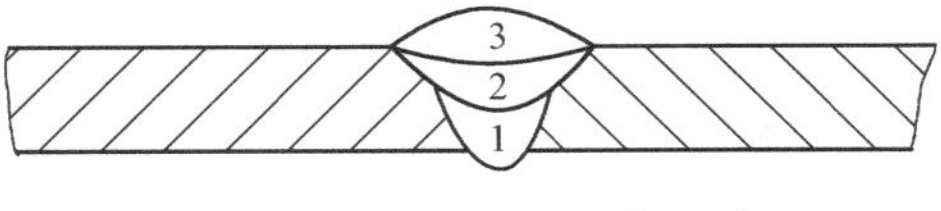

图 2-53　薄板对接平焊位置手工钨极氩弧焊焊层及焊缝

3. 操作要点

平焊是最容易的焊接位置，首先要进行定位焊，其次再开始打底焊，在定位焊缝上引燃电弧后，焊枪停留在原位置不动，稍微预热后，当定位焊缝外侧形成熔池，并出现熔孔后，开始填充焊丝，焊枪稍作摆动向左焊接。

1）打底焊时，应减小焊枪角度，使电弧热量集中在焊丝上，采取较小的焊接电流，加快焊接速度和送丝速度，避免焊缝下凹和烧穿。焊接过程中注意焊接参数的变化及其相互关系，焊枪移动要平稳，速度要均匀，随时调整焊接速度和焊枪角度，保证背面焊缝成形良好。平焊焊枪角度与填丝位置如图 2-54 所示。

若发现熔池增大，焊缝变宽，并出现下凹时，说明熔池温度过高，应减小焊枪倾角，加快焊接速度；若熔池变小，说明熔池温度低，有可能产生未焊透和未熔合，应增大焊枪倾角，减慢焊接速度，以保证打底层焊缝质量。在整个焊接过程中，焊丝始终应处在氩气保护区内，防止高温氧化。同时，要严禁钨极端部与焊丝、工件接触，以防产生夹钨，影响焊接质量。当更换焊丝或暂停焊接时，需要接头。这时松开焊枪上的按钮开关，停止送丝，借助焊机的电流衰减装置熄弧，但焊枪仍须对准熔池进行保护，待其完全冷却后方能移开焊枪。若焊机无电流衰减功能时，则松开按钮开关后，应稍抬高焊枪，待电弧熄灭、熔池完全冷却凝固后才能移开焊枪。在接头处要检查原弧坑处的焊缝质量，当保护较好、无氧化物等缺欠时，则可直接接头；当有缺欠时，则须将缺欠修磨掉，并将其前端打磨成斜面。在弧坑右侧 15 ~ 20mm 处引弧，并慢慢向左移动，待弧坑处开始熔化，并形成熔池和熔孔后，继续填丝焊接。收弧时要减小焊枪与工件的夹角，加大焊丝熔化量，填满弧坑。

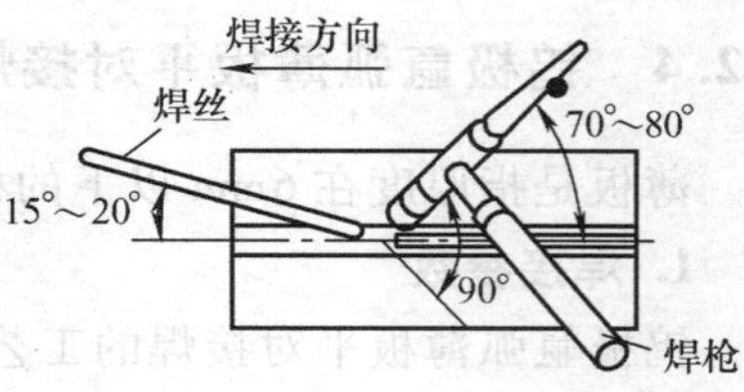

图 2-54　平焊焊枪角度与填丝位置

在焊缝末端收弧时，应减小焊枪与工件的夹角，使电弧热量集中在焊丝上，加大焊丝熔化量，填满弧坑，然后切断电源，待氩气延时 10s 左右停止供气后，再移开焊枪和焊丝。

2）打底焊完成以后，要进行填充焊。填充焊焊接前，应先检查根部焊缝表面有无氧化皮和缺欠，如有须进行打磨处理，同时增大焊接电流。填充焊接时的注意事项同打底焊，焊枪的横向摆动幅度比打底焊时稍大。在坡口两侧稍加停留，保证坡口两侧熔合好，焊缝均匀。填充焊时不要熔化坡口的上棱边，焊缝比工件表面低 1mm 左右。

3）盖面焊时焊枪与焊丝角度不变，但应进一步加大焊枪摆动幅度，并在焊缝边缘稍停顿，使熔池熔化两侧坡口边缘各 0. 5 ~1mm，根据焊缝的余高决定填丝速度，以确保焊缝尺寸符合要求。

2.2.5　钨极氩弧不锈钢薄板平对接焊操作要点

焊接1mm以下不锈钢薄板，由于其自身拘束度小，热导率小（约为普通钢的1/3），线胀系数较大，当焊接时温度变化较快，则产生的热应力比正常温度时大得多，很容易出现常见的焊接烧穿和焊接变形（大多为波浪变形）等缺欠，影响工件的外形。

1. 钨极氩弧不锈钢薄板平对接焊接参数

钨极氩弧不锈钢薄板平对接焊接参数如表2-4所示。

表 2-4　钨极氩弧不锈钢薄板平对接焊接参数

板厚/mm	钨极直径/mm	电流/A	电压/mm	焊丝/mm	钨极伸长/mm	氩气流量/(L/min)	喷嘴直径/mm
0.3	1	10~15	10~15	1.2	3~4	6~8	12
0.6	1	20~25	15~20	1.2	3~4	6~8	12
0.8	1.6	40~50	20~25	1.6	3~4	6~8	12
1.0	2.0	50~60	25~30	1.6	3~4	6~8	12

2. 保护气体

氩气纯度应在99.6%以上，流量应保持在6~8L/min。氩气流量过大时，保护层会产生不规则流动，易使空气卷入，反而降低保护效果，所以气体流量也要选择合适。通过观察焊缝颜色可以判定气体保护效果，不锈钢的焊缝颜色与保护效果如表2-5所示。

表 2-5　不锈钢的焊缝颜色与保护效果

焊缝颜色	银白、金黄色	蓝色	红灰色	灰色	黑色
保护效果	最好	良好	尚可	不良	最坏

对接打底时，为防止底层焊缝的背面被氧化，背面也需要实施气体保护。

3. 钨极

尽量用黄色或白色标记的钨极，钨极要经常磨尖锐，与焊缝的距离要适当，太近就会粘在一起，太远则会发生弧光开花，造成钨极变秃，对操作者的辐射也强。

4. 钨极氩弧不锈钢薄板平对接焊操作技巧

1）必须采用精装夹具，要求夹紧力平衡均匀。装配尺寸力求精确，接口间隙尽量小。间隙稍大容易烧穿或形成较大的焊瘤。

2）钨极从气体喷嘴突出的长度，以4～5mm为佳，在角焊等遮蔽性差的地方是2～3mm，在开槽深的地方是5～6mm，喷嘴至工件的距离一般不超过15mm。

3）要用焊枪的陶瓷头遮挡弧光，焊枪的尾部尽量朝向操作者的脸部。

4）尽量采用短弧焊接以增强氩气保护效果。焊接电弧长度，焊接普通钢时，以2～4mm为佳，而焊接不锈钢时，以1～3mm为佳，过长则保护效果不好。

5）采用脉冲TIG焊。在一般情况下，用普通TIG焊进行薄板焊接时，通常电流均取小值，当电流小于20A时，易产生电弧漂移，阴极斑点温度很高，会使焊接区域产生发热烧损和发射电子条件变差，致使阴极斑点不断跳动，很难维持正常焊接。而采用脉冲TIG焊后，峰值电流可使电弧稳定，指向性好，易使母材熔化成形，并循环交替，确保焊接过程的顺利进行；同时能得到力学性能良好，外形美观、熔池互相搭接良好的焊缝。

6）采用左焊法操作，焊枪从右向左移动，电弧指向未焊部分，焊丝位于电弧前面，如图2-55所示。为使氩气很好地保护焊接熔池和便于施焊操作，钨极中心线与焊接处工件一般应保持75°角，填充焊丝与工件表面夹角应尽可能地小，一般为15°以下。

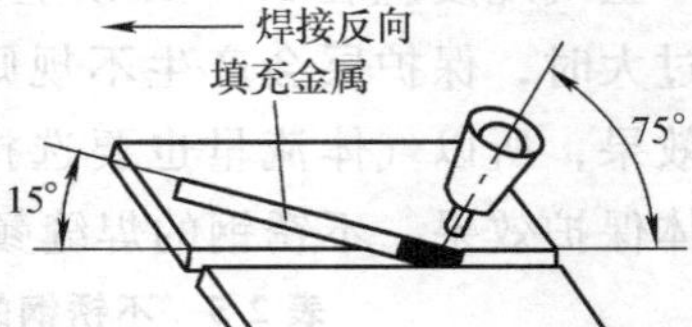

图2-55　左焊法操作示意图

7）定位焊时，焊丝应比正常焊时采用的焊丝细，因点焊时温度低、冷却快，电弧停留时间较长，故容易烧穿。进行点固定位焊时，应把焊丝放在点焊部位，电弧产生稳定后再移到焊丝处，待焊丝熔化并与两侧母材熔合后再迅速停弧。

8）注意观察熔池的大小，焊速应先稍慢后快，焊枪通常不摆动；焊速和焊丝应根据具体情况密切配合，尽量减少接头；焊缝长度一次性不宜焊接过长，否则会因过热而形成塌陷甚至烧穿，此时就算补焊完整，Cr、Ni等合金元素的大量烧损，对材料的耐蚀性非常不利。若中途停顿后再继续施焊时，要用电弧把原熔池的焊缝重新熔化，形成新的熔池后再加焊丝并与前焊缝重叠3～5mm。在重叠处要少加焊丝，使接头处圆滑过渡。

9）在焊逢的背部用厚的铁板贴在上面，这样可以控制焊接的温度，达到减小变形量的目的；还可以适量的在厚铁板的背部淋上水，达到降温的目的。

2.2.6　钨极氩弧铝薄板平对接焊操作要点

铝合金具有良好的耐蚀性、较高的比强度及良好的导电性和导热性。但铝与氧的亲合力很大，易被氧化生成致密的三氧化二铝氧化膜。在焊接过程中，氧化膜会阻碍金属间的良好结合，形成夹渣、未熔合等缺欠，因而给焊接工艺带来一定的困难。

钨极氩弧焊在焊接铝合金方面有独到的优势，只要工艺措施合理，操作方法得当，可以获得良好的铝薄板平对接焊接头。

1. 焊前清理

焊前将焊丝、工件坡口及其坡口内外各30～50mm范围内的油污和氧化膜清除掉。清除方法如下：

用丙酮或四氯化碳等有机溶剂去除表面油污，坡口内外两侧清除范围应不小于50mm。清除油污后，焊丝采用化学法，坡口采用机械法清除表面氧化膜。机械法是指坡口及其附近表面可用锉削、刮削、铣削或用0.2mm左右的不锈钢丝刷清除至露出金属光泽，两侧的清除范围距坡口边缘应不小于30mm，使用的工具定期处理。化学法是指用质量分数约5%～10%的NaOH溶液在70℃时浸泡30～60s，或常温下用质量分数为5%～10%的NaOH溶液浸泡3min。然后用质量分数约15% HNO_3（常温）溶液浸泡2min，最后用温水清洗，或用冷水冲洗，再使其完全干燥。

清理好的坡口及焊丝，在焊前不应被污染。若无有效的防护措施，应在8h内施焊，否则应重新进行清理。

2. 焊机的选择

焊机必须是交流TIG焊机，因其具有陡降的外特性和足够的电容量，并且有参考稳定、调节灵活和安全可靠的使用性能，还应具有引弧、稳弧和消除直流分量装置，焊机的电流、电压表应经计量部门鉴定合格。

3. 焊接工艺

铝合金根据材料厚度的不同，其焊接参数也不同，如表2-6所示。

表2-6　铝合金焊接参数

材料厚度/mm	钨极直径/mm	焊丝直径/mm	焊接电流/A
1.5	2	2	70~80
2	2~3	2	90~120
3	3~4	2	120~180
4	3~4	2.5~3	120~240

4. 钨极氩弧铝薄板平对接焊操作技巧

为增大氩气保护区和增强保护效果，可采用大直径焊嘴，加大焊枪氩气流量。当喷嘴上有明显阻碍气流流通的飞溅物附着时，必须将飞溅物清除或更换喷嘴。当钨极端部出现污染，形状不规则等现象时必须修整或更换，钨极不宜伸出喷嘴外。焊接温度的控制主要是焊接速度和焊接电流大小的控制。大电流、快速焊能有效防止气孔的产生，这主要是由于在焊接过程中以较快速度焊透焊缝，熔化金属受热时间短，吸收气体的机会少。

在氩气保护区内，焊丝向熔池边缘一滴一滴往复进入，焊枪作轻微摆动，摆动到上边沿的时间应比到下边沿短，这样才能防止液体金属下淌。

收弧时，注意填满弧坑，缩小熔池，避免产生缩孔，终点的结合处应焊过20~30mm。焊枪应向后倾斜增大，多填丝以填满弧坑，然后缓提起电弧。停弧后，要延迟停气5~10s。

2.3　CO_2 气体保护焊基本操作技术

2.3.1　CO_2 气体保护焊焊枪操作要点

1. 持枪姿势

半自动 CO_2 焊接时，焊枪上接有焊接电缆、控制电缆、气管、水管及送丝软管等，焊枪的重量较大，操作者操作时很容易疲劳，而使操作者很难握紧焊枪，影响焊接质量。因此，应该尽量减轻焊枪把线的重量，并利用肩部、腿部等身体的可利用部位，减轻手臂的负荷，使手臂处于自然状态，手腕能够灵活带动焊枪移动。正确的持枪姿势如图 2-56 所示，若操作不熟练时，最好双手持枪。

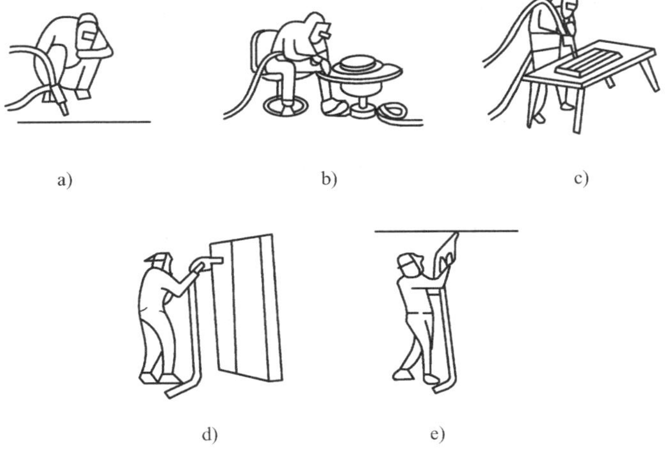

图 2-56　正确的持枪姿势

a）蹲位平焊　b）坐位平焊　c）立位平焊　d）站位立焊　e）站位仰焊

2. 焊枪与工件的相对位置

在焊接过程中，应保持一定的焊枪角度和喷嘴到工件的距离，并能清楚地观察熔池。同时还要注意焊枪移动的速度要均匀，焊枪要对准坡口的中心线等。通常情况下，操作者可根据焊接电流的大小、熔池形状、装配情况等适当调整焊枪的角度和移动速度。

3. 送丝机与焊枪的配合

送丝机要放在合适的位置，保证焊枪能在需要焊接的范围内自由移动。焊接过程中，软管电缆最小曲率半径要大于30mm，以便焊接时可随意拖动焊枪。

4. 焊枪摆动形式

为了控制焊缝的宽度和保证熔合质量，CO_2 气体保护焊焊枪要作横向摆动。焊枪的摆动形式及应用范围如表2-7所示。

表2-7　焊枪的摆动形式及应用范围

摆动形式	用　途
	薄板及中厚板打底焊道
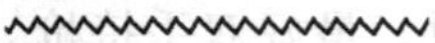	坡口小时及中厚板打底焊道
	焊厚板第二层以后的横向摆动
	平角焊或多层焊时的第一层
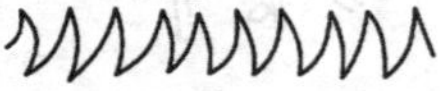	坡口大时

为了减少输入能量，从而减小热影响区，减小变形，通常不采用大的横向摆动来获得宽焊缝，多采用多层多道焊来焊接厚板，当坡口较小时，如焊接打底焊缝时，可采用较小的锯齿形横向摆动，如图2-57所示，其中在两侧各停留0.5s左右。

当坡口较大时，可采用弯月形的横向摆动，如图2-58所示，两侧同样停留0.5s左右。

图2-57　锯齿形的横向摆动

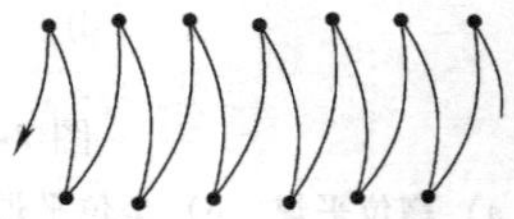

图2-58　弯月形的横向摆动

2.3.2　CO_2 气体保护焊引弧操作要点

CO_2 气体保护焊的引弧不采用划擦式引弧，主要是碰撞引弧，但引弧时不必抬起焊枪。具体操作步骤如下：

1）引弧前先按遥控盒上的点动开关或按焊枪上的控制开关，点动送出一段焊丝，焊丝伸出长度小于喷嘴与工件间应保持的距离，超长部分应剪去，如图2-59所示。若焊丝的端部出现球状时，必须剪去，否则引弧困难。

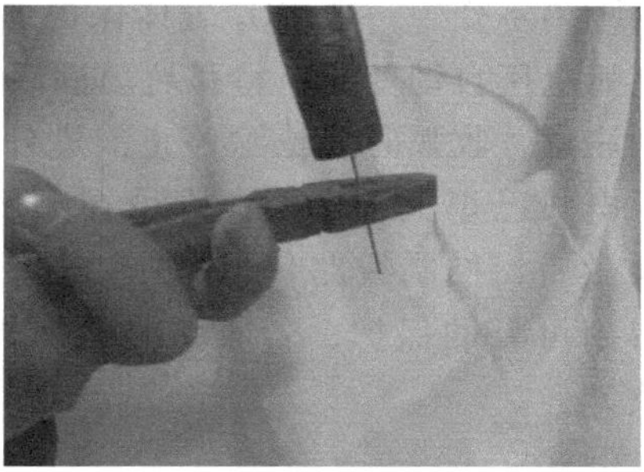

图2-59　引弧前剪去超长的焊丝

2）将焊枪按要求放在引弧处，注意此时焊丝端部与工件未接触，喷嘴高度由焊接电流决定，如图2-60所示。

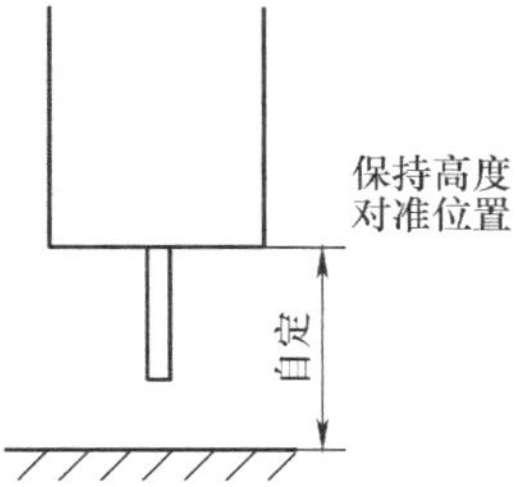

图2-60　准备引弧

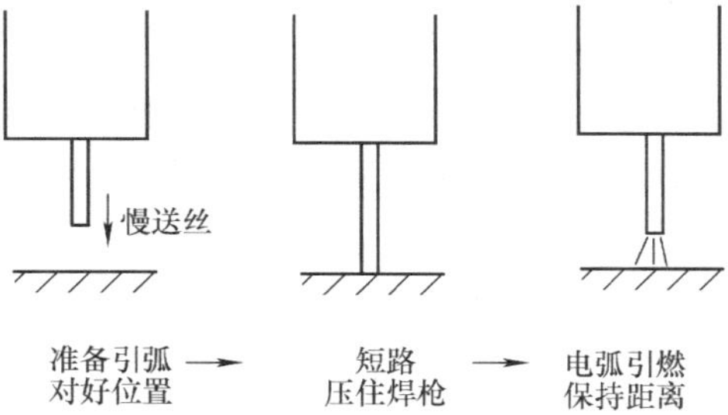

图2-61　引弧过程

3）按焊枪上的控制开关，焊机自动提前送气，延时接通电源，并保持高电压、慢送丝，当焊丝碰撞工件短路后，自动引燃电弧。短路时，焊枪有自动顶起的倾向，故引弧时要稍用力向下压焊枪，保证喷嘴与工件间距离，防止因焊枪抬起太高导致电弧熄灭，如图2-61所示。

2.3.3　CO_2 气体保护焊收弧操作要点

CO_2 气体保护焊在收弧时与焊条电弧焊不同，不要像焊条电弧焊那样习惯地把焊枪抬起，这样会破坏对熔池的有效保护，容易产生气孔等缺欠。正确的操作方法是在焊接结束时，松开焊枪开关，保持焊枪到工件的距离不变，一般 CO_2 气体保护焊有弧坑控制电路，此时焊接电流与电弧电压自动变小，待弧坑填满后，电弧熄灭。

操作时需特别注意，收弧时焊枪除停止前进外，不能抬高喷嘴，即使弧坑已填满，电弧已熄灭，也要让焊枪在弧坑处停留几秒钟后才能移开。因为灭弧后，控制线路仍保证延迟送气一段时间，以保证熔池凝固时能得到可靠的保护，若收弧时抬高焊枪，则容易因保护不良产生焊接缺欠。

2.3.4　CO_2 气体保护焊操作要点

CO_2 气体保护焊薄板对接一般都采用短路过渡，随着工件厚度的增大，大都采用颗粒过渡，这时熔深较大，可以提高单道焊的厚度或减小坡口尺寸。

1. 焊接方向

一般情况下采用左焊法，其特点是易观察焊接方向，熔池在电弧的作用下熔化，金属被吹向前方，使电弧不作用在母材上，熔深较浅，焊缝平坦且较宽，飞溅较大，保护效果好，如图 2-62 所示。

在要求焊缝有较大熔深和较小飞溅时采用右焊法，但不易得到稳定的焊缝，焊缝高而窄，易烧穿，如图 2-63 所示。

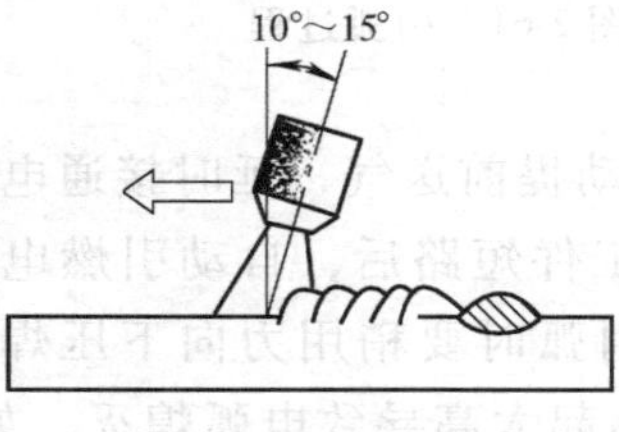

图 2-62　左焊法

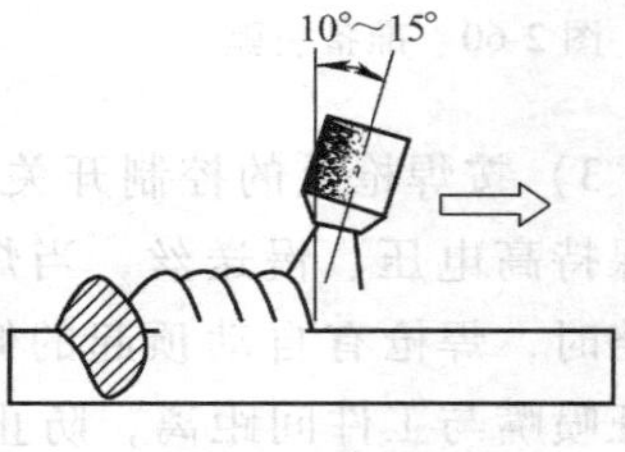

图 2-63　右焊法

2. 焊丝直径

焊丝直径对焊缝熔深及熔敷速度有较大影响，当电流相同时，随着焊丝直径的减小，焊缝熔深增大，熔敷速度也增大。

实芯焊丝的 CO_2 气体保护焊丝直径的范围较窄，一般在0.4～5mm之间，半自动焊多采用直径0.4～1.6mm的焊丝，而自动焊常采用较粗的焊丝。焊丝直径应根据工件厚度、焊接位置及生产率的要求来选择。当采用立焊、横焊、仰焊焊接薄板或中厚板时，多选用直径1.6mm以下的焊丝；在平焊位置焊接中厚板时可选用直径1.2mm以上的焊丝。焊丝直径的选择如表2-8所示。

表2-8 焊丝直径的选择

焊丝直径/mm	工件厚度/mm	施焊位置	熔滴过渡形式
0.8	1～3	各种位置	短路过渡
1.0	1.5～6	各种位置	短路过渡
1.2	2～12	各种位置	短路过渡
	中厚	平焊、平角焊	细颗粒过渡
1.6	6～25	各种位置	短路过渡
	中厚	平焊、平角焊	细颗粒过渡
2.0	中厚	平焊、平角焊	细颗粒过渡

3. 焊接电流

焊接电流影响焊缝熔深及熔敷速度的大小。如果焊接电流过大，不仅容易产生烧穿、裂纹等缺欠，而且工件变形量大，飞溅也大；若焊接电流过小，则容易产生未焊透、未熔合、夹渣等缺欠及焊缝成形不良。通常，在保证焊透、焊缝成形良好的前提下，尽可能选用较大电流，以提高生产率。

每种直径的焊丝都有一个合适的焊接电流范围，只有在这个范围内焊接过程才能稳定进行。当焊丝直径一定时，随焊接电流增加，熔深和熔敷速度均相应增大。

焊接电流主要根据工件厚度、焊丝直径、焊接位置及熔滴过渡形式来决定。焊丝直径与焊接电流的关系见表2-9。

4. 焊接电压

焊接电压应与焊接电流配合选择，电压过高或过低都会影响电弧的稳定性，使飞溅增大。随焊接电流增加，电弧电压也相应增大。

表 2-9 焊丝直径与焊接电流的关系

焊丝直径/mm	电流范围/A	材料厚度/mm
0.6	40~100	0.6~1.6
0.8	50~150	0.8~2.3
0.9	70~200	1.0~3.2
1.0	90~250	1.2~6
1.2	120~350	2.0~10
>1.2	≥300	>6.0

1）通常短路过渡时，电流不超过200A，电弧电压可用式 $U=0.04I+16\pm2$ 计算，式中 U 为电弧电压，单位为V；I 为焊接电流，单位为A。

2）细颗粒过渡时，电流一般大于200A，电弧电压可用式 $U=0.04I+20\pm2$ 计算，式中 U 为电弧电压，单位为V；I 为焊接电流，单位为A。

3）焊接位置的不同，焊接电流和电压也要进行相应修正，如表2-10所示。

表 2-10 CO_2 气体保护焊不同焊接位置电流与电压的关系

焊接电流/A	电弧电压/V	
	平焊	立焊和仰焊
70~120	18~21.5	18~19
120~170	19~23.5	18~21
170~210	19~24	18~22
210~260	21~25	—

4）焊接电缆加长时，还要对电弧电压进行修正，表2-11是电缆长度与电流、电压增加值的关系。

5. 电源极性

CO_2 气体保护焊时一般都采用直流反接，直流反接具有电弧稳定性好，飞溅小及熔深大等特点。此时焊接过程稳定，飞溅较小。

直流正接时，在相同的焊接电流下，焊丝熔化速度大大提高，约为反接时的 1.6 倍，焊接过程不稳定，焊丝熔化速度快、熔深浅、堆高大，飞溅增多，主要用于堆焊及铸铁补焊。

表 2-11 电缆长度与电流、电压增加值的关系

电缆长 \ 电流	100A	200A	300A	400A	500A
10m	约 1V	约 1.5V	约 1V	约 1.5V	约 2V
15m	约 1V	约 2.5V	约 2V	约 2.5V	约 3V
20m	约 1.5V	约 3V	约 2.5V	约 3V	约 4V
25m	约 2V	约 3.5V	约 4V	约 4V	约 5V

6. CO_2 气体流量

在正常焊接情况下，保护气体流量与焊接电流有关，一般在 200A 以下焊接时为 10 ~ 15L/min，在 200A 以上焊接时为 15 ~ 25L/min。保护气体流量过大和过小都会影响保护效果。影响保护效果的另一个因素是焊接区附近的风速，在风的作用下，保护气流被吹散，使电弧、熔池及焊丝端头暴露于空气中，破坏保护。一般当风速在 2m/s 以上时，应停止焊接。

7. 焊丝伸出长度

焊丝伸出长度是指导电嘴到工件之间的距离，焊接过程中，保证合适的焊丝伸出长度是保证焊接过程稳定的重要因素之一。由于 CO_2 气体保护焊的电流密度较高，当送丝速度不变时，如果焊丝伸出长度增加，焊丝的预热作用较强，焊丝容易发生过热而成段熔断，使得焊丝熔化的速度加快，电弧电压升高，焊接电流减小，造成熔池温度降低，热量不足，容易引起未焊透等缺欠。同时电弧的保护效果变坏，焊缝成形不好，熔深较浅，飞溅严重。当焊丝伸出长度减小时，焊丝的预热作用减小，熔深较大，飞溅少，但是如果焊丝伸出长度过小，影响观察电弧，且飞溅金属容易堵塞喷嘴，导电嘴容易过热烧坏，阻挡焊工视线，不利于操作。

焊丝的伸出长度对焊缝成形的影响如图 2-64 所示。

对于不同直径、不同材料的焊丝，允许的焊丝伸出长度不同。焊丝伸出长度的允许值如表 2-12 所示。

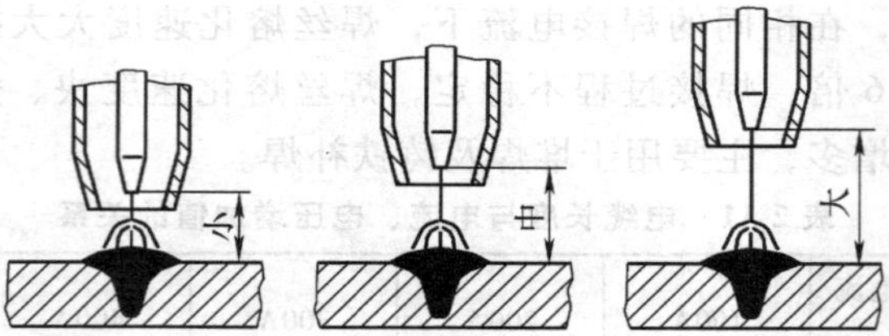

图 2-64 焊丝的伸出长度对焊缝成形的影响

表 2-12 焊丝伸出长度的允许值

焊丝直径/mm	焊丝伸出长度/mm
0.8	5~12
1.0	6~13
1.2	7~15
1.6	8~16
≥2.0	9~18

2.3.5 CO_2 气体保护焊平焊操作要点

1）最佳焊枪角度如图 2-65 所示。

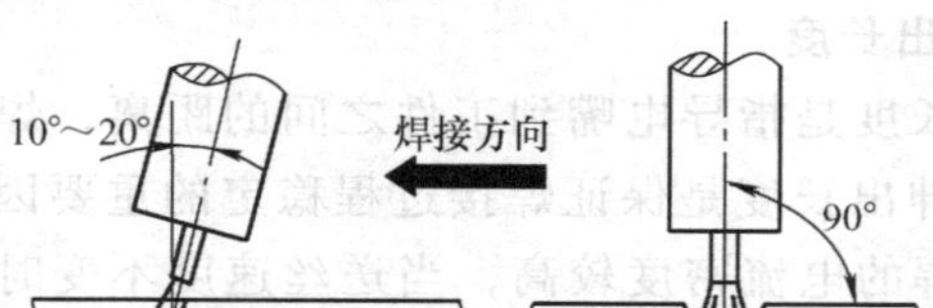

图 2-65 最佳焊枪角度

2）在离工件右端定位焊焊缝约 20mm 坡口的一侧引弧，然后开始向左焊接，焊枪沿坡口两侧作小幅度横向摆动，并控制电弧在离底边约 2~3mm 处燃烧，当坡口底部熔孔直径达 3~4mm 时，转入正常焊接，如图 2-66 所示。

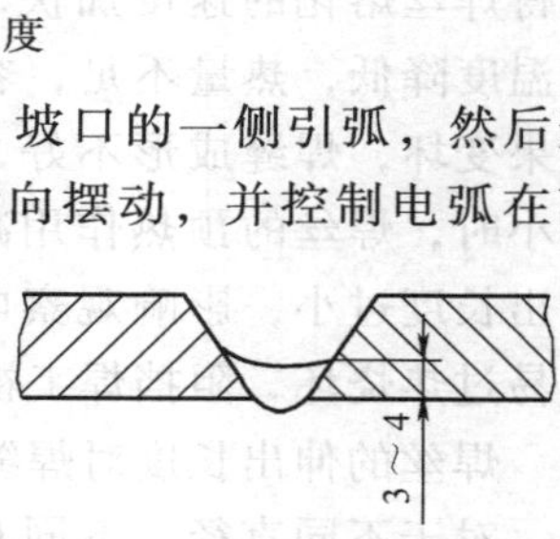

图 2-66 打底焊缝

3）焊接时，电弧始终在坡口内作小幅度横向摆动，并在坡口两侧稍作停顿，使熔孔深入坡口两侧各 0.5 ~ 1mm。焊接时应根据间隙和熔孔直径的变化调整横向摆动幅度和焊接速度，尽可能维持熔孔直径不变，获得宽窄和高低均匀的反面焊缝，以有效避免出现气孔。

4）熔池停留时间也不宜过长，否则易出现烧穿。正常熔池呈椭圆形，如出现椭圆形熔池被拉长，即为烧穿前兆。此时应根据具体情况，改变焊枪操作方式来防止烧穿。

5）注意焊接电流和电弧电压的配合，电弧电压过高，易引起烧穿，甚至熄弧；电弧电压过低，则在熔滴很小时就引起短路，并产生严重飞溅。

6）严格控制喷嘴的高度，电弧必须在离坡口底部 2 ~ 3mm 处燃烧。

2.3.6 CO_2 气体保护焊立焊操作要点

CO_2 气体保护焊立焊有向上焊接和向下焊接两种，一般情况下，板厚不大于 6mm 时，采用向下立焊的方法，如果板厚大于 6mm，则采用向上立焊的方法。

1. 向下立焊

1）CO_2 气体保护焊向下立焊的最佳焊枪角度如图 2-67 所示。

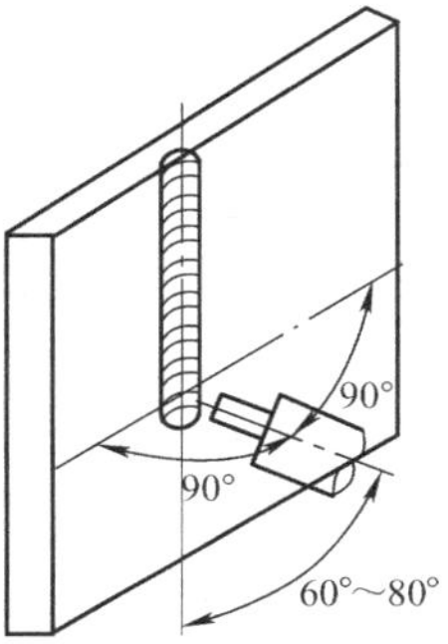

图 2-67　向下立焊的最佳焊枪角度

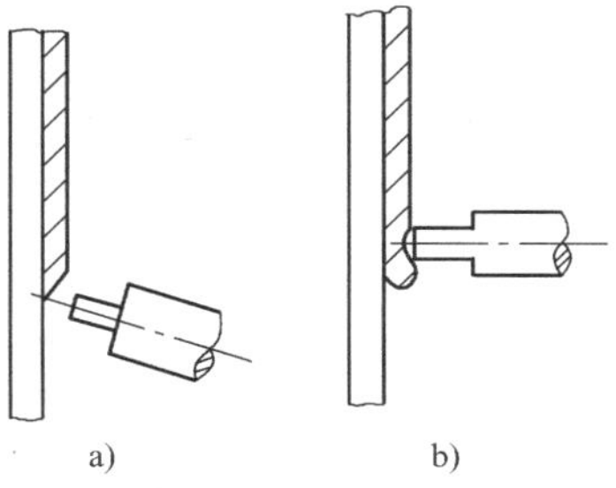

图 2-68　焊枪与熔池的关系
a）对准熔池前方　b）电弧吹力上推铁液

2）在工件的顶端引弧，注意观察熔池，待工件底部完全熔合后，开始向下焊接。焊接过程采用直线运条，焊枪不作横向摆动。

由于铁液自重影响，为避免熔池中铁液流淌，在焊接过程中应始终对准熔池的前方，对熔池起到上托的作用，如图2-68a所示。如果掌握不好，则会出现铁液流到电弧的前方，如图2-68b所示。此时应加速焊枪的移动，并应减小焊枪的角度，靠电弧吹力把铁液推上去，避免产生焊瘤及未焊透缺欠。

3）当采用短路过渡方式焊接时，焊接电流较小，电弧电压较低，焊接速度较快。

2. 向上立焊

当工件的厚度大于6mm时，应采用向上立焊。

1）向上立焊的最佳焊枪角度如图2-69所示。

2）向上立焊时的熔深较大，容易焊透。虽然熔池的下部有焊缝依托，但熔池底部是个斜面，熔融金属在重力作用下比较容易下淌，因此，很难保证焊缝表面平整。为防止熔融金属下淌，必须采用比平焊稍小的电流，焊枪的摆动频率应稍快，采用锯齿形节距较小的摆动方式进行焊接，使熔池小而薄，熔滴过渡采用短路过渡形式。向上立焊时的熔孔与熔池如图2-70所示。

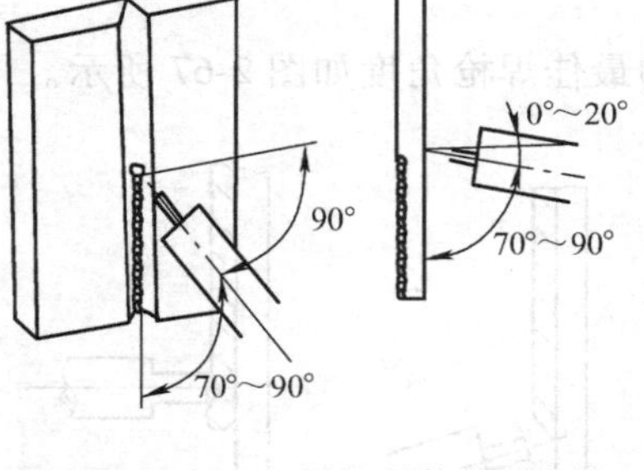

图2-69　向上立焊的最佳焊枪角度

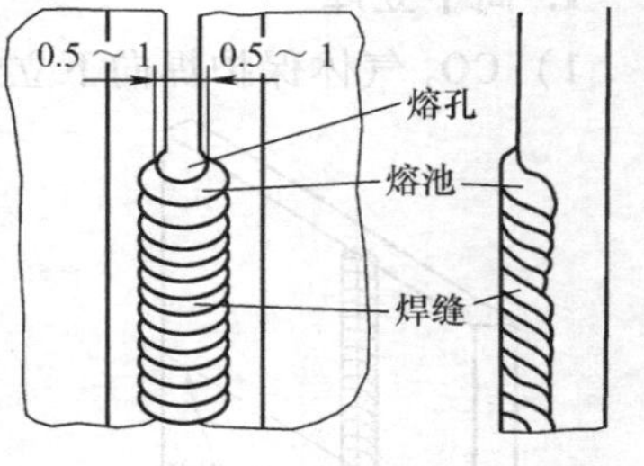

图2-70　向上立焊时的熔孔与熔池

3）向上立焊时的摆动方式如图2-71所示。当要求较小的焊缝宽度时，一般采用如图2-71a所示的小幅度摆动，此时热量比较集中，焊缝容易凸起，因此在焊接时，摆动频率和焊接速度要适当加快，严格控制熔池温度和大小，保证熔池与坡口两侧充分熔合。如果需要焊脚尺寸较大时，应采用如图2-71b所示的上凸月牙形摆动方式，在坡口中心移动速度要快，而在坡口两侧稍加停留，以防止咬边。注意焊枪摆动要采用上凸的月牙形，不要采用如图 2-71c 所示的下凹月牙形。因为下凹月牙形的摆动方式容易引起金属液下淌和咬边，焊缝表面下坠，成形不好。

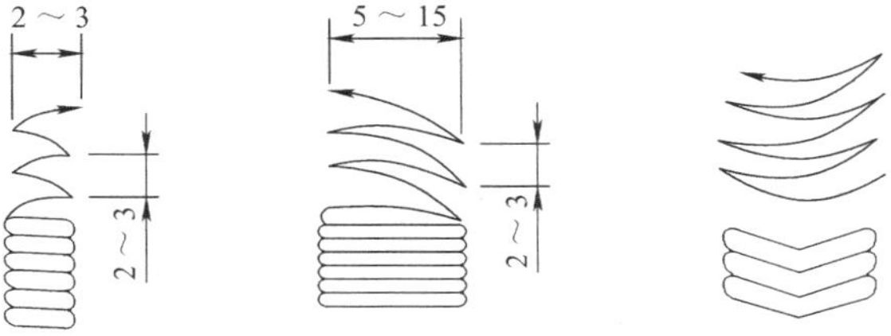

图 2-71　向上立焊时的摆动方式

a）小幅度锯齿形摆动　b）上凸月牙形摆动　c）不正确的下凹月牙形摆动

2.3.7　CO_2 气体保护焊横焊操作要点

对于较薄的工件（厚度不大于 3.2mm），焊接时一般进行单层单道横焊。较厚的工件（厚度大于 3.2mm），焊接时采用多层焊。横向对接焊的焊接参数如表 2-13 所示。

表 2-13　横向对接焊的焊接参数

工件厚度 /mm	装配间隙 /mm	焊丝直径 /mm	焊接电流 /A	电弧电压 /V
≤3.2	0	1.0　1.2	100～150	18～21
3.2～6.0	1～2	1.0　1.2	100～160	18～22
≥6.0	1～2	1.2	110～210	18～24

1. 单层单道横焊

1）单道焊缝一般都采用左焊法，最佳焊枪角度如图 2-72 所示。

2）当要求焊缝较宽时，可采用小幅度的摆动方式，如图 2-73 所示。横焊时摆幅不要过大，否则容易造成金属液下淌，多采用较小的规范参数进行短路过渡。

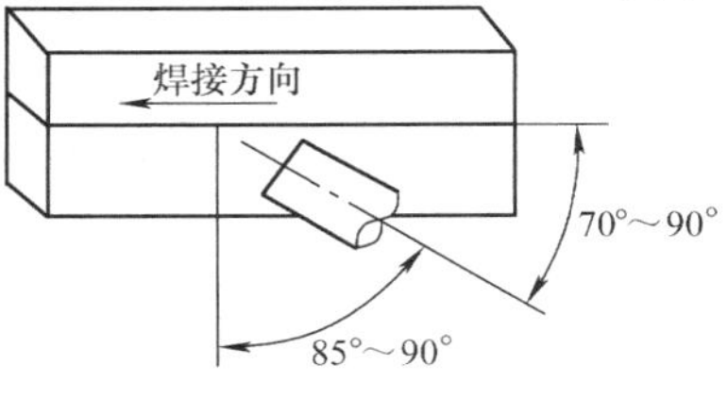

图 2-72　最佳焊枪角度

图 2-73 横焊时的焊枪角度

a）锯齿形摆动 b）小圆弧形摆动

2. 多层焊

1）焊接第一层焊缝时，焊枪的仰角为 0°~10°，并指向顶角位置，如图 2-74 所示。采用直线形或小幅度摆动焊接，根据装配间隙调整焊接速度及摆动幅度。

2）焊接第二层焊缝的第一条焊缝时，焊枪的仰角为 0°~10°，如图 2-75 所示。焊枪以第一层焊缝的下缘为中心做横向小幅度摆动或直线形运动，保证下坡口处熔合良好。

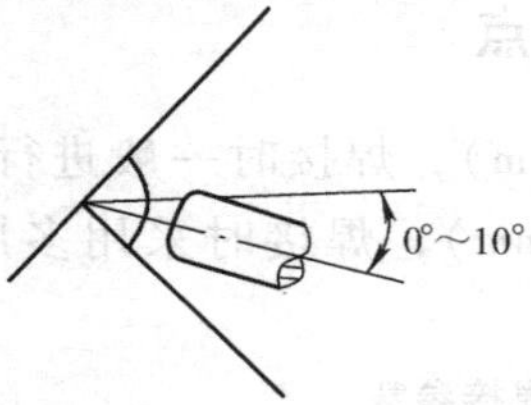

图 2-74 焊接第一层焊缝时焊枪的角度

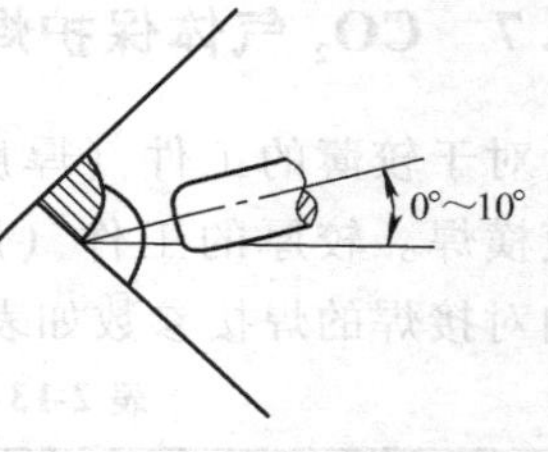

图 2-75 焊接第二层第一条焊缝时焊枪的角度

3）焊接第二层的第二条焊缝时焊枪的角度为 0°~10°，如图 2-76 所示。并以第一层焊缝的上缘为中心进行小幅度摆动或直线形移动，保证上坡口熔合良好。

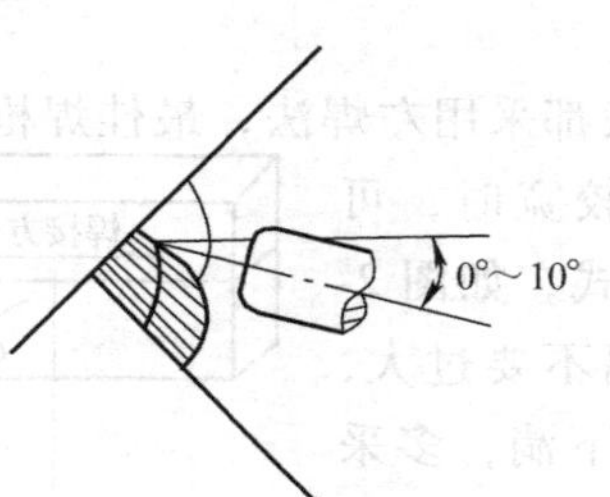

图 2-76 焊接第二层第二条焊缝时焊枪的角度

4）第三层以后的焊缝与第二层类似，由下往上依次排列焊缝，如图 2-77 所示。在多层焊接中，中间填充层的焊缝焊接规范可稍大些，而盖面焊时电流应适当减小。

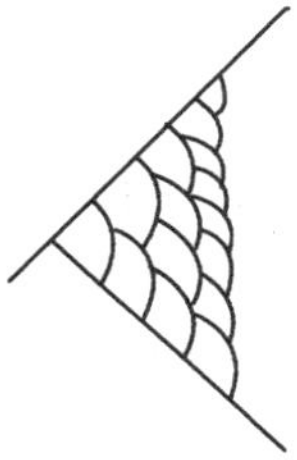

2-77 多层焊时的焊缝排布

2.3.8 CO_2 气体保护焊仰焊操作要点

仰焊时，操作者处于一种不自然的位置，很难稳定操作；同时由于焊枪及电缆较重，给操作者增加了操作的难度；仰焊时的熔池处于悬空状态，在重力作用下很容易造成金属液下落，主要靠电弧的吹力和熔池的表面张力来维持平衡，如果操作不当，容易产生烧穿、咬边及焊缝下垂等缺欠。

1）仰焊时，为了防止液态金属下坠引起的缺欠，通常采用右焊法，这样可增加电弧对熔池的向上吹力，有效防止焊缝背凹的产生，减小液态金属下坠的倾向。

2）CO_2 气体保护焊仰焊时的最佳焊枪角度如图 2-78 所示。

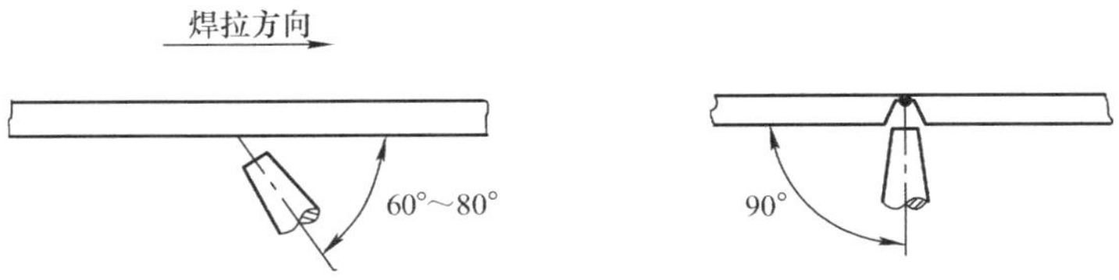

图 2-78 仰焊时的最佳焊枪角度

3）为了防止导电嘴和喷嘴间有粘接、阻塞等现象，一般在喷嘴上涂硅油作为防堵剂。

4）首先在试板左端定位焊缝处引弧，电弧引燃后焊枪作小幅度锯齿形横向摆动向右进行焊接。当把定位焊缝覆盖，电弧到达定位焊缝与坡口根部连接处时，将坡口根部击穿，形成熔孔并产生第一个熔池，即转入正常施焊。

5）注意一定使电弧始终不脱离熔池，并利用其向上的吹力阻止熔化金属下淌。

6）焊丝摆动幅度要小，并要均匀，防止外穿丝。如发生穿丝时，可以将焊丝回拉少许，把穿出的焊丝重新熔化掉再继续施焊。

7）当焊丝用完或者由于送丝机构、焊枪发生故障，需要中断焊接时，焊枪不要马上离开熔池，应稍作停顿。如有可能，应将焊枪移向坡口侧再停弧，以防止产生缩孔和气孔。

8）接头时，焊丝的顶端应对准缓坡的最高点引弧，然后以锯齿形摆动焊丝，将焊缝缓坡覆盖。当电弧到达缓坡最低处时，稍压低电弧，转入正常施焊。

9）如果工件较厚，需开坡口采用多层焊接。多层焊的打底焊时，与单层单道焊类似。填充焊时要掌握好电弧在坡口两侧的停留时间，保证焊缝之间、焊缝与坡口之间熔合良好。填充焊的最后一层焊缝表面应距离工件表面 1.5 ~2mm 左右，不要将坡口棱边熔化。盖面焊应根据填充焊缝的高度适当调整焊接速度及摆幅，保证焊缝表面平滑，两侧不咬边，中间不下坠。

第3章　平　　焊

3.1　E4303焊条的平焊

型号为E4303（牌号J422）的焊条，是工业生产中应用最广泛的钛钙型焊条，药皮中含质量分数30%以上的氧化钛和质量分数20%以下的钙或镁的碳酸盐。熔渣流动性好，脱渣容易，电弧稳定，熔深适中，飞溅少，焊波整齐，适用于全位置焊接。焊接电流为交流或直流正、反接，主要用于焊接碳钢结构件。

3.1.1　平焊续接的方法及位置

焊接示例：板厚12mm，填充后焊槽表面深0.5～1mm，宽12mm，如图3-1所示，选用焊条ϕ3.2mm或ϕ4.0mm，相对应的电流调节范围118～128A或165～175A。

（1）划弧续接法　一根焊条燃尽后，以灭弧处或续接位置前10～20mm点，用新的焊条划燃电弧，划弧应使用正70°划弧法或反80°划弧法。

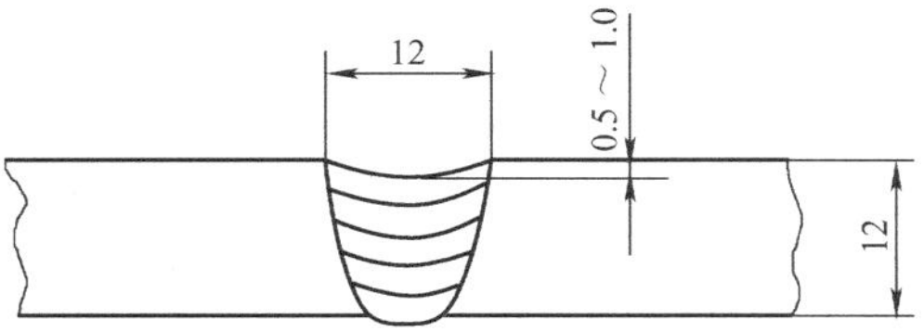

图3-1　焊接示例

1）正70°划弧法是指电弧以正70°从续接点前端10～20mm点引弧，向前稍作回带，再拔高电弧带向续接点。电弧带入续接点后，焊条角度由划弧时的70°，改为垂直焊缝，如图3-2所示。

2）反80°划弧法是指电弧从10～20mm点成顺弧方向80°使电弧引燃，再拔高带向续接点，如图3-3所示。

（2）触弧续接法　一根焊条燃尽后，在熔池呈液态光亮状态时，快速将续接的焊条呈90°直插熔池中心，电弧引燃后应拔高稍作前移至熔池前端的最佳续弧点。

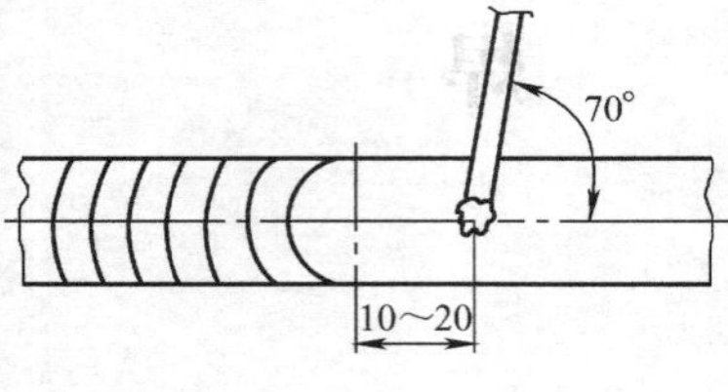

图 3-2 正 70°划弧法

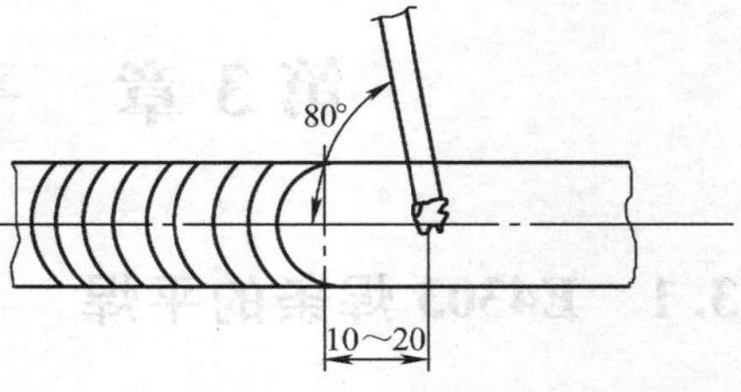

图 3-3 反 80°划弧法

（3）电弧摆动 电弧移入最佳续弧点后，仍采用长弧，根据熔坑的宽度、长度、深度，由窄至宽，使电弧作微量横向摆动，摆动时，观察熔池宽度外扩时覆盖坡口两侧边线的位置，并使其熔滴过渡表面平滑，与续接位置光滑过渡，如图 3-4 所示。

1. 平焊续接所蹲的位置

平焊续接时根据焊条直径的大小和长度，焊缝成形的宽度和厚度，焊接时所蹲的位置有以下三种状态：

1）所蹲位置两眼垂直线偏于续弧点的右侧，焊条续入续接位置后会使操作者身体重心偏斜而失于稳定，两眼续接位置俯视点及熔池的外扩延伸线观察不清，如图 3-5 所示。此种方法不宜采用。

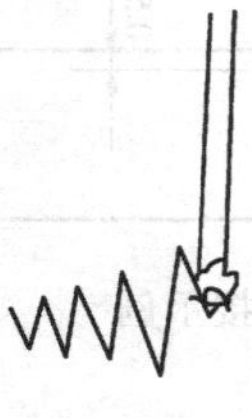

图 3-4 平焊续接的电弧摆动

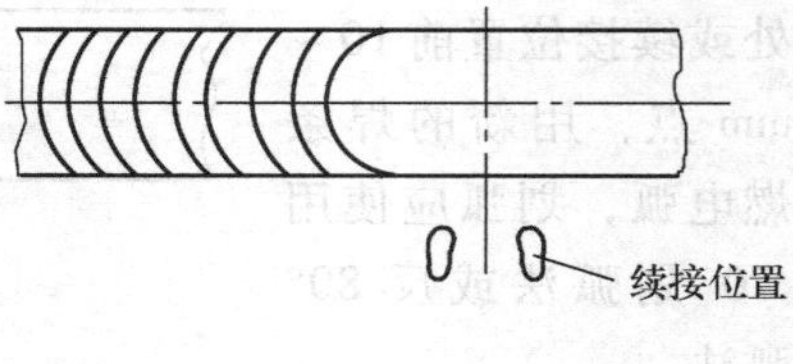

图 3-5 续接位置偏右

2）所蹲位置两眼垂直线偏于续弧点的左侧，焊条顺利地续入续接点，但焊条熔化熔池延伸线长度，使两眼俯视观察熔池过偏，身体重心易失去稳定，如图 3-6 所示。此种方法不宜采用。

3）所蹲位置两眼垂直线向左稍偏于续接点，焊条直插续接的位置，焊条熔化过程身体重心平稳，视线清晰，如图 3-7 所示。此种方法宜于采用。

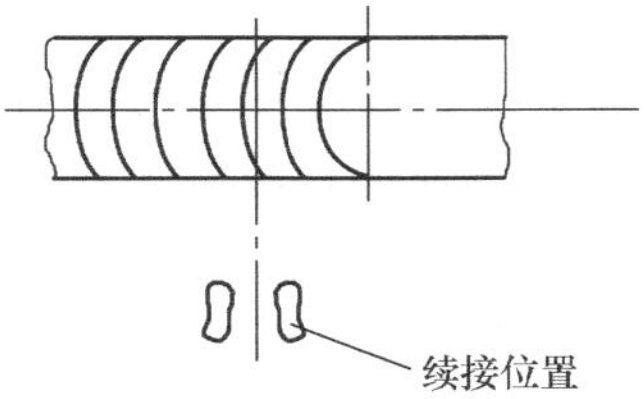

图 3-6　续接位置偏左

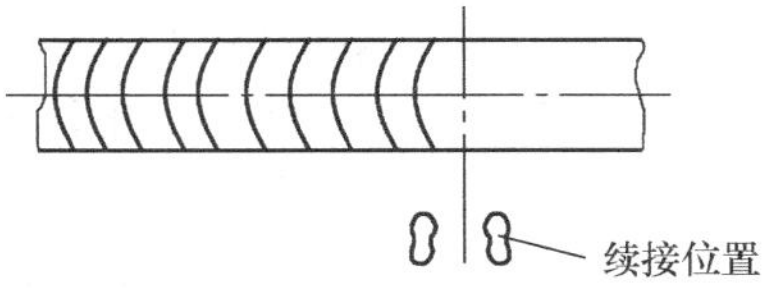

图 3-7　续接位置正确

2. 平焊走弧方法

（1）直线形运条法　电弧行走使熔池厚度及宽度呈直线形。适当加快或减慢焊接速度，使熔池的外扩线同两板的组对线平行，如图 3-8 所示。直线形运条只适合于工件较薄、熔池成形较窄的结构钢焊接。

（2）小圆形运条法　将熔池的厚度和宽度与被焊线比较，适当加大或缩小焊条小圆形摆动的范围，加快或减慢电弧行走的速度，如图 3-9 所示。此种方法只适合于焊缝成形较窄的平焊。

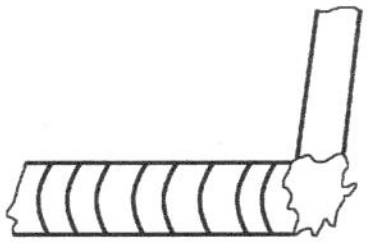

图 3-8　直线形运条法

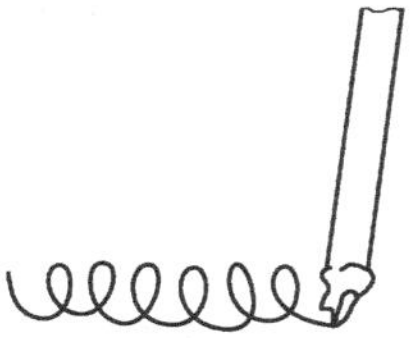

图 3-9　小圆形运条法

（3）锯齿形运条法　电弧行走使熔池成形宽度加大，或缩小横向锯齿形摆动的宽度，如图 3-10 所示。此种方法适合于熔池成形较宽、较厚的填充及盖面焊接。

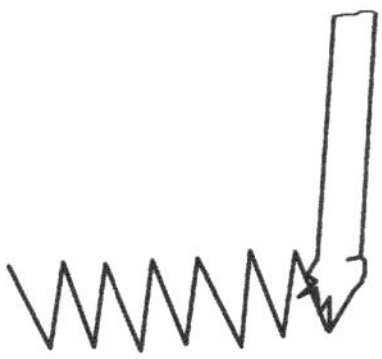

图 3-10　锯齿形运条法

图 3-11　正月牙运条法

（4）正月牙运条法　熔池一侧成形后，呈弧状月牙形带弧至坡口的另一侧，并根据熔池成形的厚度适当回推，改变焊条与中心熔池的角度，如图 3-11 所示。此种方法适合于熔池成形较宽、较厚的填充及盖面焊接。

（5）反月牙运条法　电弧以反月牙弧状向前移动，适当加快或放慢反月牙行走的速度，保证熔池成形的厚度及宽度，如图 3-12 所示。此种方法适合于焊条直径较粗、熔池成形较宽、较厚的填充及盖面焊接。

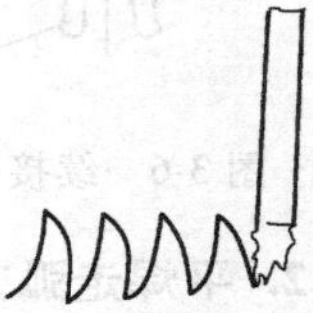

图 3-12　反月牙运条法

（6）正月牙外移电弧连续运条法　此种方法多在正月牙走弧时运用，在电弧外推外侧坡口边线时，稍作两次电弧前移，然后电弧回带内侧坡口边线稍作一次大的前移。此种方法适合于焊条直径较粗、熔池成形较厚且较宽的平焊盖面焊接。

3.1.2　开坡口的平焊

焊接示例：板厚 16mm，长 500mm，上坡口宽 14mm，开单面坡口，坡口组对所成角为 65°，坡口组对间隙 2mm，坡口钝边厚度 3mm，如图 3-13 所示。焊条直径 ϕ3.2mm 或 ϕ4.0mm，相对应电流调节范围 110～120A 或 150～160A。

1. 第一层焊接电流的调节

金属过渡的第一层焊接，应首先调节好电流的大小，电弧引燃后观察熔池的外扩成形状态，有以下三种情况：

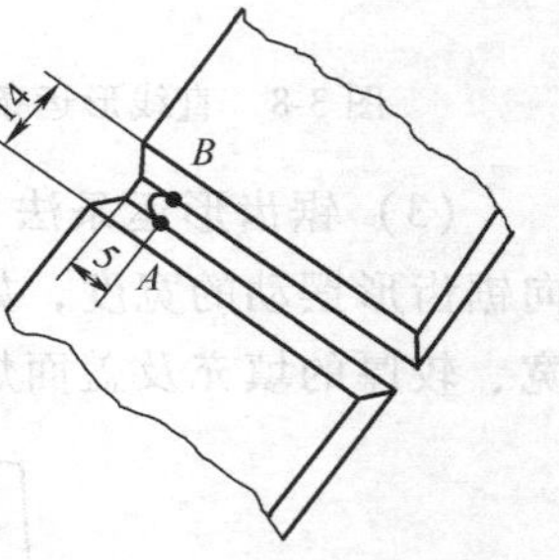

图 3-13　焊接示例

1）电弧引燃后，熔池外扩的范围迅速增大，熔渣在电弧的边缘迅速漂浮于熔池的边缘，使熔池中的金属液裸露面过大，在金属的第一层填充中，熔池的颜色过亮，并伴有下沉下塌的趋势，这种情况是因为电流过大，应适当减小焊接电流。

2）电弧引燃后，熔渣与金属液相聚于一点或一处，熔渣在电弧的周围缓慢地浮动，电弧的周围没有闪光金属液的观察线和裸露点，这种情况是因为电流过小，焊接时，应适当增大焊接电流。

3）电弧引燃后，熔渣与金属液迅速分离，熔渣与电弧间有一条闪光金属液的观察线，金属液裸露面占熔池面积的1/3，此时电流大小适当。

2. 第一层焊接的运条方式

在始焊端坡口的一侧引燃电弧，带动电弧先使少量熔滴过渡于坡口一侧的钝边处 *A* 点（见图3-13），再沿钝边处带弧前移5mm，然后按原路回推于 *A* 点。不作停留，划弧带过坡口的另一侧 *B* 点，沿 *B* 点一侧的钝边处带弧前移5mm，然后作电弧回推动作于 *B* 点，使熔滴过渡并同 *A* 点熔滴相熔，形成基点熔池，电弧于 *B* 点停留后过 *BA* 熔池中心到 *A* 点，再以 *A*、*B* 两点带弧的方法，使电弧再作前移，依次循环，如图3-13所示。

3. 熔渣的反出

电弧从图3-13中的 *A* 点带弧前移5mm后回推到熔池中心，使金属液有明显的观察点，熔渣浮动为冒着黑褐色泡沫的忽东忽西的漂浮物，金属液呈光亮色。此时将电弧推向熔池中心，使熔渣在熔池中心浮动，在焊条熔化端呈现一条闪光金属液裸露线，如图3-14所示。

4. 熔池成形的观察

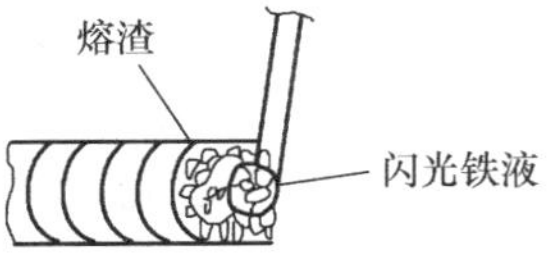

图3-14　熔渣的反出

（1）熔池成形的变化与控制　应以金属液裸露的状态来观察熔池成形的变化。

1）中心熔池裸露面过大，颜色过亮，并呈下塌的趋势，说明熔池的温度过高，电弧吹扫熔池中心停留的时间过长，电弧进入熔池吹扫的位置不正确。

2）在坡口的间隙较小，或没有间隙时，电弧在坡口两侧停留后的熔渣与金属液相混，熔池外扩与熔化模糊不清，说明熔池的温度过低，电弧在坡口两侧停留的时间过短，电弧对熔池吹扫的角度不正确。

（2）对变化中熔池的控制　有下面两种方法：

1）为了避免熔池中心下塌面过大，当电弧停留于熔池中心，熔池呈亮红色时，坡口间隙出现过流点，熔池呈下沉下塌状。在适当降低电流之后，应使电弧的吹扫位置绕过熔池中心。然后带弧于坡口的两侧边部，使金属熔滴对坡口间隙的过渡以熔池的液流的滑动而形成，避免电弧对此点间隙的过渡吹扫后使其温度增加而形成下塌。

2）为了避免熔渣与金属液相混，在焊槽内间隙较小段，应使熔滴金属的过渡有一条清晰的观察线，使熔滴明确流向并熔化于坡口的某一部位后，再做电弧推进的动作，使熔池增厚并延伸。如没有出现上述现象，应适当上调电流大小，并改变焊条的角度，加快电弧前移的速度，使熔渣呈漂浮状态，在清晰观察中完成熔滴过渡。

3.1.3 第二层填充焊接

焊接示例：焊槽深度 12mm，表面宽度 12 ~ 14mm，选焊条直径 ϕ4.0mm，电流调节范围 170 ~ 175A。

1. 电流大小的调节

起焊前应在废弃的铁板上引弧试焊，熔滴过渡后有下面三种情况：

1）电弧喷动有力，响声较大，电弧喷动中心金属液清晰范围过大，熔渣离电弧吹扫线过远，熔池外扩边缘熔化线过深，或过于明显，如图 3-15 所示。此种情况是电流过大的原因造成的。

2）电弧喷动无力，电弧喷动中心熔渣浮在电弧的周围，浮动缓慢，熔池没有外扩力，如图 3-16 所示。此种情况是电流过小的原因造成的。

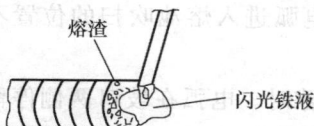

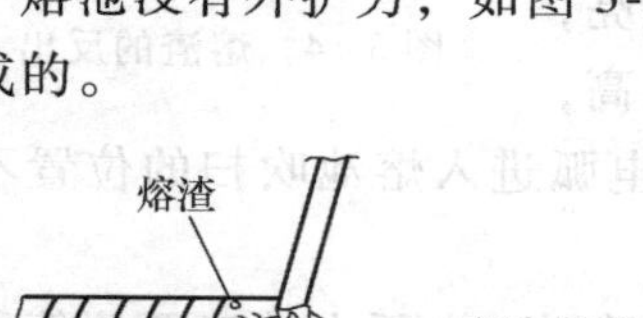

图 3-15 电流过大

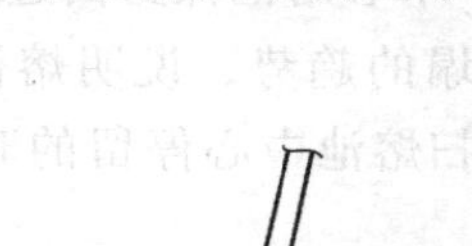

图 3-16 电流过小

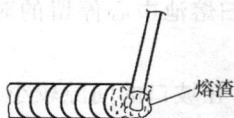

3）电弧引燃后熔渣的浮动灵活，熔池迅速形成外扩，熔渣与电弧间有一条清晰金属液的裸露线，熔池的外扩熔化延伸线有明显的熔合痕迹。这时电流的大小适当。

2. 引弧后熔池的观察

电弧进入焊槽内后应在始焊点 10 ~ 15mm 内划燃电弧，然后拔高带向始焊点，形成续接熔池厚度。电弧随着熔滴的脱落开始前移，熔池的变化将出现下面两种情况。

1）熔池的范围过大，熔池裸露面金属液呈棱状，熔池的两侧沟状成形过深，熔渣全部浮于熔池之外，中心熔池伴有下塌或堆状成形，如图 3-17 所示。

产生原因：①第一层焊接时熔敷金属过薄；②第二层焊接走弧速度过慢；③运条方式不正确；④熔池的温度过高。

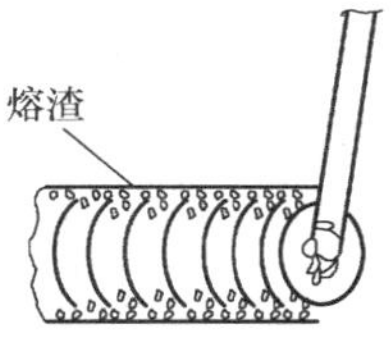

图 3-17 熔池范围过大

防止措施：熔池形成时应观察熔渣反出与金属液裸露面的变化，如果熔池的裸露面过大，熔池中心亮度呈下塌感，呈棱状划动时，除适当降低电流、变化焊条的角度外，还应改变熔渣浮动线的位置，逐步缩小熔池中金属液裸露面的范围，适当前移和加快焊条行走的速度。并稍作微小的横向摆动，加大横向运条之间的距离，使焊条在坡口的两侧稍作停留。

2）熔池没有外扩力，熔渣浮在电弧的周围，浮动缓慢，熔渣与电弧之间没有一条清晰的金属液裸露线，电弧前移熔化线模糊。

产生原因：熔池的温度过低，电流过小，运条方式不正确。

防止措施：电弧在焊槽内前移时，应使熔渣快速浮动，如浮动缓慢并伴有熔池外扩吃力感，需适当增加电流的大小，焊条与焊缝之间所成角度为 70° ~ 75°，利用电弧长度的变化促使熔渣浮动。并适当加快电弧前移的速度，使熔渣浮动线与电弧之间始终存有一条清晰的金属液裸露线，电弧前移应有明显的熔合痕迹。

3. 第二层填充焊接易出现的缺欠及防止措施

1）熔池成形厚度不均，熔池两侧沟状成形过深并含有条状夹渣。

产生原因：电弧前移横向运条时宽窄不一，电弧在坡口边部停留熔化成形不良，电弧前移时底层熔渣不能全部逸出，电弧周围的熔渣浮动缓慢。

防止措施：电弧前移时应观察电弧前后的三点变化：①电弧前移的方向，焊前应对底层焊缝表面的较深含渣点、沟状成形线作打磨处理，使电弧前移时能看清所焊位置的平整度，对较深的沟状成形点应使电弧稍作停留，并使熔池外扩，保证前移的吹扫线清晰；②电弧回推时应能看清中心熔池的变化，当中心熔池裸露面过大时，应适当降低电流的大小，加快电弧横向带弧的速度，并采用90°焊接角度，适当延长电弧在坡口两侧停留的时间，从低点向高点填充焊接时，应适当调节工件摆放的位置；③填充焊接时，应适当控制电弧的外侧吹扫线，以保证操作者始终能看清熔池的外侧成形线，再将电弧稍稍前移，使熔池两侧电弧停留点的熔渣反出，熔池的外扩线与坡口面有明显的熔合痕迹，当观察熔池外扩线对坡口面的熔化厚度均匀时，再使电弧前移。

2）产生续接接头夹渣。

产生原因：焊条换接的速度过慢，电弧过渡熔滴速度太快，熔池温度过低。

防止措施：焊条的换接宜在上一根焊条的收弧处熔渣未凝结之前完成，即上一根焊条灭弧之后。焊条的续接可直插灭弧处熔池中心，然后拔高电弧稍作前移。划弧续接应拔高电弧进入续接位置。电弧喷动应使熔渣在喷动点迅速外溢，根据收弧时熔坑的宽度、长度稍作锯齿形横向运条，由窄至宽填满熔坑。电弧落入续接的位置后，应使熔渣浮于熔池中心。如浮动缓慢，应适当上调电流的大小，并拔高电弧续接的长度，使熔池的裸露点清晰露出，并在电弧续接的位置前移时，观察到熔池根部的熔化线稍见熔合痕迹。

3.1.4　第三层填充焊接

焊接示例：焊槽上宽12～14mm，下宽8～10mm，焊槽深度5～6mm，选焊条直径ϕ4.0mm，电流调节范围170～185A。

1. 电流大小的调节

第三层填充焊接时熔池的成形面较宽，被焊层较厚，熔池成形的范围较大，电流大小的调节应使熔渣在电弧的周围浮动灵活，熔渣与电弧之间有一条清晰金属液的裸露线，熔池两侧的外扩线有明显的熔合痕迹。

2. 控制熔池的方法

电弧从图3-18中B点引弧，使熔池外扩后，作横向运条至A点，稍作电弧停留，再使电弧做回带动作至B_1点，然后移到A_1，再移到B_2，依次前行。

3. 第三层成形的夹渣

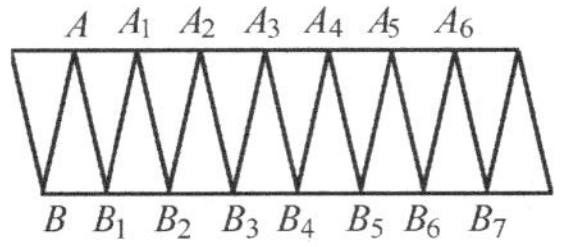

图3-18 控制熔池的方法

（1）产生原因 电弧至坡口一侧时被吹扫点熔渣浮动缓慢，被熔化层过深，使较深点熔渣在熔池之内不能浮出而形成夹渣。坡口两侧电弧的停留点（两点齿距之间距离）过大，A与A_1点、B与B_1点之间的熔合不充分，熔池成形过厚，两点之间的熔合处被熔池液流所覆盖。

（2）防止措施 第三层焊接前应对底面焊层较深的沟状成形处稍作填补，防止电弧吹扫点熔渣偏多和浮动缓慢的措施有：

1）先停止焊接，清理过多堆渣。

2）适当提高电流的大小。

3）改变和调节焊接的方向，在较宽焊槽熔渣浮动缓慢时，起焊前应对直段平焊缝始末两端进行调节，使始焊端稍低，收弧端稍高一些。

4）控制熔池的厚度，当浮动的熔渣过多时，适当加快电弧前移速度，减少堆状熔池厚度成形，避免熔渣过多的液流向熔池前端。对较深焊槽过多的熔渣浮动，电弧稍作前移时应始终压住熔渣液流电弧前移的方向。避免在熔池成形较厚（此时电弧跨步较大）时，使电弧失去对焊槽内被焊层的熔化，造成熔渣不能全部浮出。

4. 熔池成形的厚度高低不平

（1）产生原因 电弧的一次前移量不均匀，熔渣与金属相混，熔池中金属液在坡口两侧的外凸线难以观察，熔池成形的厚度模糊不清。

（2）防止措施 焊槽厚度在5~6mm时，应采用两个层次的填充焊接，与盖面焊接、第三层填充和第四层填充宜相互照应。当第三层填充过薄（熔池成形厚度在2~2.5mm），剩余第四层的填充时焊槽过深、过宽时，会造成一层填充厚度不足，二层焊接因金属过薄成形亦难以控制。第三层填充一次的成形过厚，表层填充因焊层过浅，熔池成形的平整度也难掌握。确定第三层填充层厚度时，应观察坡口剩余坡度的大小，以及熔池外扩凸出线占有的比例，在比较中前移焊条，如图3-19所示。在焊条前移时，熔渣反出后应观察至熔池中金属液裸露外扩线能淹没坡口边部的位置。

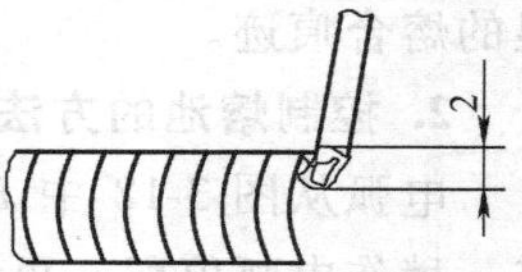

图3-19　焊条的前移

另外还要适当增加电弧的长度和运条的速度，加快续接速度。续接焊条时，仍以长弧的续接动作进入熔池中心，再带入坡口的一侧使熔渣浮动，再带弧于坡口的另一侧，避免一侧熔渣过多而形成淤渣。

3.1.5　填充表层焊接

焊接示例：焊槽深度2.5~3mm，宽14mm，选焊条直径ϕ4.0mm或ϕ5.0mm，相对应电流的调节范围170~175A或230~250A。采用正、反月牙形两种走弧方法。

1. 焊接时易出现的缺欠

（1）坡口两侧边熔合线过深或过凸　产生原因是在较高熔池的温度和采用较粗焊条焊接时，因焊槽较浅，电弧行至坡口一侧，如与坡口边线过近，较高熔温与较强的电弧推力易形成熔池外扩迅速，并越过原始边线，形成边线豁状坍塌线。电弧行至坡口的一侧边部距边线过远，熔池外扩与坡口边线熔合时，因液流推力较小而不能相熔于坡口边部，使熔渣存于熔池与坡口边线间，形成未熔合条状含渣线、坡口外凸熔合线不齐等弊端。

（2）熔池表面成形高低不平　产生原因是电弧作横向运条时，坡口两侧停留的时间过长或过短，电流过大，电弧过渡熔池中心时，推力过大或过小，无法清晰地观察中心熔池流动状态等。

2. 避免产生缺欠的方法

1）封底表层焊接时，电弧在坡口两侧停留处，应使熔池的外扩成形线保留或对原始两侧坡口的边线稍加淹没，熔池表面的平度稍凹于母材平面0~1mm。

2）横向运条时应掌握电弧行至坡口两侧止弧的位置和方法，如电弧行至坡口一侧距离坡口边线2mm时，熔池的最凸外扩线迅速熔于坡口的边线，此时操作者应观察熔池最凸外扩点，确定延长或者缩短电弧停留的时间。

3）如果熔池外凸点过凹于坡口的边线时，电弧停留时宜向熔池的最高点稍作进弧，再按原路回带电弧，使熔池厚度增加。

4）熔池的外扩线凸于坡口边线时，除缩短电弧停留时间外，还应适当加大一侧电弧的停留点 A 与 A_1、B 与 B_1 之间的宽度，使熔池堆敷成形厚度减薄，如图3-20所示。

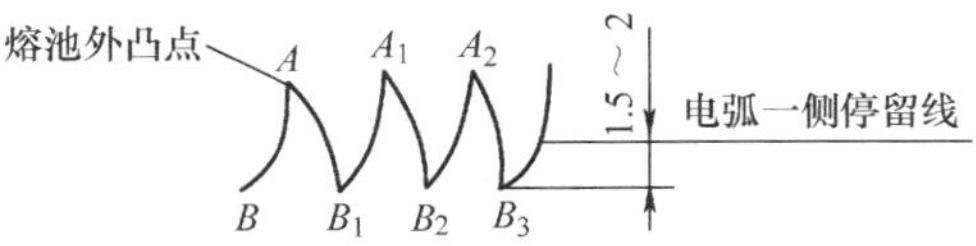

图3-20　加大电弧间宽度

5）观察中心熔池的厚度时，应将熔渣和电弧之间金属液裸露面同坡口边线相比较，如中心熔池滑动过快，熔池金属明显凸于两侧，应采用反月牙运条法，并逐步加大月牙形中心熔池过渡的弧度，适当延长坡口两侧电弧停留的时间，加快中心熔池电弧带过的速度。同时改变工件平度及焊接走向，使中心金属厚度平于或稍凹于两侧平面。

6）中心熔池的厚度过凹于母材两侧的平面时，应采用正月牙70°~75°运条方式，使电弧向中心高点熔池重复推进。

7）封底表层焊接完成后，如填充表层平面凹点低于母材平面1.5~2mm，应采用小直径焊条进行焊补。

3.1.6　盖面焊接

焊接示例：容器直径 ϕ2.5m，焊缝表面宽度14mm，平面凹度0.5~1mm，选焊条直径 ϕ4.0mm 或 ϕ5.0mm，相对应电流调节范围170~180A 或 230~250A，采用正、反月牙形两种运条方式。

将容器罐放到带有托架的转辊上，操作者蹲于顶部平焊段焊缝的一侧，右手握焊钳，左手可备有少量焊条。

1. 走弧位置的选择

走弧位置偏于容器中心线有三种情况。

（1）偏于左侧 10～100mm　如图 3-21 所示，电流的大小适当，焊条与焊缝所成角度为 90°，采用反月牙走弧方法。

1）表面成形观察。熔渣浮动迅速，熔池裸露面过大，熔池中心堆状成形过厚，并呈枪尖般滑动，两侧边部熔合痕迹过深。

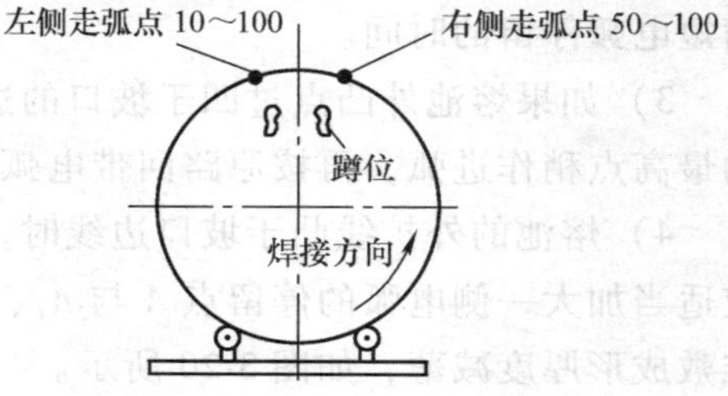

图 3-21　走弧位置

2）焊缝表面成形。表面棱状成形过大，两侧熔合线过深，或凹于坡口两侧边线。

3）采用的防止措施：①使胎具转动停止或倒转；②引弧位置从左侧改为右侧；③观察熔池流动状态，调节转辊速度。

（2）偏于容器中心线右侧 50～100mm　如图 3-21 所示。

1）表面成形观察。熔渣向熔池两侧的电弧吹扫空位点处溢流过多，熔渣浮在电弧的边缘浮动缓慢，电弧周围金属液裸露线模糊。

2）焊缝表面成形。坡口边线两侧熔池外扩宽度宽窄不齐，熔池高度成形不平整。

3）防止措施。走弧位置偏离中心线右侧过多时，熔渣与金属液会呈上坡倒流状态，此时应加快转胎速度，使纵向走弧焊条呈顶弧 80°，并采用正月牙运条走线，加快运条行走速度。在平焊件直段焊接时，坡度过大应在调节角度后，先进行工件平度的调整，再进行高点至低点走向焊接。

（3）偏于容器中心线右侧 10～50mm　如图 3-21 所示。

1）表面成形观察。熔渣在熔池中浮动灵活，熔渣浮动线与电弧吹扫线之间有一条清晰金属液的裸露线。

2）熔池表面成形。焊缝表面成形熔波细密、光滑。

2. 走弧方法

（1）正月牙走弧法　如图 3-22 所示，电弧行走位置在中心线右侧 20～50mm 段，以焊缝中心点作引弧端，当电弧引燃后，带弧于坡口的一侧（如 A 侧），使熔池外扩，并凸于坡口边线 1～2mm，再以正月牙带弧的方法过熔池中心，作横向运条于 B 侧，然后电弧稍作委弧停留，使熔池外扩后，再作正月牙回带的动作于 A 侧。

1）电弧在坡口一侧停留时，应观察坡口边线在电弧前的延伸情况。封底层的焊缝与坡口边线平整相熔时，电弧喷动使延伸线模糊。此时应变换俯视熔池的位置和角度，并使熔池前坡口边线的俯视长度不小于 20mm。

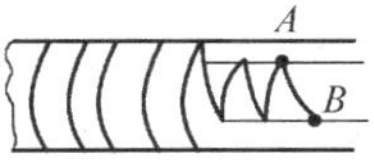

图 3-22 正月牙走弧法

2）电弧在坡口一侧停留的位置，由电弧外侧吹扫线离坡口边线远近决定，如电弧外侧的吹扫线距坡口边线 1～1.5mm 时，电弧稍作停留，熔池的液流外扩覆盖于坡口的边线 1～1.5mm，那么 1～2mm 的位置也就是电弧在坡口一侧停留的位置，如图 3-23 所示。

3）确定电弧在坡口一侧停留的时间时，应以电弧外侧的吹扫线、所推出的金属宽度、对坡口边线的覆盖为标准，如电弧稍作停留，熔池外扩覆盖坡口的边线较少，电弧可在坡口的一侧稍作停留，辅加一微小的偏向熔池方向进弧的动作促使液态金属外扩，并淹没坡口边线，再作电弧回推动作，通过熔池中心，依次循环。

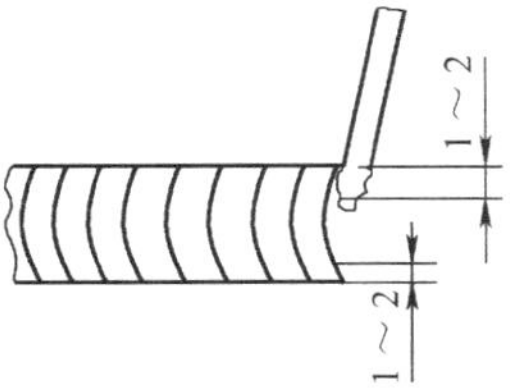

图 3-23 正月牙走弧时的电弧停留位置

4）通过观察电弧与熔渣漂浮线之间金属液裸露面，掌握熔池的变化和成形的方法，一般有三种情况：

第一种情况是熔渣全部漂浮于熔池之外时，熔渣浮动过快，全部漂浮于熔池之外，金属液的裸露面过大并呈棱状滑动。熔池两侧的熔合线过多地熔化母材。

产生原因：走弧的位置或方法不正确，电流过大，熔池的温度过高，熔池的成形过厚。

防止措施：平焊的表层焊接时应观察熔渣浮动线在熔池中漂浮的位置及外扩金属液滑动的状态。当熔渣全部漂浮于熔池之外，金属液裸露面呈棱状滑动时，要适当降低电流的大小，改中心左侧下坡段焊接为右侧 10～40mm 段焊接。如果是平板直段焊接，应改变焊接的方向，将正月牙运条方式改为反月牙运条方式，并使焊条与焊缝所成角度为90°。控制熔渣的浮动线与焊条未熔端的距离，使两点之间只存有一条闪光金属液的观察线。

第二种情况是熔渣浮动线为熔池的2/3线（见图3-24），金属液裸露面熔波过大，熔池中心的厚度过凸于熔池两侧。

产生原因：电流过大，熔池温度过高，走弧位置在容器中心线与左侧10mm点之间。或者采用正月牙70°的顶弧焊接，对熔渣的浮动位置与金属液裸露面观察不清。

防止措施：熔渣浮动线超过熔池的1/3线，金属液的裸露面应有明显的厚度成形。此时应适当下调电流的大小，将正月牙运条改为反月牙运条，并使焊条与焊缝所成角度为90°。将走弧位置左侧0～10mm段改为右侧10～50mm段。控制熔渣浮动线始终漂浮于熔池的1/3线，如图3-25所示。

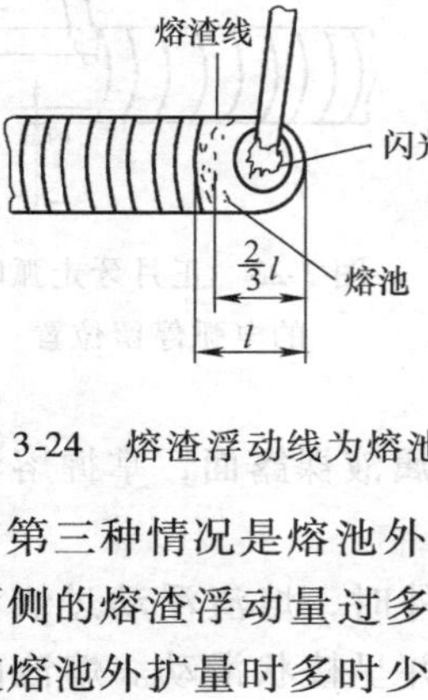

图3-24　熔渣浮动线为熔池的2/3

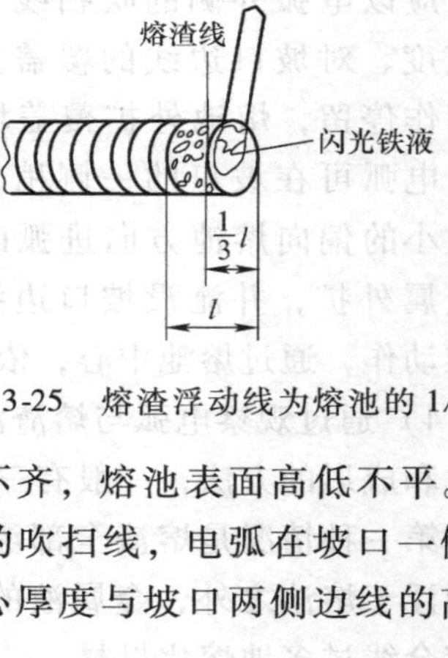

图3-25　熔渣浮动线为熔池的1/3

第三种情况是熔池外扩成形宽窄不齐，熔池表面高低不平。熔池两侧的熔渣浮动量过多溢流于电弧的吹扫线，电弧在坡口一侧停留使熔池外扩量时多时少，熔池的中心厚度与坡口两侧边线的高度观察不清。

产生原因：电流过小，熔池温度过低，熔渣在电弧的周围浮动缓慢，熔池外扩宽度及对熔池中心进弧动作的观察模糊不清。

防止措施：电弧引燃后，应使熔渣浮动灵活，如浮动缓慢，则适当增加电流的大小，将熔池中心右侧20～50mm走弧段改为10～30mm，避免熔渣滞留于电弧的前端。这样可使电弧前移的方向及熔池外扩于坡口的边线清晰。另外焊条在坡口一侧停留宜保持稳定、灵活。一次作横向带弧过渡时，要使中心熔池金属的过渡厚度稍凸于坡口的两侧，并将正月牙走弧改为反月牙走弧，使熔池中心的厚度平整而光滑。

（2）反月牙带弧法 采用正月牙的方法带弧，易使熔池的中心堆敷成形过厚，可改为反月牙运条法。采用反月牙运条操作方法，如以坡口的一侧某点（如 *A* 点）作电弧停留，使熔池外扩后，再从熔池的前方呈反月牙形带弧至坡口的另一侧某点（如 *B* 点），稍作停留后，使熔池形成外扩，再呈反月牙带弧线，使电弧回带至原来的 *A* 点。因反月牙运条时，电弧不作带弧性推进，熔池中心金属过渡平稳，焊缝成形平整光滑。

（3）正月牙外移电弧连续运条法 当电弧外推坡口的边线时，稍作两次微量的前移，使熔池均匀外扩，并覆盖于坡口的边线，再作电弧回带动作过熔池中心于坡口里侧的边线某点（如 *A* 点），从 *A* 点带弧宜作直线形前移，使熔池外扩后，再带弧至坡口的另一侧某点（如 *B* 点），依次循环。此种带弧的方法，因一次带弧的跨步较大，一次回弧的熔波较大，金属表面成形美观。正侧焊接完成后反侧作碳弧气刨清根和打磨，再作一层或多层次焊接。

3.2 碱性低氢型焊条的平焊

焊接示例：容器直径为 ϕ2.5m，壁厚 16mm，坡口钝边 3mm，两坡口组对所成角度为65°，组对坡口间隙 0 ~ 3mm，组对定位焊点在坡口的外侧，定位焊缝长度 60 ~ 100mm，选焊条 E5016，直径 ϕ4.0mm，电流调节范围 170 ~ 180A。

3.2.1 第一层焊接

1. 第一层焊接的走弧位置

（1）走弧位置在容器内中心线的左侧 0 ~ 50mm 如图 3-26 所示。

1）坡口间隙在 0 ~ 2mm 之间，熔渣呈缓慢漂浮状，熔池熔化温度过低，电弧前移方向熔渣堆积量过多。其产生原因是电流没有根据走弧位置及坡口间隙的大小作正确调节。在爬坡位置熔渣的浮动受阻，熔池的温度过低。防止措施为在坡口间隙较小段焊接时走弧的位置应选在坡口右侧10～50mm处，并适当增大电流值，电弧行走时应压住电弧后稍作前移，并采用直线形运条方式。

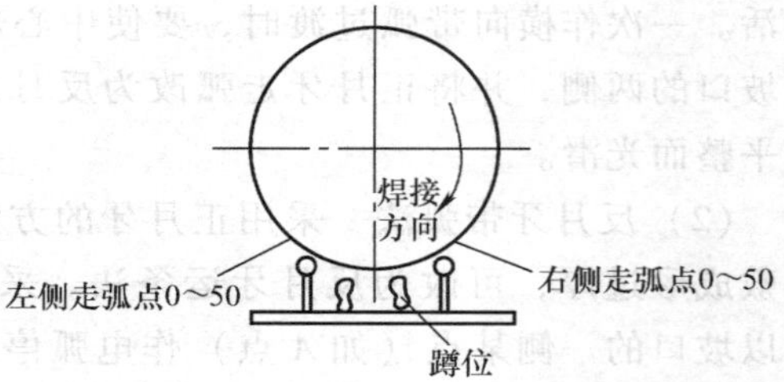

图3-26　第一层焊接的走弧位置

2）坡口间隙在2～3mm之间，熔渣呈漂浮状灵活浮动，熔渣大部溢流到坡口的间隙处，熔池的裸露面清晰，熔波的流动平缓。

（2）走弧位置在容器内中心线右侧0～50mm　如图3-26所示。

1）坡口间隙在2～3mm之间，金属液裸露面呈下塌状滑动，有坠瘤感迹象，熔池两侧的成形过薄。其产生原因是坡口的间隙在右侧20～50mm段时，过渡熔滴金属快速滑动使较大间隙处金属堆敷，熔池的成形温度过高。防止措施为在坡口间隙较大时，金属熔滴的过渡宜选在过左侧中心线20mm和过右侧中心线10mm段，使熔池前移时部分液体倒流，同时适当降低电流的大小，避免电弧的吹扫线过多进入熔池的中心位置。

2）坡口间隙在0～2mm之间时，熔池内熔渣浮动灵活，电弧的前移与外扩有明显熔化痕迹，熔池的裸露面清晰，熔波平缓。

2. 碱性焊条焊接前准备

1）焊前应对焊槽内的油等用火焰吹扫，对于坡口的较大间隙段，焊槽外定位焊缝内侧的焊瘤处，应采用砂轮打磨。

2）焊条需经350～380℃、恒温1h的烘干处理，焊条应放入保温筒内随用随取。

3）焊接电源选用直流反接，焊条接正极，工件接负极。直流反接时，焊条是阳极，熔池是阴极，焊条熔化的速度快，熔深较小。电弧的吹力柔软，燃烧稳定，金属过渡熔池飞溅较小，可避免氢气孔的产生。如果采用直流正接，焊条处于阴极，工件处于阳极，工件熔池区熔深大，温度高，金属过渡熔池不稳，电弧的吹力较大，燃烧不稳定，金属过渡熔池飞溅增多，产生气孔倾向增大。

3. 熔池成形方法

（1）电弧长度的变化　①过长：焊条未熔端与被焊工件之间的长度超过焊条的直径。电弧对熔池吹扫使熔池的外扩面增加，熔渣的浮动迅速，熔池的裸露点呈小圆圈状气孔。熔池表面的平整度难以控制。坡口间隙较大时，金属熔滴很难形成过渡。②过短：焊条脱落端贴浮于熔池的表面，电弧向熔池的推进频繁粘接，熔滴过渡模糊，熔池呈半熔化状态。③时短时长：焊条脱落端与工件之间的距离时短时长，熔池成形不稳定，坡口间隙较大时，长弧进入熔池，易形成下塌、坠瘤、气孔等缺欠。电弧过短时进入熔池，产生夹渣、熔池成形薄厚不均等缺欠。

（2）电弧长度的控制　电弧进入熔池的长度，应为焊条直径的1/2～3/4。此长度范围能使金属熔滴在电弧的保护下顺利过渡进入熔池，并形成保护，避免空气卷入熔池中形成气孔。电弧长度变化的控制，应掌握三点：①保持合适的焊接位置，使身体重心稳定；②电弧续入及运条时，应使电弧长度保持不变，避免触弧端颤动；③随时观察熔池成形高度的变化，适当调节电弧的长度。

4. 运条方式

（1）防止坡口间隙较小段产生气孔　气孔产生的原因是坡口间隙较小段存有残余的油脂、锈蚀及杂质。电流较小时，熔池熔化不完全，熔池一次性成形过厚，焊接电弧过长。防止措施是在坡口间隙变化时，应改变走弧位置在中心线右侧10～50mm段，如图3-27所示。

此时电弧行走于焊槽根部，先以直线形稍作前移5～10mm，再回带电弧至坡口一侧，电弧停留后，用正月牙运条方式回推至熔池中心，使熔渣浮动后熔池的液体流至坡口间隙。然后带弧至坡口的另一侧，稍作停留，再使电弧前移*A*、*B*两侧延伸点（见图3-26和图3-27）。呈直线形带弧前移5～10mm后，从*A*、*B*两侧按同样方法形成熔池的厚度。焊接时，焊条与焊接方向所成角度为70°

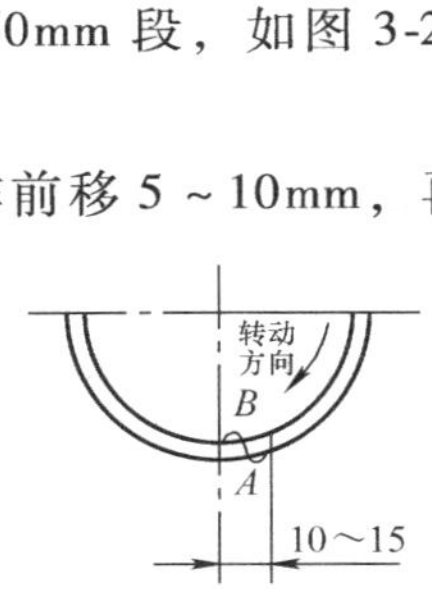

图3-27　走弧位置在中心线右侧

~80°。

这种带弧方法因电弧前移5~10mm，焊槽内的杂质经过电弧的吹扫与熔化后，形成的熔池会在焊槽根部加厚成形，避免了焊槽根部杂质在电弧一次吹扫时金属液堆敷过厚而形成气孔缺欠。因5~10mm段电弧前移距离较短，熔池的温度较高，电弧回带能使半熔化状态的熔渣迅速逸出，使坡口间隙较小段形成一种屏障保护。

（2）防止坡口间隙较大段产生气孔　气孔产生的原因是走弧的方法不正确，电弧前移，以坡口间隙的吹扫，而使熔滴过渡成形。为了防止这种情况发生，电弧引燃使熔池成形后，从熔池的前方贴于坡口的一侧（如*A*侧），稍作前移5~10mm，再按原路回推熔池于坡口*A*侧熔合点（见图3-28），并将电弧吹向*A*点稍作电弧停留，使熔渣外扩到坡口的间隙，再使电弧沿坡口一侧推向熔池中心*C*点的后方，使*C*点熔池稍稍延伸外扩。然后做带弧动作至坡口的另一侧*B*点，不做停留，沿*B*点坡口的钝边前移5~10mm，再按来路后移回带至*B*点，稍作停留，使熔渣液流至坡口间隙处，将*B*点熔池外扩面与*A*点熔合，再沿*A*侧坡口面带弧至*C*点熔池的后方，稍作停留，使熔池外扩延伸，最后做划弧动作带弧至坡口的另一侧*A*点，依次循环。

这种带弧方法，因采用短弧贴向坡口两侧钝边处的过流点，当熔滴过渡到熔池时，大部熔渣先流至坡口间隙处，形成屏障保护，使高温熔池液流至坡口间隙时，因屏障的保护而使有害物不能进入熔池之中，可以避免气孔的产生。

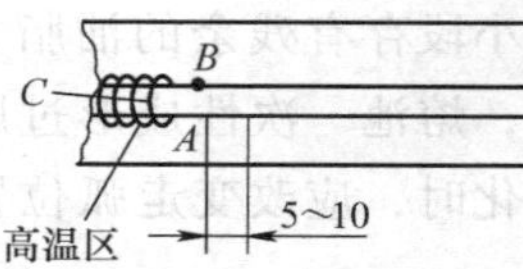

图3-28　避免产生气孔的带弧方法

（3）屏障保护法运条　采用屏障保护法运条时，熔池温度的控制和熔池成形的观察如图3-28所示。

熔池温度的控制方法有：①当电弧沿坡口边线向熔池中心推进时，应观察坡口间隙处熔池下塌的趋势，如稍作回推熔池呈豁状下塌，则应降低电流大小，并使电弧的回推线从坡口两侧坡面稍作上移，将电弧回推熔池，不要带向熔池中心高温区；②当电弧行至熔池的一侧 B 点时（见图 3-28），稍作上推，使短弧过熔池中心至坡口的另一侧 A 点，使 A 侧熔池形成；③中心熔池液流的延伸，是在坡口两侧的 A、B 两点有液体流过，这样可以避免中心熔池温度的上升；④如果电弧回推时，熔池反渣与液体流动速度过慢，熔池的熔化点模糊，则应适当增大电流，在电弧回带于 A、B 两点停留后，迅速带向熔池延伸过流点的上方，使熔池的温度增高，熔渣顺利流至坡口的间隙，熔池两侧的熔化可清晰观察。

电弧从坡口的边部做向熔池中心进弧的动作时，应观察熔渣的浮动线和金属液面的闪光，掌握电弧进入熔池的位置和停留的时间：①如果中心熔池熔波滑动明显突出两侧，熔池两侧成形过凹，沟状成形处熔渣缓慢的浮动，将电弧推进时应沿 A 侧的钝边线（见图 3-28），使熔池增厚，并外扩 A 侧熔池延伸点和高温熔池中心；②电弧沿 A 侧的边部稍作进弧后，再作划弧动作带弧至坡口的 B 侧，使 B 侧熔池成形，使熔池沿 A、B 两侧延伸；③电弧沿坡口的两侧进弧，应保证一侧成形的厚度与另一侧成形厚度相近，使熔池表面的成形平整光滑。

5. 碱性焊条续接方法

碱性焊条的续接应采用正 70°和反 70°两种划弧续接法，如图 3-29 所示。

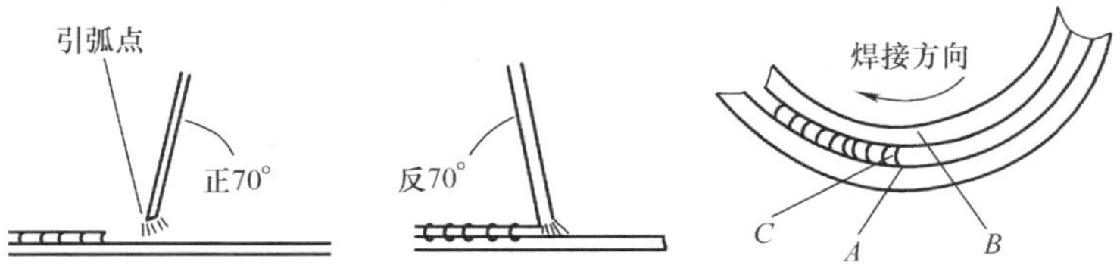

图 3-29　碱性焊条续接方法

（1）正 70°续接法　从坡口一侧始焊端 A 点的前方 5mm 处划燃电弧，沿 A 侧坡口底边线上提 2～3mm，将焊条稍稍前移延伸，再压低电弧回带 A 侧熔池的边缘，带弧吹扫，使熔池外扩并有明显熔化痕迹，最后压低电弧带向坡口的 B 侧。如一次引弧失败，并伴有粘弧现象发生，则应沿坡口的 B 侧引弧，当熔池外扩后再回带至 A 侧停留，并对 A 点粘弧处作熔化性吹扫。

（2）反 70°续接法　在坡口 A 点的前方 10～15mm 处引弧，成反 70°划燃电弧，带向续弧 A 点始焊端，电弧进入续接位置，然后焊条角度由反 70°改为垂直焊缝 90°。

3.2.2　第二层填充焊接

焊接示例：焊槽深度 8～10mm，表面宽度 14～16mm，选焊条直径 ϕ4.0mm，电流调节范围 170～180A。

1. 走弧位置

（1）走弧位置向左 0～50mm　熔渣的浮动缓慢，电弧作横向运条时，熔渣量过多且溢过电弧吹扫空位点，电弧回推熔池，吹扫无力，熔池成形裸露面模糊。

1）产生原因：抢坡段焊接时焊槽内阻力过大，熔池外扩能力较小。

2）防止措施：焊槽内的填充焊接走弧位置应使熔渣反出的浮动性灵活，焊槽内熔渣的浮动阻力过大时，应减小转胎的速度，使电弧行走位置在容器中心线右侧 0～40mm 段。并适当掌握操作者焊接的速度与罐体转动速度的协调。如转辊速度确定之后，转速与焊条的熔化速度相等，应加快焊条换接的速度，并适当加快焊条前移的速度，使焊条换接时，收弧位置在中心线右侧 40～50mm 段。

（2）走弧位置于中心线右侧 40～80mm　熔渣的浮动迅速，熔波裸露面呈枪尖般滑动状，熔池两侧沟状成形处过深。

1）产生原因：在 40～80mm 段走弧时，熔池处于下坡流动状态，焊条触弧角度与操作者蹲位点不协调。

2）防止措施：在容器内弧形位置进行焊接时，右手操作，焊接位置偏于右侧，会加大形成顶弧焊接的角度，使处于流动状态的熔渣及金属液产生更大的推动作用。改变方法有：①适当加快罐体的转动速度；②走弧位置在 0～40mm 段时，适当放慢电弧前移速度；③焊条续接时可在焊条插进焊槽后稍作观察，使续接位置稍稍前移 10～30mm 后，再将焊条引燃进入续弧点，然后进行正常焊接。

2. 运条方式

填充焊接时应根据熔池成形外扩面的观察和坡口深度的比较，掌握熔池成形的厚度与运条方式的应用。正向的填充焊接坡口的根部焊槽较窄，熔池过厚成形时，应控制焊条不作大的横向摆动，并采用以下运条方式：

（1）直线形回推运条法　电弧引燃后，先使熔池金属呈扩大状，再将电弧稍稍前移5~10mm，然后拉回电弧对5~10mm段作顶弧吹扫，吹扫方向从左向右，当电弧回推坡口一侧时，熔渣呈快速漂浮状态，并向坡口两侧外扩。再作5~10mm前移吹扫运条，然后拉回电弧，使5~10mm熔池厚度增加，最后以70°~80°顶弧焊接方法作直线形带弧前移5~10mm，依次循环。

（2）正月牙运条法　较窄焊槽的填充焊接时，应采用微小的正月牙运条方式。操作如下：以始焊端某点（如*A*点）引弧，在*A*点熔池的延伸面稍作前移吹扫，形成较薄熔池，再使电弧沿坡口面作顶弧推进，并采用正月牙的顶弧方法，从*A*点至另一侧的某点（如*B*点），电弧前移时，都应作5mm左右的吹扫性运条，此种方法，有利于焊槽内熔池熔化充分。

（3）小圆形运条法　电弧在始焊端坡口的一侧某点（如*A*点）引弧，以小圆形划弧方法前移5mm，使焊槽根部熔化，形成较薄的熔池后，再呈小圆形弧线带回熔池延伸*A*点，不作停留，呈小圆形不停滑动过熔池中心至另一侧的某点（如*B*点），不作停留，使电弧前移*B*点5mm后，再呈小圆形划弧至*A*点。

3. 熔池成形

因焊槽根部较窄，熔池成形较厚，应观察和掌握熔池的变化。

1）前沿熔池的温度分为三种：①较低，熔池前沿熔渣堆积量过多，电弧吹扫无力，熔池前方熔化线模糊，防止措施是增大电流，适当加快焊接速度，使熔池前沿熔化线清晰，熔渣反出与熔池外扩迅速；②较高，熔池前沿的熔化线清晰，熔渣漂浮量过少，熔池的熔化范围过大，金属液的裸露面不断增加，熔池的颜色过亮，并呈下塌感，电弧的吹扫线过深，防止措施是适当降低电流的大小，加快焊条前移的速度，控制熔池中心位置，保持熔渣漂浮线不变，使电弧的吹扫线有明显的熔合痕迹；③适当，电弧前移有明显的熔化痕迹，过渡熔渣在电弧的吹扫线边缘浮动灵活，熔池的外扩迅速，熔池的厚度增加，速度较大。

2）碱性焊条中心熔池温度也分为三种：①过低，电弧的吹扫强度较弱，熔池两侧的熔渣浮动缓慢或没有浮动，熔池外扩能力差，熔池的表面成形凹凸不平，防止措施是适当增加电流的大小，采用顶弧70°~80°焊接角度，走弧的位置选中心线右侧10~40mm段，使熔池的外扩迅速，熔渣的浮动灵活；②过高，金属液的裸露外扩面过大，表面熔波呈枪尖状滑动迅速，并呈下塌状，熔池的颜色过亮，坡口两侧的熔化线过深，防止措施是适当降低电流的大小，加快电弧前移的速度，将电弧在中心熔池的弧状吹扫线改为平行吹扫线，此种方法以坡口两侧的两点进弧时，作横向平行运条，避免电弧向熔池中心呈月牙形的推进和过渡吹扫，使坡口两侧熔池的外扩成形表层平整；③适当，在坡口两侧的电弧停留处，熔池外扩线有明显的熔化痕迹，熔化线清晰，熔池厚度明显的增加，熔渣漂浮线在熔池中心位置不变。

4. 熔池厚度

焊槽内填充层的厚度，根据电弧回推形成熔池的厚度时电弧前移吹扫线的熔化和熔池液流的状态，分为厚度增加和厚度减小两类。

（1）厚度增加　电弧的前移线清晰并有明显的熔化痕迹，电弧前移的吹扫线距熔渣漂浮线有一条闪光金属液的隔离线，电弧前移中心厚度明显增加，熔池温度适当。

厚度增加的方法是电弧稍作前移5~10mm后，可从*A*侧按原路带回（见图3-28），将电弧上提并稍作停留，使熔池外扩并适当增加熔池厚度，再呈70°~80°顶弧角度带电弧从*A*侧移至*B*侧。电弧至*B*侧后稍作停留，使熔池形成外扩状态，再压住电弧作前移吹扫。

（2）厚度减小　电弧上提到坡口的*A*侧时（见图3-28）应稍作停留，停留的位置为外扩熔池使熔渣液流*B*侧前沿熔化线，电弧从*A*点向*B*点，稍作横向吹扫，应使*B*点熔渣迅速浮出。焊槽根部的熔化点清晰，熔池外扩的延伸增加，并有熔化的痕迹。电弧上提时熔池厚度增加，金属液与熔渣聚集一处并呈缓慢浮动状。如果熔池前沿的熔化线模糊，则说明熔池的成形过厚，电弧上提的位置过高，电流过小，熔池温度太低。

改变上述情况的方法是电弧从熔池 5 ~ 10mm 延伸点回带坡口的一侧的 A 点（见图 3-30），电弧停留位置应以熔池前沿的熔化状态为观察点。电弧在 A 侧停留，应使外扩吹扫线始终熔化于焊槽的根部，并使熔渣在熔池延伸点呈快速漂浮状态，再以此点电弧停留的高度作为熔池高度的成形线。

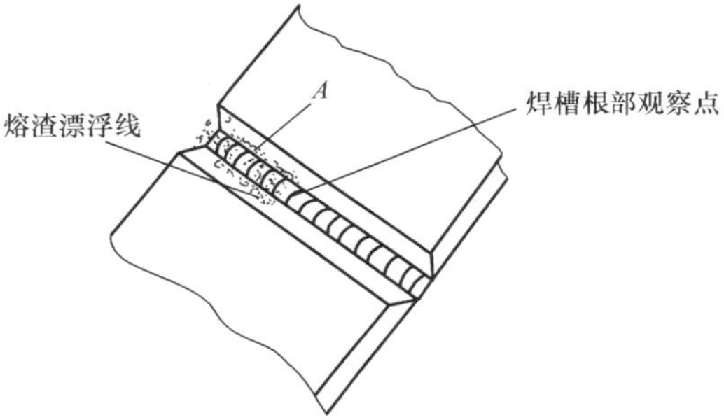

图 3-30 电弧停留位置的观察

第二层填充焊接完成后，除净药皮熔渣。如焊槽深度在 5 ~ 6mm 之间，仍须两层填充焊接和一遍盖面焊接。第三层、第四层填充可参照 E4303 焊条第三层、第四层填充焊缝的方法。

3.2.3 盖面焊接

焊接示例：板厚 16mm，焊缝表面宽度 14 ~ 16mm，表面凹度 0 ~ 1mm。选焊条直径 ϕ4.0mm，电流调节范围 170 ~ 180A。采用正、反月牙形两种运条方式。

1. 熔池两侧成形过深的熔进母材

碱性焊条盖面焊接时，易形成熔池两侧的熔合线过深、咬肉等缺欠。

1）产生原因：走弧的位置在中心线的右侧 20 ~ 50mm 段，电弧于坡口两侧停留的时间过短，熔池成形时观察不清，电流较大，熔池的温度过高。

2）防止措施：碱性焊条的封面走弧位置应选在中心线左侧

20mm 和中心线右侧 20mm 段，此焊段能使熔池液流平缓。电弧在一侧停留时，如填充熔池稍见凹于母材边线，电弧外侧的吹扫线应稍作停留，并观察熔池的外凹线平于或高于坡口边线的程度，如凸出并覆盖坡口的边线 1～1.5mm，熔池外凸液流与母材熔合适当。

在坡口的边部，电弧稍作停留时，熔池外凸熔合线仍过深的熔于母材，形成熔合线过深，咬肉等现象，是由于熔池的温度过高、电流过大等原因造成的，此时应适当减小电流，将焊条与焊缝之间的角度由 90°改为 80°，形成对外扩熔池的推动，使熔池产生液态外扩，覆盖坡口边部。

2. 熔池成形凹凸不平

1） 产生原因：碱性焊条熔池黏度过大，电弧一次进弧与下一次进弧两个停留位置的带弧线齿距过大或过小，续弧的位置过上或过下。

2） 防止措施：碱性焊条向熔池高度的凸位点进弧时，一次进弧与下一次进弧时两侧停留位置、两齿间齿距要保持均匀。如果上一次进弧与下一次进弧弧度不同，进弧停留点两点之间齿距不等，熔池表面的较深鳞波与较凸鳞波就容易使熔池表面成形凹凸不平。此种状态，可在进弧时通过观察看准坡口两侧熔池延伸点的位置来避免。保证每一次焊条中心的吹扫点，对齐于熔池两侧边线的熔化点，使每一次进弧的位置相等。再以坡口两侧边线的高度为基础，呈平行状作横向带弧，使电弧向熔池中心稍稍推进，形成相等弧度的进弧。

电弧续接应在电弧带入熔池始焊端前，使熔池形成外扩状态，此时熔池的温度较高，再带弧至两侧熔池的延伸点。

3.3 双面成形的平焊

焊接示例：板厚 10～12mm，长 300mm，坡口组对间隙 3～3.5mm，两口组对成角 65°，两板组对定位点为坡口外侧的两端。选 E5016 焊条，直径 $\phi 3.2$mm，电流调节范围 90～110A。

操作方法：如图 3-31 所示，从焊缝间隙 3mm 端引弧，紧贴坡口一侧 *A* 点 0～1mm 线，向前带弧 5mm。再按原路 1mm 线上方作回推

电弧至 A 点，再过弧于 B 点，不作停留，沿着 B 侧 1mm 线使电弧前移 5mm，按原路 1mm 线上方回推至 B 点，稍作停留，使熔池外扩，并过流坡口间隙同 A 点熔滴相熔，形成基点熔池。再从熔池后方划弧至 A 点一侧，过熔池延伸点 A，使电弧前移 5mm，再按原路从 1mm 线上方回推电弧至 A 点，再至 B 点，依次循环。

1. 电流对熔池下塌或未熔的影响

焊缝成形时熔池下塌面过大，过渡熔滴另一侧不能成形，并有坑状凹陷点。

1）产生原因：电流的过大或过小，电弧在 A、B 两点（见图 3-31）进弧时动作不稳，熔池外扩与续接呈半熔化的状态，对熔池外扩观察不清，电弧在 A、B 两点进弧时速度过快。

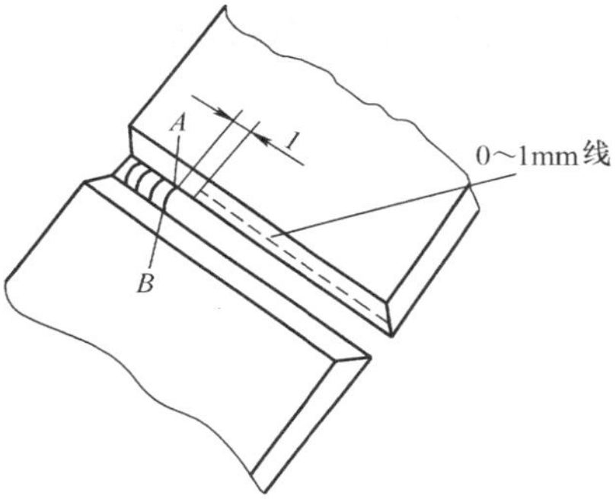

图 3-31　双面成形的平焊

2）防止措施：如果电弧在 A、B 两点过流时稍作停留，熔池豁状成形过大并呈下塌的趋势，说明电流过大，熔池的温度过高，应适当降低电流的大小。如果电弧进入 A、B 两个吹扫点吹扫无力，稍作停留后熔渣相混于 A、B 两侧，熔池的熔化点模糊，说明电流过小，应适当增大电流。

头遍焊接完成，宜作砂轮打磨处理，去掉焊道表层沟状含渣，第二遍及其他遍焊接与碱性焊条的操作相同。

2. 气孔的产生

1）产生原因：电弧过渡熔滴金属直推坡口过流间隙时，空气过流与杂质相溶于熔池不能逸出而形成气孔。

2）防止措施：①组对前应对板面坡口的钝边处稍作打磨，清除工件上的加工刨痕及油脂、锈蚀等；②电弧推进至续接位置时，应始终贴向工件面，使熔渣、金属液先后溢流至坡口间隙，形成坡口间隙的过流熔渣和液态熔池的液流延伸，形成坡口间隙熔池成形的有力屏障保护，避免气孔的产生。

第4章 立 焊

4.1 立焊姿势的选择

1. 蹲式

操作者立焊时的蹲式，多以右侧正握焊钳为基础，下蹲后可以用左侧肘部顶住被焊工件，避免上身颤动，两脚蹲位点与焊缝距离，以焊条同焊缝接触点左右呈角 90°、上下运条长度范围 100～300mm 为标准。起焊后如果运条距离较短，操作者的手臂会感觉吃力。

立焊时右手握住焊枪之后，应使右臂肘端放入右大腿里侧。身体与焊缝所成的角度为 40°～60°。操作时眼部平行焊缝。如果操作时右臂放于右侧大腿之外，身体重心与施焊右臂不协调，手臂易出现乏力感觉，焊条端点会出现颤动现象。

初步接触立焊的蹲式焊接，下蹲后易觉乏力，蹲位点远近距离难以掌握。应反复练习下蹲动作，稳定身体重心。

2. 站式

站式立焊引弧前，应使操作者的身体站稳于焊缝左侧，并使左臂肘端支撑于焊缝的左侧板面。焊接时，此种方法使身体离焊缝较近，也可使左手和左侧膝盖支撑于左侧板面之上，使身体保持平稳。

4.2 E4303 焊条一次成形的平面立焊

4.2.1 连弧焊

焊接示例：工件厚度 10mm，以完成一次焊接，焊槽深 4～6mm，宽 4～6mm，板面高 1.2mm。选择焊条 E4303，直径 ϕ3.2mm，电流调节范围 90～95A。

1. 运条方式

采用月牙形、锯齿形横向运条方式，如图4-1所示。

1）电弧在始焊端A点上方10mm处引弧，拔长电弧后带入始焊点，带入后仍以长弧预热始焊处2~3s。

2）发现预热处熔滴有珠状滑动后，压低电弧从A侧的边部推向坡口中心，稍作外移滑动带弧到坡口的B侧，并停留片刻，成熔池外扩并淹没坡口边线1~1.5mm、凸于坡口边线1~2mm的厚度和宽度。

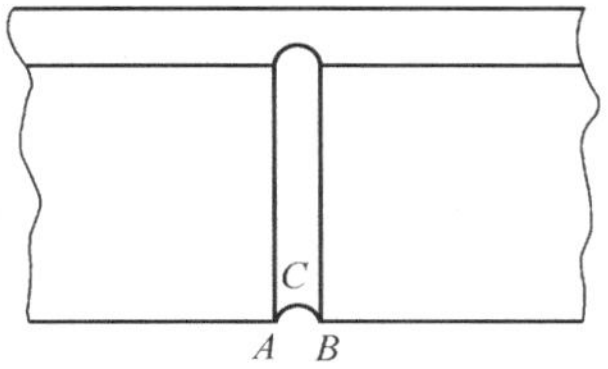

图4-1 一次成形的平面立焊

3）沿AB线再作电弧横向带弧动作至A点，使A点熔池外扩于坡口的边线与B点相熔。

4）如果熔池扩展迅速、颜色红亮，说明温度过高，此时应将电弧内移至焊槽根部，或使电弧稍作上移抬起，当熔池的温度减弱时，再将电弧向A点回带。

2. 熔池温度的控制

基点熔池形成后，熔池外扩应以基点为标准。如果坡口两侧循环带弧时，熔池的外扩厚度迅速增加，熔池中心的厚度明显凸于基点熔池的厚度，熔池中心呈过快浮动状，这是熔池温度过高的现象。

1）产生原因：一次成形的立焊熔敷金属成形宽度较窄，运条范围较小，此时会造成运条方式不正确，作连续运条动作时熔池的温度迅速增加。

2）防止措施：①电弧引燃后的温度较低，应适当增大电流；②电弧连续行走后，熔池范围逐渐扩大，熔渣的浮动迅速，则应适当降低电流的大小，此种感觉以连续运条后，熔池外扩的状态为标准；③较窄熔池形成后，操作者应首先使身体重心稳定，保持平稳运条，再做运条加快动作。

3. 焊条角度变化对熔池成形的影响

立焊时焊条应使焊条与始焊端呈65°~80°角度，此种角度应以电弧对熔池的控制及电弧偏吹熔池成形范围的变化为标准。如果熔池成形的范围较大，焊条略有偏吹，焊条角度也可在60°~70°之间。使用酸性焊条时倾斜角较大些，电弧能对熔池控制成形稳定。

4. 熔池成形的控制

熔池的宽度成形应以焊槽深度、宽度、板材厚度为标准，此例焊接应保证焊接熔池宽度成形10~12mm，中心熔池厚度1~1.5mm，其控制方法如下：

1）电弧引燃后停留于坡口的一侧，将焊条外侧的吹扫线直贴于外坡口边线，稍作停留后使熔池的扩张线覆盖坡口边线1~2mm，使熔池成形线宽于电弧的吹扫线。如电弧一侧的停留点在坡口的边线之上，电弧坡口两侧带弧时则不作电弧停留，电弧行至坡口一侧后迅速移走，电弧行走的宽度为熔池外扩的宽度，两侧熔合线成形，易出现过深、宽度不齐等缺欠。

2）如果电弧在坡口的一侧稍作停留时，熔池扩张线覆盖坡口边线1~2mm，应快速带弧至坡口的另一侧，并按彼侧电弧停留的位置及时间控制此侧成形，依次上移。如果中心熔池稍呈弧形液态状，熔波层次均匀，说明运条行走速度正确，电流的大小适当。

3）电弧带过中心熔池时，如果液态熔池外凸弧状成形过大，呈尖形滑动状，熔渣在熔池中漂浮滑动，坡口两侧边部的熔合线过深，说明熔池表面的棱状成形过大，熔池的温度过高。此时应适当降低电流的大小，并在电弧行至坡口一侧时稍作电弧停留，然后再作横向运条从此侧移至彼侧。

4.2.2 挑弧焊

焊接示例同连弧焊，选择焊条直径ϕ3.2mm，电流调节范围100~110A。立焊的挑弧焊接一层熔池形成后，再一层电弧回落时，操作者必须合理控制熔滴金属叠落的位置和电弧停留的时间，灵活采用多种形式的运条方式。

1. 中心熔池电弧抬起回落法

1）如图4-1所示，电弧从*A*点起焊后，先使*A*侧熔池外扩，并覆盖坡口的边线1~1.5mm，再作横行运条于*B*侧，使*B*侧的熔池外扩成形。然后沿*B*侧坡口面向熔池中心*C*点带弧推进。电弧至*C*点后，不作停留，将电弧沿焊缝中心线做上提动作，并观察金属外扩的范围和熔池颜色的变化，掌握电弧上提的高度及回落的位置。

2）电弧抬起后回落时，应沿中心焊缝的凸起线，回落到焊槽的中心处，然后稍稍下移并作微小的横向摆动至坡口的一侧，以焊条燃烧端底侧的燃烧点为标准，当电弧底侧的过渡点贴向 *A* 点后，稍作停留下压，使电弧外侧下吹扫线金属外扩覆盖于坡口边线 1～1.5mm。熔渣外溢后，观察闪光金属液外侧流动线外凸的范围和底层焊缝成形裸露线，再作横向运条于坡口 *B* 侧，使熔池表面的成形平整、薄厚一致。

2. 坡口两侧电弧抬起回落法

1）如图 4-1 所示，电弧在 *A* 侧停留使熔池外扩后，作横向运条于 *B* 侧。稍作电弧停留，使 *B* 侧熔池成形饱满后，再从 *B* 侧沿坡口内侧边线作电弧抬起的动作，使电弧从停留处上移，此时电弧停留处的熔池颜色瞬间转暗，使金属熔滴的过渡形成凝固的成形线。然后从其抬起的位置，作电弧下带动作，回落于抬起处的上方，稍作下移，使熔池再一次形成外扩状态，并使其熔合于下层熔池的凝固线上，最后做横向运条动作于 *A* 侧，按 *B* 侧成形方法，形成 *A* 侧熔池。

2）将左右两侧熔池外凸的高度和底层焊缝外凸线相比较形成中心熔池横向带弧走线，采用这种方法，应注意以下两点：①电弧回落后坡口两侧焊缝成形易出现咬肉等缺欠。其产生原因是电弧回落在坡口两侧边线的位置过偏，落弧后没作电弧停留，就直接作带弧动作于坡口的另一侧，使熔池的外扩线不能形成对电弧吹扫线的覆盖。防止措施为电弧于坡口两侧落弧的位置应将焊条端部的燃烧点贴向坡口两侧边线的里侧，落弧后电弧停留片刻再外推，使熔池液流外扩线超过并覆盖于电弧外侧的端点吹扫线。②坡口两侧焊缝厚度成形不均匀，其产生原因是坡口两侧落弧的位置过上或过下，电弧停留的时间过长或过短。防止措施为坡口两侧落弧处应是焊条端部的中心点，并根据下层熔池的薄厚，对准下层成形金属的上边线。落弧后应看清熔渣浮动线内部金属液外溢的痕迹。一般情况下坡口两侧熔池覆盖面 1～2mm，坡口外凸厚度 1～2mm，此时电弧稍作停留，完成一次电弧抬起回落动作，依次循环。

3）如果焊条端点落弧位置过上，电弧一次横向带弧后会使两层熔池相熔，熔波痕迹过大，熔池成形过薄。如果焊条端点落弧位置过下，一次横向带弧也会使两层熔池的堆敷成形过厚。如图 4-2 所示。

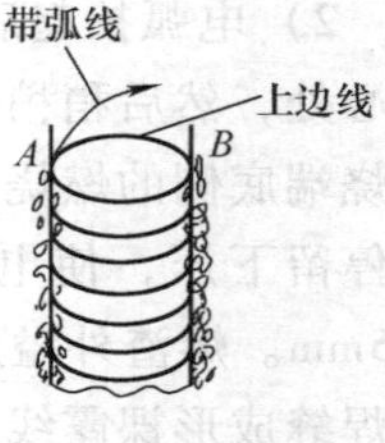

图 4-2 熔池堆敷成形过厚

3. 坡口一侧电弧回落法

如图 4-2 所示，电弧从坡口的一侧（如 A 侧）作电弧抬起的动作，从熔池的上方划一条弧形线，落弧于 B 侧，再作横向运条于 A 侧。此种方法，可避免一侧电弧抬起后，在落弧这一侧所引起的熔池温度过高，熔池的堆覆成形难以控制等弊端。操作时，应注意以下三点：

1）熔池厚度一侧成形过薄，一侧成形过厚。其产生原因是电弧从 A 点作电弧抬起再从 B 点落弧后，易形成上提点的熔池成形过薄，落弧点的熔池成形过厚，并伴有较大的熔池外扩。防止措施为电弧从 B 点落弧后，应在电弧停留时，使熔池形成一定的外扩宽度和厚度。电弧的抬起点因电弧抬起后不能回弧委动[㊀]，抬起时应观察连续电弧停留熔池的范围，并稍作偏向于焊缝里侧的电弧停留吹扫后，再使其抬起。

2）熔池中心厚度厚薄不均，熔池表面出现尖状熔池。其产生原因是电弧续弧位置过下或过上，无法观察熔波成形外凸线凸于底层熔波外凸线的程度，熔池温度过高，横向带弧熔池中心的外扩点过凸。防止措施为熔池形成后，应持续观察熔池的颜色变化，当熔池下沉外扩线迅速并出现尖状成形线时，应适当降低电流的大小。电弧在一侧落弧时，应掌握一次熔波下压后与下层熔波的距离，一般为 1mm。

3）落弧后熔池的外扩成形，以底层金属的外侧成形线为主，如图 4-3 所示。电弧使熔滴过渡至续弧位置后，稍作下移，比较下移熔波外凸线与底层熔波外凸线的位置，适当延长或缩短电弧停留的时间，使下移熔池金属外凸线同底层熔池金属的外凸线熔合平整光滑。

㊀ 电弧停留并在各方向稍稍移动。

4. 坡口中心位置落弧法

如图4-3所示，电弧从坡口A侧横向运条于B侧，稍作电弧停留，使熔池外扩并覆盖坡口边线1～2mm，再作抬起电弧的动作，落弧于C点的熔合线，稍作电弧停留，再带弧至坡口的另一侧A点，使A侧熔池外扩坡口边线1～1.5mm，再作横向运条于B侧，稍作电弧停留，再使其抬起于C点熔池的上方，并依次循环。坡口中心位置落弧法应注意以下四点：

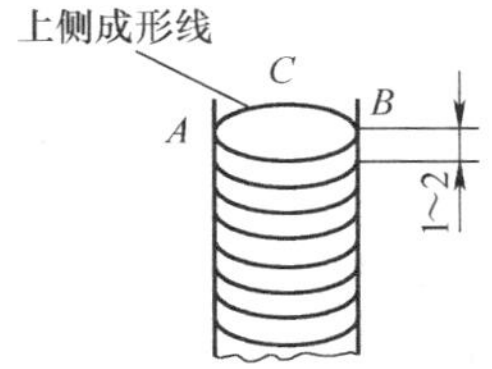

图4-3 熔池的外扩成形

1）坡口两侧外扩线过宽或过窄，其产生原因是C点电弧外移（见图4-3），焊条端部委动不稳。C点带弧至A点时，电流过大，电弧外扩线在坡口外侧边线停顿的位置掌握不准确。防止措施为适当调整焊接电流的大小，如电弧落入熔池中心，熔池迅速形成外扩状态，熔池外侧熔渣浮动线离电弧停留端点过远，说明电流过大，应适当降低电流的大小。

2）如果电弧落入续弧的位置时，熔池的外扩吃力，熔渣浮在电弧的周围没有外扩漂浮线，说明电流过小，应适当增加电流的大小。电弧落入熔池的上侧中心时，要适当控制电弧对熔池的外扩状态，如果熔渣外扩漂浮线与电弧端点喷动线有一条闪光金属液的裸露线，说明电流大小适当，电弧停留的时间及停留的位置合适。如图4-4所示。

3）电弧外扩移动时，观察坡口外侧边线与电弧端点外扩线的相对位置，此时应看清电弧的吹扫线的位置。如果焊条端部吹扫线稍凸于坡口边线1mm，电弧应稍作停留，使熔池外扩覆盖于坡口边部2～3mm。焊条端点止弧的位置，应在焊条端点外侧吹扫线内移于两侧边线处。

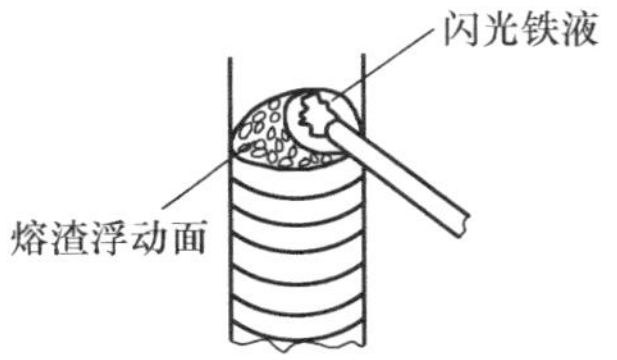

图4-4 电弧停留时的状态

4）运条时，操作者可使用左臂和右胯同时支撑的方法，即左臂肘端或手掌支撑于焊缝的左侧板面之后，右臂肘端支撑于右腿内侧，使焊条运行稳定。

4.3 E5016焊条一次成形的立焊

焊接示例：板厚12mm，开双侧坡口，一侧已完成焊接，焊槽深6mm，宽6~8mm，选焊条直径$\phi3.2$mm，电流调节范围115~125A，采用直流反接法。

4.3.1 电流的调节

应以熔池外扩的速度、金属熔合的痕迹来调节碱性焊条立焊电流的大小。

1）基点熔池形成后，电弧进入焊槽深处，熔池与母材熔合线的熔合痕迹迅速加大，熔池的表面外扩迅速，并呈下塌状，熔池的表面成形难以控制，这种情况说明电流过大。

2）电弧向焊槽深处进弧时，电弧吹扫点与母材的熔合痕迹过小。金属外扩的成形缓慢，焊条燃烧端点与母材频繁相粘，这种情况说明电流过小。

3）电弧向焊槽深处进弧时，电弧停留点的熔渣呈外扩漂浮状，金属熔合痕迹清晰，金属表面熔波滑动容易控制，这种情况说明电流的大小适当。

4）调节电流大小时，应以板材的厚度、坡口间隙的大小等为依据。板面较厚时，熔池成形范围较大，应适当增加电流的大小；板面较薄时，熔池成形的范围较小，应适当降低电流的大小。

4.3.2 运条方式

如图4-5所示，电弧引燃后，先带弧至焊槽的根部，并作微小的摆动，使焊槽内的熔滴金属稍凸于坡口两侧的边线*A*、*B*两点，再将电弧沿坡口的一侧*CA*线带弧至*A*点，使熔池外扩并覆盖坡口的边线1~1.5mm。然后以*AB*线为带弧线，作横向运条至*B*点，稍作电弧停留，使熔池外扩后，再沿*BC*线带弧至焊槽深处并在稍高于*A*、*B*两处的*C*点作电弧

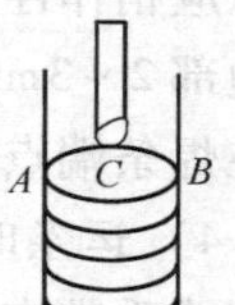

图4-5 运条方式

停留，然后沿 *CA* 线带弧至 *A* 点，使焊缝成形逐渐上移延伸。

4.3.3 熔池成形宽度的控制

碱性焊条立焊熔池成形易出现以下弊端：

1. 熔池两侧宽度控制不稳

1）产生原因：电弧外圈底侧吹扫线的止弧位置不正确，如此层电弧端外侧的吹扫线对齐于坡口的原始边线，电弧的止弧位置对坡口边线稍加淹没或没有贴于坡口边线之上，就会使电弧止点的熔池外扩难于控制，造成对坡口边线的淹没过多或过少，从而使坡口边线熔池的外扩成形过宽或者过窄。

2）防止措施：控制电弧的外侧端点与垂直坡口边线的齐度，带弧外移距坡口的边线过远，熔池外扩没有覆盖或熔合于坡口的边线之上，应使电弧止线的位置稍作外移，并根据外移后电弧外侧吹扫线距坡口边线的位置，使电弧依次停留，形成整体焊缝的宽度。

2. 熔池两侧熔合线过深和咬肉

1）产生原因：电流过大，熔池温度过高，电弧的吹扫成形线没有被外扩的熔池所覆盖。

2）防止措施：如图4-6所示，熔池表面成形的宽度应使熔池外扩时覆盖坡口边线1～1.5mm，并使中心熔池外凸坡口两侧边线1～2mm。电弧从焊槽深处 *C* 点向坡口的外侧边线带弧时，可使焊条的外侧端点吹扫线对准坡口边线，避免焊条外侧端点吹扫线过多淹没，电弧在边线外与母材相接触的痕迹不能被外扩液流熔池所覆盖。

电弧在 *A*、*B* 两侧行走时，应将焊条稍作停留，并观察熔滴过渡母材后液态金属的外扩对停留点电弧吹扫痕迹的覆盖情况，电弧吹扫方向应贴向坡口边线并向外移动，形成对熔池外扩成形线的推力，观察裸露金属液外扩线的宽度，准确掌握电弧停留的时间。

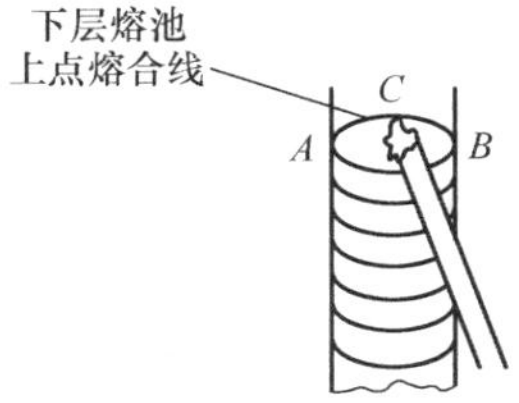

图4-6 防止熔合线过深和咬肉

4.3.4 熔池厚度不均

1）产生原因：电弧在坡口两侧停留的时间及一次上移的位置不同，电弧在坡口的一侧向另一侧带弧的速度及横向走弧的弧度不同。

2）防止措施：一层熔池成形后，应找准电弧再次回带的位置。例如电弧止弧时的停留位置，应在下层熔池上点咬合线处，电弧循环止弧位置都应控制在此点之上。避免焊条端部燃点过上，使此层熔池成形过薄。如果坡口两侧电弧停留时间过长，熔滴过渡量过多，会使熔池增厚；如果时间过短，熔池过渡量过少，会造成熔池太薄。

4.3.5 气孔的产生原因及防止措施

1. 产生原因

1）焊条选用不合理。

2）电源极性选择有误。

3）外界环境较差。

4）电弧过长。

5）频繁的粘弧。

6）焊条角度过大，电弧对熔池失于保护。

2. 防止措施

1）碱性焊条施焊前，应将焊条在350～400℃温度下，恒温1～2h进行烘干处理并放于保温筒内随用随取。当日剩余的焊条应放回烘干箱内，避免乱拿乱放使焊条再次受潮。对受潮焊条应作再次烘干处理，但烘干次数不能超过2次。

2）碱性焊条焊接时应采用直流反接，焊条接正极，工件接负极。焊条接正极时，电弧过渡熔滴能避免来自工件的正离子的冲击，熔池成形稳定，气孔产生倾向减少。直流正接时，焊条接负极，工件接正极，电弧过渡熔滴会受到工件的正离子的冲击，熔池成形不稳，气孔发生倾向增大。采用直流正接或直流反接，在焊接中有明显的区别。直流反接时电弧吹力柔软、稳定；直流正接时，电弧吹力明显有力、不稳定，且飞溅增多。

3）焊接时，应使焊条端部燃点与熔池间距保持2～3mm，避免在电弧的推力下使焊条铁心外露点漂浮于熔池的表面。操作者采用蹲式或站式立焊时，除了使身体各支点稳定外，还应使焊条端部燃点稳定。发生粘弧现象后，再次引弧时应选在粘触点一侧续接端点向上10mm处。引弧后熔池的温度增加，再压低电弧带向粘触点作停留吹扫，避免熔池温度较低时在粘触点引弧并形成熔池。

4）碱性焊条施焊前，如果环境潮湿或风力较大，在焊条烘干后，应采用防潮保护措施，例如在焊缝外采用防潮防风遮挡，或对焊缝进行火焰烘干。当风力过大且挡风条件较差时，也可在焊缝一侧放置一块200mm×1000mm的防风铁板。

5）如图4-7所示，电弧进入熔池后应采用短弧焊接，电弧长度应小于焊条的直径。如果弧长超过焊条的直径，熔滴过渡时易卷入空气形成气孔。熔池成形过厚时，电弧对焊槽根部熔滴过渡在坡口两侧的*A*、*B*点之间，熔滴在电弧的推力下溢流过渡到焊槽的深处，使电弧对熔池金属过渡吹扫，熔池成形时也易卷入空气形成气孔。为了避免这种现象，应采用*AC*与*BC*之间运条方式，当电弧在*A*点向*C*点进弧并使熔池外扩后，再将电弧由*B*点移至*C*点，使焊槽深处的熔滴形成短弧过渡。在*A*、*B*两点熔滴过渡焊槽深处，应迅速进行熔滴的再度吹扫，形成*AC*、*BC*两侧进弧后熔池的再度熔化。

6）立焊的焊条角度对熔池成形和气孔发生的倾向影响较大。焊条角度较大，如焊条垂直始焊端，电弧对熔池下坠的上托力很小，熔池液流的外扩受到电弧向焊槽内吹力的反冲击，使熔池成形难以控制。焊条角度过小，如焊条与始焊端所成角度60°，电弧对熔池失于保护，也会使熔池卷入空气形成气孔。正确的立焊为焊条与始焊端所成角度为75°，如图4-8所示。

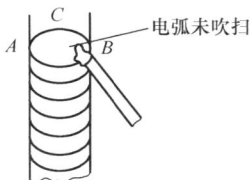

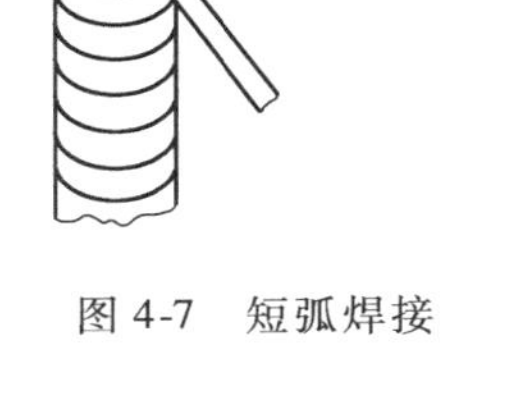

图4-7　短弧焊接

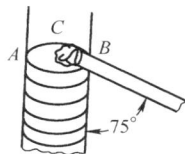

图4-8　焊条与始焊端的角度

4.3.6 夹渣的产生原因及防止措施

（1）产生原因 电流过小，熔池的温度偏低，无法清楚地观察熔池的成形，电弧吹扫的位置不到位。

（2）防止措施

1）如图4-8所示，一次成形与多次成形的立焊运条，电弧以坡口两侧边部的*A*、*B*点为电弧停留点，以焊槽深处的*C*点为熔池熔化点。电弧在熔池的外侧成形后，应向坡口深处进弧至*C*点，避免电弧在*A*、*B*的两侧向焊槽深处稍作吹扫后形成金属的过渡。电弧向焊槽深处进弧时，应仔细观察熔池在坡口深处的熔化状态。熔池在焊槽内没有熔化的痕迹时，熔渣在焊槽内存有少量停留线，此时应适当增加电流的大小，并将电弧在熔渣停留线处停留并进行吹扫，再逐渐增加焊槽内熔池的厚度，使*C*点的熔池厚度高于外侧*A*、*B*两点。

2）熔池形成时应观察熔渣与金属液在电弧与熔渣浮动线之间的流动。

3）电弧续接时，如果电弧引燃处距离灭弧处过近，引弧后又下移电弧于焊槽深处，会使较低温度的续接位置熔渣浮动缓慢，埋在熔池之中不能逸出形成夹渣。在熔池温度较低时，续接电弧落入时，应将电弧压低带回坡口一侧的外边缘，稍作停留使熔池的温度上升后，再作带弧动作吹向焊槽的深处，使熔池温度上升，熔渣迅速浮出。

4.4 较粗焊条一次成形的灭弧焊接

焊接示例：已完成双侧坡口20mm板厚第一层焊接，焊槽剩余深度6～8mm，宽6～8mm，焊缝长度1.5m，选焊条E5016，直径ϕ4.0mm，电流调节范围155～170A。

4.4.1 操作方法

如图4-9所示，距始焊端15～20mm处，使电弧引燃，稍稍下移带弧至始焊端，先贴入焊槽根部 C 点，压低电弧作微小的横向摆动，使熔池稍微呈外扩状，然后迅速做上移抬起的动作，使电弧抬起并熄灭。

操作时仔细观察熔池颜色的变化，如果亮红色熔池瞬间转变成暗红，则应使电弧回落到 C 点熔池的上方，对 C 点进行电弧吹扫，并划弧带向坡口的 A 侧，再以 A 侧坡口边线的内坡面为电弧停留点，稍作电弧停留，使熔池外扩凸出并覆盖坡口边线 1～1.5mm。然后沿 AB 弧线横向运条至 B 侧。

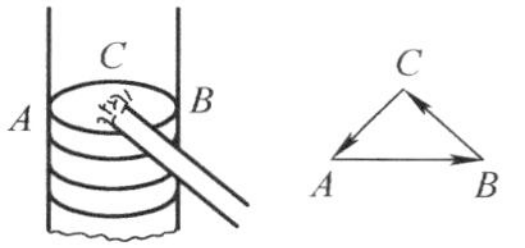

图 4-9　运条方向

按同样的方法形成 B 侧熔池，然后电弧内移推进至 C 点，使电弧抬起并熄灭。此种焊接方法因焊条直径较粗，熔池成形的控制范围较大。

4.4.2　气孔的产生原因及防止措施

1）产生原因：如图 4-9 所示，电弧回落 C 点时，没有形成短弧控制的高度。A、B 两点的熔池外扩及电弧对焊槽根部 C 点吹扫时，没有采用三角形的运条方式。在坡口两侧 A、B 两点横向带弧时，电弧对焊槽根部 C 点的吹扫时间过长。

2）防止措施：如图 4-9 所示，碱性焊条的挑弧与灭弧焊接时，电弧回落至 C 点熔池上方 3～4mm 后，应压住电弧并对第一层焊接落弧的位置进行吹扫，使焊槽中 C 点熔池增厚，熔池表层熔合处有明显的熔合痕迹。然后快速带弧按 A→B→C 的顺序形成闭合回路后（见图 4-9），迅速抬起电弧使其熄灭。碱性焊条焊接时焊槽内的填充应用短弧在槽内根部吹扫后再作瞬间外移，避免长弧吹扫至焊槽根部后，卷入空气形成气孔。

4.4.3　上下熔池搭配厚度不均的产生原因及防止措施

1）产生原因：落弧与上提的位置不同，熔池的外扩面较大，熔池的外凸状态观察不清，造成熔池的厚度成形搭配不均匀。

2）防止措施：如图 4-10 所示，应准确掌握较粗直径焊条落入焊槽根部 C 点的位置。如果焊条端部中心吹扫点为 C 点，电弧落入后停留的位置都应以此点的吹扫为标准。电弧在 CA 线吹扫时，稍稍外移至 A 点边部，使焊条吹扫方向对准 C 点熔池中心，停留片刻后，使 A 点熔池饱满，再沿 AB 线作横向运条，运条速度与外凸运条线路行程，应以熔渣的外凸浮动线为标准。如果熔池中心外凸浮动线凸于 A、B 点 2 ~3mm，电弧至 B 点后，使焊条端外侧的吹扫点紧贴坡口边部，稍作电弧停留，使熔池外凸坡口边线 1 ~2mm。然后将电弧沿 BC 方向做进弧动作。

使用较粗直径焊条焊接时，应仔细观察熔池外扩与成形的状态。如灭弧的时间正常，电弧落入续弧点稍作吹扫后，焊槽深处的熔池仍出现熔合线过深、咬肉等缺欠，熔池中心呈下塌的趋势，且熔池颜色过亮。作电弧外带动作于坡口边部 A、B 两点时，熔池外扩面较大，并伴有明显的咬合痕迹，说明熔池的温度过高，应迅速降低电流的大小，并适当延长灭弧时间，缩小电弧向熔池中心的吹扫范围。

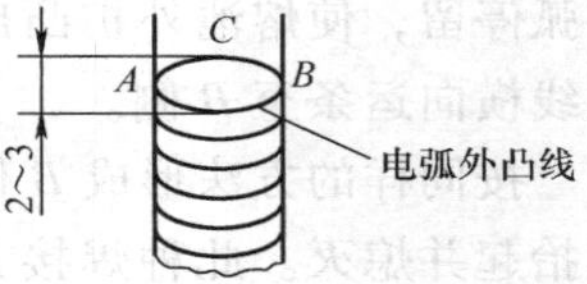

图 4-10　防止上、下熔池搭配厚度不均

4.4.4　熔池温度控制方法

1）如图 4-10 所示，电弧从 C 点使熔池形成外扩后，向 A 点的边部带弧时，应压低电弧后再进行外推。

2）外推时，观察熔池边部的熔渣浮动线，如果该浮动线与电弧间有一段闪光的金属液凸于坡口的边线，金属液裸露点一侧的成形线与母材没有较深熔合痕迹，说明熔池的温度适当，电弧的吹扫方向与停留时间合适。

3）如图 4-10 所示，A 点熔池外扩成形后，电弧应迅速移走，如动作缓慢或发生颤动，熔池外凸及外扩边线会迅速发生变化。可采用 A、B 两点边部两次委弧成形的方法，即电弧向 A 点的边部稍作带弧，使熔池外扩后，再使电弧迅速离开 A 点，并推向熔池中心，然后瞬间回带电弧，稍作电弧停留，使过渡金属饱满，依次循环。这种运条方式，因熔池二次饱满成形且电弧停留时间较短，可避免一次成形时电弧端点颤动引起的弊端。

4.4.5 粘弧的产生原因及防止措施

1）产生原因：电弧落入续弧位置不准确，运条不稳定，电弧长度过短。

2）防止措施：碱性焊条挑弧与灭弧的焊接，应使焊条平稳的落入续弧位置。落弧时，可先采用长弧落入电弧停留位置上方10～15mm，再做压低动作带向续弧点。这种方法，可避免续弧位置过短引弧时焊条端头铁心与熔池相粘。如果焊条下端点脱皮过快，铁心外露，应转动电弧的吹扫与落弧方向，适当加大焊条与熔池的角度，尽量使焊条药皮过多处顶向偏吹方向，避免电弧落入熔池时过长或过偏。产生粘弧后，如果程度较轻，可在粘弧点处上方引燃电弧，对粘弧处做再次吹扫。如果粘弧后粘弧处的铁心过长，或续接后再次发生粘弧，应采用砂轮打磨后，再引弧过渡。

4.5 立焊一次成形V形走弧法

焊接示例：板厚20mm，开双面坡口。焊槽深度6～8mm，槽宽6～8mm。选焊条E5016，直径$\phi3.2$mm，电流调节范围110～120A。

操作方法：如图4-11所示。

先在焊槽深处C点形成熔池，再运条外移至A侧边部，并将焊条外侧端点紧贴A点的边线由里向外推出熔池，使液态熔池覆盖坡口边线1～1.5mm，凸于坡口边线1mm。然后将电弧沿AB线向中心点带弧，到中心点后，迅速将电弧回带到A点，稍作停留后再带弧向C点，等C点熔池的颜色变亮即温度升高后，从C点带弧运条到A点。同样道理，按A点成形的方法，形成B点熔池，再使电弧回带到C点。

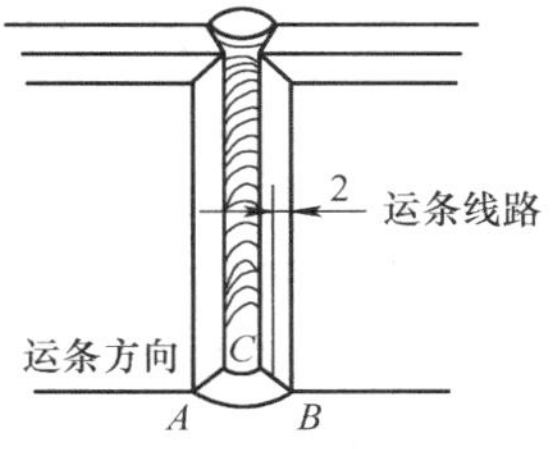

图4-11 立焊一次成形V形走弧法

V形走弧法，电弧不作AB线横向运条，可避免中心熔池的温度过高引起的熔池外凸、熔池成形难以控制等弊端。运用此种方法时易出现下面两种情况：

（1）中心熔池外扩力过小　产生的原因是电流过小，熔池的温度过低，熔池没有反渣能力。防止措施为金属熔滴过渡后，适当提高电流的大小，使CA一侧电弧委动时，CB一侧熔渣大部溢出，并使CA一侧的电弧吹扫点、熔池裸露线清晰，熔池与母材A、B两点的熔合线有较深的熔合痕迹（见图4-11）。

（2）中心熔池外扩力过大　产生原因是电流过大，熔池的温度过高，熔池的外扩面过大，中心熔池的外凸难以控制。防止措施为电弧引燃时观察熔滴过渡外扩的状态，如电弧声音较大，熔滴过渡的电弧推力过大，熔池与母材熔化线过深，熔池的裸露面过大，熔池的成形难以控制，说明电流过大，此时应适当降低电流的大小。电弧刚刚引燃时，虽然电流大小适当，熔池成形控制容易，但随着熔池温度的逐渐增加，熔池外扩范围逐渐增大，熔池与母材熔化线逐渐加深，熔池呈下塌状，熔渣呈快速漂浮状。这种情况说明电流过大，应适当降低电流的大小。如果电弧刚刚引燃时，电弧对熔池没有较强的推力感，但熔池的亮度逐渐增加，熔池外扩与母材的熔化有明显的熔合痕迹，熔渣在熔池之中漂浮灵活，电弧与熔渣间有较明显闪光的裸露线，说明电流的大小适当。

4.6　立焊一次成形两点电弧停留法

焊接示例：板厚14～16mm，双面开坡口，焊槽深度6～8mm，两板组对间隙2～3mm，坡口钝边2mm，两板组对后所成角度为65°。选择焊条E4316，直径ϕ3.2mm，电流调节范围105～115A。

1. 操作方法

如图4-12所示，基点熔池形成后，电弧在A侧边部稍作电弧停留，使熔池微微外扩，然后将电弧快速推向C点，使C点熔池厚度增加。再按原路回带电弧到A点，并以A点的外边线为基准线，使电弧未熔化端齐对于熔池边线，再用微小的小圆圈形摆动，从左向右、从下至上作电弧下吹扫线小圆形落弧，使下吹扫线的电弧脱落端对熔池的外凸点稍作下压，形成熔池下沉外扩状态，并淹没和凸于坡口边线1～1.5mm。横向运条至B点，按同样的方法，使B点熔池外凸并淹没坡口边线。然后做电弧内推上移的动作，在焊槽根部的C点使熔池呈现过流状，稍微抬起电弧，使C点根部熔池厚度增加，并外扩于坡口两侧。

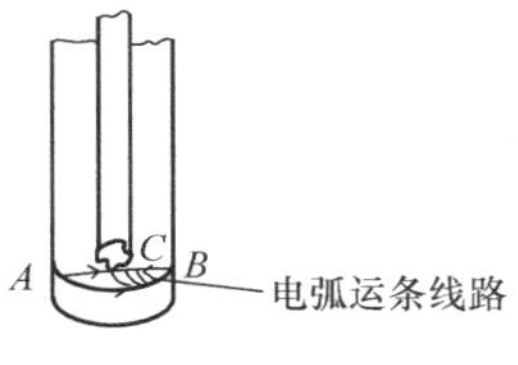

图4-12 立焊一次成形两点电弧停留法

采用两点电弧停留法时，电弧多以A、B边部为停留点，熔池表面成形平整，熔波均匀。

2. 熔池易出现的缺欠

（1）熔池迅速出现大面积下塌 产生原因是电流过大，电弧在下塌点停留的时间过长，对熔池颜色变化观察的不清。防止措施为在坡口间隙较大时，一次使熔池过厚成形，但应注意：电流调节到105～115A后，初始走弧时熔池的温度适当，连续走弧时熔池的亮度明显增加，并伴有下塌的感觉，说明电流偏大，应适当降低电流的大小。如果电流大小适当，但持续走弧时熔池的亮度增加，并伴有下塌感觉，应迅速熄灭电弧，或将电弧沿坡口的边部上移，再使电弧贴着坡口的边部回落。当电弧接近熔池落点3～5mm后，应压低电弧并带向电弧停留点，使电弧吹回坡口边部并进弧至焊槽深处，然后带弧外移于坡口边部，使熔池凸于并覆盖坡口边线后，再快速作横向带弧动作至坡口的另一侧，并按同样的方法形成此侧熔池。

（2）熔池两侧边部出现咬肉缺欠 产生原因是电弧停留的位置不正确，电弧停留的时间过短，电弧停留时对熔池外扩的边线观察不清，对熔池较深外扩线控制不正确。立焊一次成形的焊接，熔池成形面积较大，焊条端点外侧吹扫线应停留于坡口边线的里侧边缘。短弧停留后，应使熔池凸于并覆盖坡口的边线。外扩时应看清熔池的亮度及对母材熔合的深度。如果熔池外扩熔合线过深，并伴有下塌的趋势，说明电弧停留时间过长，熔池的温度过高，此时应熄灭电弧或上提电弧，并采用一次成形两点电弧停留法，使金属熔滴外溢凸出并覆盖坡口的边线。

4.7　立焊填充焊接

焊接示例：板厚 18 ~ 20mm，焊缝长度 1.2m，双面开坡口，坡口组对所成角度为 65°，坡口钝边 2mm，两板组对间隙 2 ~ 3mm，焊槽深度 8mm。选焊条 E4316，直径 ϕ3.2mm，电流调节范围，封底填充层时选用 100 ~ 115A，封面层时选用 110A。

4.7.1　V 形运条法

如图 4-13 所示，先以坡口外侧 *A*、*B* 两点边部为电弧停留点，根据焊槽的深度、熔池的厚度和熔池颜色掌握电弧在 *A*、*B* 两点边部停留的位置和时间。电弧停留位置应为坡口边线向内 2mm，熔池外扩覆盖线凹于坡口边线 1mm。此位置熔池的温度适当，熔池表面成形易于控制。电弧的停留点以坡口内移 2mm 线为轴线，形成填充层熔池厚度。

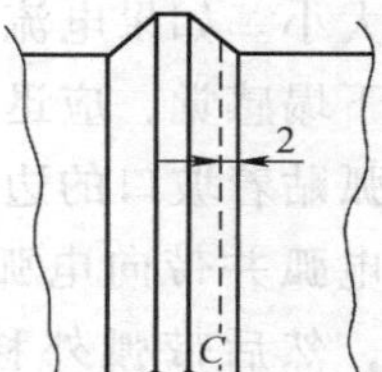

图 4-13　V 形运条法

电弧在坡口 *A* 侧的边部使熔池外扩后，应向内贴吹向 *A* 侧的坡口面，并向坡口的根部进弧，使熔池与母材熔合线表面有明显的熔合痕迹。电弧进入坡口根部时，应使电弧端点贴向坡口边部稍作停留，使熔池穿过坡口间隙。然后将电弧稍作横向运条移至 *C* 点，使 *CB* 一侧熔池过流坡口的间隙后，再将电弧稍作外移至 *B* 点，按 *A* 侧成形的方法，形成 *B* 侧的熔池，最后做电弧回带的动作至焊槽内 *C* 点，按 V 形运条线路，依次上移形成熔池厚度。

V 形运条的方法，电弧 *A*、*B* 两侧不作横向摆弧，*A*、*B* 两侧表面的平整度以观察 *A*、*B* 两侧电弧停留时熔池外扩成形来控制。

（1）避免形成气孔　产生气孔的原因是熔池成形外扩面过大，易产生电弧端不规则的吹扫和电弧长度的变化，使外扩熔池卷入空气而形成气孔。熔池穿过坡口间隙一次下塌面过大，熔池的下塌点表面堆状突出点过大，熔池的温度过低，熔池没有外扩能力，也易使产生气孔倾向增大。防止措施：①立焊第一层焊槽内金属成形时电弧应始终吹向坡口两侧的母材平面，并根据电弧适当移动的范围，逐步形成熔池的宽度和厚度；②电弧向焊槽中心移动时，对熔池稍作吹动后应迅速移向坡口两侧，然后以坡口两侧过流的边部为进弧和电弧的停留点，从电弧沿坡口的一侧边部向坡口的钝边处稍作进弧，使熔池产生液流并穿过坡口间隙；③进弧时，坡口边缘过流点豁状成形较大，熔池下塌面明显，说明熔池的温度过高，电流过大，应适当降低电流的大小；④一次进弧并移走电弧后，应适当延长再次进弧的时间和缩短电弧停留的时间。

立焊填充焊接坡口过流的间隙易出现空气过流，坡口间隙过流点处的油脂及锈蚀反进熔池过多，也会使坡口根部的金属凝固时形成大量的气孔。熔池的温度较高，熔池外扩成形较大时，也易使气孔发生倾向增大。为了避免产生这种缺欠，应采用屏障保护方法进行填充焊接。

（2）屏障保护方法的形成　如图4-14所示，电弧沿坡口的B侧做进弧的动作至坡口间隙的过流C点，在2/3的电弧穿过坡口间隙后，稍稍回带，再做电弧回推动作至C点，对C点外扩熔滴的过流处作再次吹扫，使第一层熔滴的过渡再次熔化，然后横向运条至边缘形成1～2mm的金属厚度，紧接着带弧至A点，使熔池外扩后，沿AB线横向运条至B点，使B点的熔池外扩，再回弧到C点。

以上方法，因焊槽深处熔池成形时，首先使熔渣及少量金属液过流坡口间隙点，使它起到除锈、防止空气过流的屏障保护，使焊槽深处熔池的金属过渡因电弧的频繁吹扫和熔化而减少气孔产生的倾向。

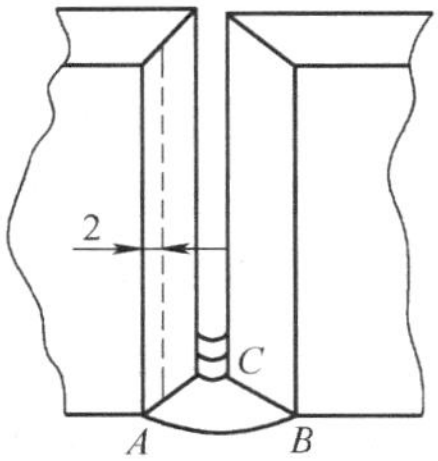

图4-14　屏障保护方法

（3）坡口组对间隙2mm屏障保护法的运用　因坡口间隙较小，电弧沿坡口A侧（见图4-14）向坡口的过流间隙处做进弧的动作时，应使电弧在边缘停留后向坡口的过流间隙推进，并稍作横向带弧动作至 C 点。使电弧在 C 点边部向坡口间隙进弧时，应使电弧稍稍外移，再回弧推过坡口间隙，对熔滴过渡线再作吹扫后，外移带弧至 A 点或 B 点。这种走弧方法在坡口过流间隙较小时，能起到清除焊槽根部的油脂及锈蚀，阻止空气过流等屏障保护作用。

4.7.2 填充焊接横向运条法

焊接示例：板厚 18 ~ 20mm，双面开坡口，焊缝长度 1.5m，坡口组对所成角度为 65°，组对间隙 2 ~ 3mm，坡口钝边 1mm，焊槽深度 8 ~ 10mm，选焊条 E5016，焊条直径 ϕ3.2mm，电流调节范围 110 ~ 120A。

操作方法：如图 4-14 所示，基点熔池形成后，电弧在 A 点停留，稍作停留后，使熔池外扩成形凹于母材外边线平面 1 ~ 2mm，然后横向运条至 B 点，按同样的方法形成 B 点熔池，再做电弧回带动作至 A 点。这种走弧方法，能较好地控制熔池的表面成形。但如果坡口组对间隙较大，焊槽较深，熔池成形较厚时，也易导致气孔和夹渣等缺欠的产生。

（1）气孔　产生原因是电弧在过渡熔池时，直吹坡口过流间隙点，或一次形成熔池过厚，电弧对较厚的熔池成形没有做再次吹扫动作。防止措施为采用立焊成形的 V 形运条方式，当坡口间隙较大、焊槽较深、熔池成形较厚时，应使电弧沿 A 点的边部向焊槽根部稍作电弧推进动作，使熔池呈液流状通过坡口间隙，如图 4-12 所示。然后将电弧回带至 A 点，稍作停留，使电弧外侧吹扫线贴于坡口 2mm 边线，形成 A 点熔池的外扩。再沿基点熔池外侧成形线快速横向运条至 B 点，按 A 点成形的方法，先进弧于 B 侧 C 点，使熔池液流过 C 点的坡口间隙，并将 C 点过渡熔滴再次熔化，形成间隙过流处屏障熔池的厚度。最后将电弧从焊槽的深处带回电弧外移坡口外边部 B 点，逐步带弧形成屏障熔池并对焊槽内进行吹扫，使焊槽深处的熔渣形成漂浮状。这种方法因先形成屏障熔池后再作横向带弧动作，能使焊槽内熔滴的过渡受到屏障熔池的有力保护，使气孔发生倾向减小。

（2）夹渣　产生原因是熔池的温度过低，电弧对熔渣反出吹扫时位置不正确，对熔渣反出状态观察不清等，如图4-15所示。

防止措施是立焊填充焊接时，观察电弧运行时熔池成形的颜色、外扩的范围、熔渣漂浮的状态，在坡口间隙较小时，熔池成形后颜色暗淡，熔渣漂浮过慢，熔池外扩吃力，说明电流过小，熔池的温度过低，应适当增加电流的大小。

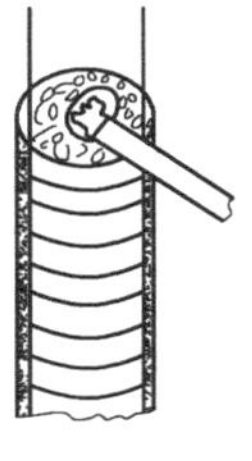

图4-15　夹渣的产生

电弧作横向运条时，应仔细观察熔渣溢出的状态，如电弧在*B*点吹扫时（见图4-14），电弧端部的吹扫使熔渣反出缓慢或焊槽深处熔池对坡口两侧熔化处没有熔化痕迹。应压低电弧向坡口的深处稍稍进弧，缩小电弧与坡口深处之间的距离，使电弧在坡口一侧钝边处停留时，熔渣从另一侧边部迅速溢出，然后电弧沿*AC*线向*C*点进弧（见图4-14），熔渣从一侧溢出。

4.7.3　填充焊接坡口两侧进弧法

焊接示例：板厚18mm，高2mm，双面开坡口，两板组对所成角度为65°，组对间隙3～4mm，坡口钝边1～2mm，焊槽一侧深度7～8mm，选焊条E5016，直径ϕ3.2mm，电流调节范围110～120A。

操作方法：如图4-14所示，电弧在坡口*A*点外边线2mm处引燃并稍作停留，然后从*A*点带弧推进至*C*点。先以1/3电弧在坡口间隙处作穿透性停留，再使电弧稍作回带，使1/3电弧吹扫点熔池温度冷却，再快速作电弧回推动作至1/3停留点，进行回旋吹扫，然后使电弧回带坡口至*A*点边部，电弧停留后使熔池表面的成形凹于母材平面1～2mm。最后做横向带弧至*B*点，按*A*点成形的方法，形成*B*点熔池，紧接着进弧至*C*点处，依次循环。

采用坡口两侧进弧方法时，因电弧在焊槽内进弧多以坡口两侧为电弧停留点，进弧时可多可少，便于坡口深处过流熔池的控制。电弧停留于坡口的两侧，也有利于碱性焊条表面成形的掌握。

4.8 立焊的盖面焊接

4.8.1 横向运条法

焊接示例：板厚16mm，封底层焊缝宽度12～14mm，焊槽深度1～2mm，选焊条E5016，直径ϕ3.2mm，电流调节范围110～115A。

操作方法：如图4-16所示，电弧先在始焊处的A点引弧，将焊条端点外侧吹扫线贴于坡口的上侧边线后稍作电弧停留，使熔池外扩覆盖坡口边线1～1.5mm，凸于坡口边线1～2mm。然后做横向带弧至坡口的另一侧B点，按同样的方法，使B点一侧熔池成形，最后横向带弧动至A点一侧，依次循环。

此种焊接方法电弧行走稳定，便于操作，熔池成形平而光滑，但熔池温度较高时不易控制。焊接时易出现以下缺欠：

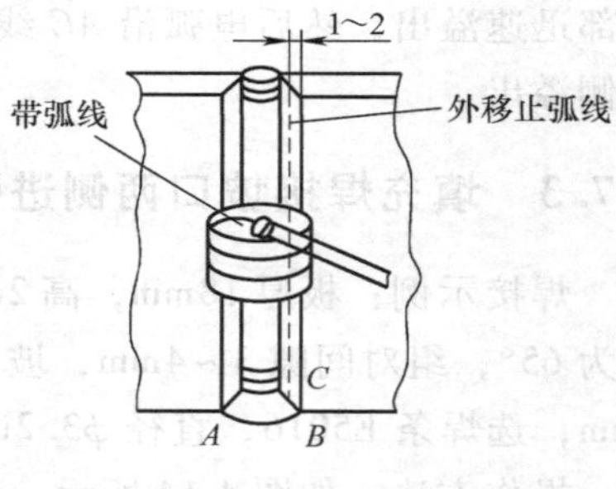

图4-16 横向运条

1. 熔池两侧熔合线过深

1）产生原因：如图4-16所示，横向运条至A、B两侧止弧点时电弧没有停留，A、B两点电弧的吹扫线没有被液态熔池所淹没，外扩熔池温度较高，使熔池两侧的熔合线过深，A、B两侧边部电弧的吹扫方向不正确。

2）防止措施：电弧移至一侧边线后，应将电弧稍作停留，使熔池外扩后将电弧外侧吹扫线稍稍覆盖。当电弧停留时，如果熔池外扩面较大，外扩熔池与母材熔合点过深，说明电流过大，如果电弧停留时熔池没有外扩面，说明电流过小。出现这些情况都应适当调节电流的大小，电弧在一侧停留吹扫时，应使电弧方向在坡口外边线一侧，避免顺弧吹扫使熔池外扩缓慢。

2. 外凸或内凹

1）产生原因：立焊封面成形时，电弧在坡口两侧上提的位置与停留时间不同，横向运条带弧的速度不稳定，对外扩熔池成形的观察不准。

2）防止措施：以熔池外凸后对坡口边线的覆盖和基准点焊缝对坡口边线覆盖的多少来确定电弧停留的位置，基点焊缝外凸坡口边线1～1.5mm时，电弧在焊槽一侧停留的位置为焊条外端点一侧吹扫线，并接近于坡口的边线。采取依次循环的方法上移焊接，应以止弧的位置为轴线，电弧在一侧坡口边线止弧后，应使电弧缓慢依次外移，熔池外凸并淹没坡口边线1～1.5mm。这种方法，可避免操作者对熔池外扩成形观察的不准确，或失于观察引起的熔池外凸厚度不均、熔池对坡口边线覆盖不齐等弊端。

4.8.2 中心熔池厚度成形的方法

1. 外扩形成熔池

熔池的外扩成形时，外扩能力较大，电弧在一侧坡口边线处稍作电弧停留后，应根据其成形的厚度，使电弧呈弧状带过熔池中心。带弧速度应以熔池外扩后凸于坡口两侧熔池的成形线，并与底层焊缝外凸的边线平滑相熔为依据。如带弧后熔池外扩的范围较小，并凹于底层焊缝的外凸点，应使焊条端点的吹扫线稍作下移，如果带弧后熔池外扩的范围较大，并凸于底层熔池外凸线，应使焊条端点的吹扫位置稍微上提，使上一层的金属外凸表层弧线与下一层的外凸表层弧线熔合平整。

外扩熔池成形的观察点，是熔池外扩熔渣的浮动线和熔池外扩裸露面的外凸线。

2. 带弧形成熔池

带弧熔池成形是指熔池外扩的范围较小时带弧成形，这种方法电弧行走的速度较快，带弧运条线路应使焊条底侧吹扫线接近于底层焊缝的外凸线，熔池中心厚度的成形以坡口两侧熔池外凸点为标准。

3. 坡口两侧边部产生熔渣

1）产生原因：①填充表层凹凸不平，坡口边线的熔合处沟状成形过深；②电流过小，熔池的温度偏低；③电弧停留的时间过短；

④熔池外扩的能力过小；⑤电弧停留的位置不正确。

2）防止措施：①当封底表层熔滴金属的过渡不平，坡口两侧的沟状成形线过深时，应在盖面焊接起焊前稍作打磨，打磨时应避免磨片与坡口两侧边线相碰，使原始边线遭到破坏；②电弧在较深的熔池成形线处停留时，应使熔池上侧的熔合点有较深的熔合痕迹，并形成一定的外扩熔池表面，使电弧的吹扫线吹向较深沟状成形的被焊点，形成电弧吹扫后停留熔池的外扩，避免液流熔池对较深填充表层所形成的液流覆盖。

4. 收弧和引弧时出现续弧点不平和气孔

1）产生原因：①电弧进入续接的位置不准；②进入续接位置过上或过下；③频繁的粘弧现象；④收弧的方法不正确。

2）防止措施：①收弧时，电弧应在坡口的一侧稍作电弧停留，并向焊槽中心稍稍回带内移，压低后再上提使其熄灭；②引弧应在续弧处上方10mm点，使电弧引燃，压低下移至灭弧熔池的上层熔化线，再横向运条至坡口的一侧，在熔池的上方熔化线做下移电弧停留（见图4-17），然后进行正常焊接；③电弧进入续接点后，应保持一定的高度，如发生粘弧现象，再次引弧时应错开粘弧点，并对粘弧位置作再次的吹扫。

4.8.3 锯齿运条法

焊接示例：板厚12mm，焊缝高度1.5mm，焊槽深度1~2mm，焊槽宽度10~12mm，选焊条E5016或E4303，焊条直径$\phi 3.2$mm，电流调节范围105~115A。

操作方法：如图4-17所示，在始焊端的A点将电弧引燃，稍作停留后，使熔池外扩覆盖坡口边线1~2mm。然后使电弧做横向运条动作至B点，按A点成形的方法形成B点熔池厚度，再做锯齿形上提动作横向运条至A点。这种带弧方法，适用于熔池成形较窄、较厚的立焊盖面焊接，采用这种方法时，应注意以下几点：

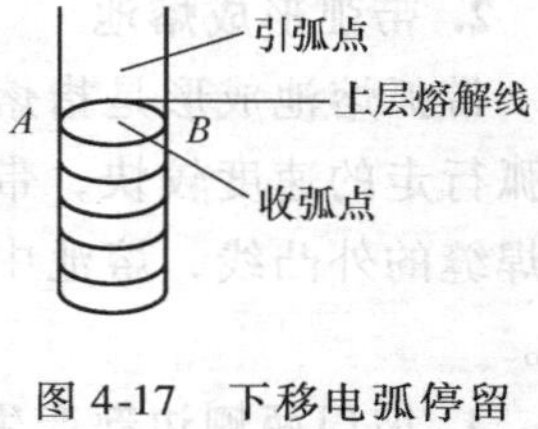

图4-17 下移电弧停留

1. 避免熔池外凸成形搭配不均

1）产生原因：如图 4-17 所示，从 *B* 点带弧至 *A* 点时，电弧上提的位置过高，*A*、*B* 两点间电弧带过线凹于或凸于 *A*、*B* 两点熔池外凸线。

2）防止措施：①采用锯齿形的横向运条时，应将熔池的外扩同底层熔池外凸的状态进行比较，进而掌握电弧一次上提的高度；②当电弧在坡口一侧熔池厚度成形难以控制时，会使熔池的外扩线凸于底层熔池的外凸线，此时除适当降低电流的大小外，还应提高带弧的速度，电弧回落的位置也要适当的上提，并以熔池外凸边线凸于坡口两侧边线的程度，控制熔池在坡口边线上一次成形的厚度；③一次熔池外扩后，下层熔池的外凸成形线明显凸于上侧并伴有熔渣浮动时的下塌感，说明电弧一次上提的位置过高，坡口两侧的成形过薄。应在观察中，使电弧上提的位置适当下调，并延长两侧电弧停留的时间。

2. 采用正确的运条方式

较窄的熔池成形时应先使运条行走稳定，再加快上行的运条速度，如果横向运条上、下层熔波难以平行相熔，则可采用立焊正反、月牙形两种运条方式，使电弧在坡口的边线停留时两点重叠的位置一致、电弧停留时间相等，避免熔池两侧沟状熔合线的产生。

3. 选择适当的电流

立焊时应严格控制电流的大小，避免电流不合适时强行焊接形成多种缺欠。

4.8.4 电弧连续上提法

焊接示例：板厚 10 ~ 12mm，封底填充层焊缝表面宽度 10 ~ 12mm，焊槽深度 1 ~2mm，选焊条 E4316，直径 ϕ3.2mm，电流调节范围 105 ~110A。

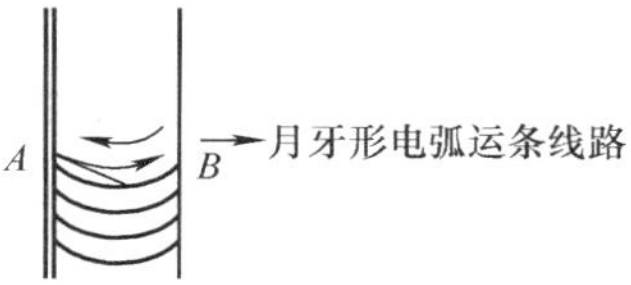

图 4-18 电弧连续上提法

操作方法：如图 4-18 所示，基点熔池形成后，从 *A* 侧横向运条至 *B* 侧，呈月牙状将电弧上提 2 ~ 3mm，再向上提弧形线将电弧回带至坡口 *A*

侧。这种运条方式，熔池成形中心高于两侧，熔波细密，尤其适用于 ϕ200mm 左右管道的盖面焊接。

1. 连续上提时的观察

电弧连续上提，应观察电弧外侧的吹扫线所形成的熔池外扩形态，如上提到 B_1 点与 B 点之间时（见图 4-19），应使熔池液流的外扩线淹没坡口的边线 1~2mm，并使熔池两侧与母材的熔合线没有较深的熔合痕迹。

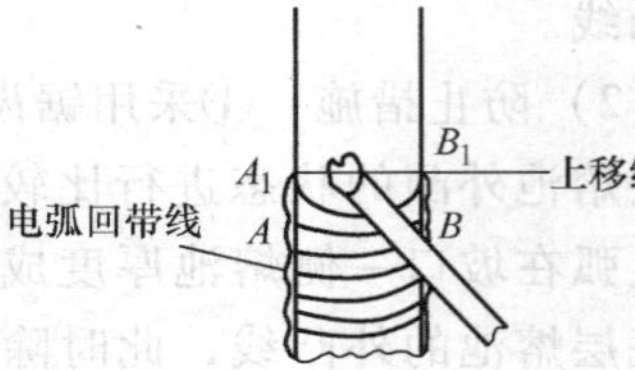

图 4-19　连续上提时的观察

在电弧呈弧形稍作上提时，如果熔池的外扩与母材的熔合线过深，并有明显咬合的痕迹，说明电流过大，应适当降低电流的大小。反之，熔池的外扩面过小，应适当增加电流的大小。

2. 电弧上提运条线路与回弧运条线路

电弧上提运条线路应以坡口两侧的边线在电弧上提之后被熔池的外扩覆盖为标准，即一次电弧的上提，应保证熔池覆盖于坡口边线 1~1.5mm，上提走弧线距坡口边线 2mm，上提高度 2~3mm。

电弧下移回弧运条线路，应将底层熔池外凸线稍作上移，以外扩熔波同底层焊缝外凸线的比较为标准。如果电弧回带运条线路位置过下，熔池外扩线超过底层焊缝的成形线，熔池成形过凸。如果电弧回弧运条线路的位置过上或平形回带，熔池外扩线不能相熔于底层焊缝的成形线，易造成焊缝表层沟状成形过大。

4.8.5　电弧断续上提法

如图 4-19 所示，电弧从 A 点作横向带弧动作至 B 点，电弧停留后使金属外扩明显。然后以短弧稍稍上提，使熔池外扩坡口边线 1~2mm，再呈月牙形回带运条线路，带弧至熔池中心，不作停留，连续带弧至 A 点，从 A 点沿坡口边线稍作短弧上提，再沿上提点回落熔池中心，依次循环。

电弧断续上提的方法，能有效控制较高温度熔池的外扩。电弧呈弧状形回带，能使中心熔池的外扩成形时熔池中心凸于两侧，熔池表面平整光滑。

4.8.6 电弧上提挑弧法

焊接示例：板厚 12～14mm，焊槽宽度 12～14mm，槽深 0～1mm，焊缝高度 1.5m，选焊条 E4303，直径 ϕ3.2mm，电流调节范围 105～110A。

操作方法，如图 4-19 所示，电弧从 *A* 点横向运条至 *B* 点后迅速抬起，停留瞬间使电弧回落，以 *B* 侧的边线为标准稍作电弧停留，使熔池外扩凸于坡口边线 1～1.5mm。然后横向运条至 *A* 点，不作停留，作上移抬起的动作，再使其瞬间回落，稍作电弧停留，使 *A* 点的熔池形成外扩，再从 *A* 点作横向带弧至 *B* 点。

这种方法可避免酸性焊条熔池金属下坠时成形难以控制等弊端，采用电弧上提挑弧法，应注意以下几点：

1）电弧的外侧吹扫位置，应与坡口边线保持 1～2mm 的距离，这样能避免电弧上提引起的熔池堆敷成形过厚、电弧上提的吹扫线熔合点过深咬肉等弊端。

2）电弧作上移抬起时，以熔池的亮度、熔池外扩的范围、焊条直径的大小，来确定电弧上提的高度：①焊条的直径较小、电流的大小适当时，电弧一侧停留熔池金属呈外扩状，可稍作上移抬起；②焊条的直径较大、熔池的颜色较亮时，应使电弧一次抬起的高度增加，电弧抬起时应动作迅速，再观察熔池的颜色后确定电弧回落的时间和位置。

3）电弧回落续弧的位置，以电弧回落后稍作电弧停留时熔池外扩同底层焊缝外凸线平整相熔为宜。如果电弧回落至续弧位置时，熔池外扩的能力较小，则应使续弧的位置稍作下移，并适当增加电流的大小，电弧回落后稍作停留，使熔池外扩的范围增大。

4）金属表层外凸成形超过了底层焊缝的外凸线时，应将电弧回落的位置稍稍上移，并适当降低电流的大小。

5）电弧作横向运条时，也应以底层焊缝的外凸线为观察线，放慢或加快电弧横向运条的速度。

第5章 横　焊

5.1 横焊的第一层焊接

焊接示例：板厚12～14mm，两板组对间隙3～4mm，坡口钝边1mm，两板组对所成角度为65°，定位焊点在坡口外侧，定位焊缝长度40～60mm，选焊条E5016，直径ϕ3.2mm，电流调节范围95～120A。

5.1.1 操作方法

1）如图5-1所示，采用横焊V形坡口两侧进弧法，在距端部3mm的A点一侧，将电弧引燃，贴底侧坡口2mm线将电弧前移5～10mm，再按原路做回推的动作至引弧处A点，划弧至上坡口边部B点，最后贴上坡口2mm线前移5～10mm电弧。

2）做回推的动作至起焊处电弧停留，然后电弧向下带进，使金属熔滴熔化于A、B两侧，形成基点熔池。

3）使电弧沿A点的熔池前沿前移，当前沿熔池区的颜色由亮色逐渐转暗时，再回推电弧至前沿熔池过流点，并保持熔滴过流坡口间隙为1～1.5mm。

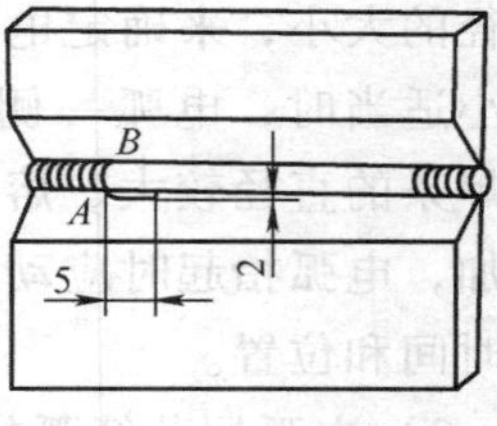

图5-1　横焊第一层焊接操作方法

4）电弧上提过点B，进弧时的带弧过渡线不应产生金属熔滴的过渡，然后使电弧沿来路回推至熔池前沿熔化点，使1/3电弧推过坡口间隙，2/3电弧作B点的熔滴过渡，并使熔池延伸。

5）电弧紧贴熔池区前沿下带到A点。

6）在A、B两点循环带弧时，如果电弧在上行线回带，应慢于下行线回带。这样可使熔滴的过渡上侧多于下侧，使坡口外侧熔滴过流成形平整光滑。

5.1.2 易产生缺欠的原因及防止措施

1. 气孔

（1）产生原因 运条方法不正确；电流过大或过小；电弧推进高温区控制方法不规范。

（2）防止措施 碱性焊条的焊接，在焊条经过烘干、保温运输，工件作打磨、吹烤处理之后，还应掌握正确的运条方式。并通过对熔池成形的观察，适当调节电流的大小。

1）当坡口的过流间隙较大时，如果电弧不作边部带弧运条，电弧的吹向点直吹坡口的过流间隙，空气过流与熔滴的连续过渡所形成较厚的熔池，会因为熔池凝固时失去电弧有力的保护，而使气孔发生倾向增大，采用V形运条法能有效防止气孔的产生。

2）电弧前移与回弧始终贴于坡口一侧，坡口间隙较大时，如果熔池温度较高，可将电弧作冷却熔池的前移，使高温熔池能顺利地凝固，形成过流金属的固定成形。电弧前移与回带应形成较短、较薄的熔池，有利于过流金属对坡口两侧钝边处的熔化。电弧前移吹扫线应有1/3吹过坡口间隙，可保证熔滴过渡不形成过渡熔池，而只形成对坡口钝边处2/3电弧过渡金属的屏障保护。

3）应用电弧回推熔池形成屏障保护的方法：①如图5-1所示，电弧回推熔池，从*A*点快速带弧至*B*点，*A*、*B*两点间不形成熔滴的过渡。再从*B*点将电弧前移回带，先形成5～10mm较薄的熔池，然后使电弧从上至下稍作前沿熔池的回推，形成此点熔池的再次熔化，使沟状熔渣与气体浮出；②从*B*、*A*两点将电弧上、下行走，快速形成第一层焊缝的较薄熔池，从始端到末端完成后，除净上下熔渣；③再次焊接的吹扫仍从始端开始，采用较大的电流对第一层焊缝表层作熔化性吹扫，使第一层表面经过较大电流、较高熔池温度的再度熔化，使上下沟状夹渣与气体浮出。

2. 内侧沟状成形过深、外侧高低不平

1）产生原因：①电弧进入续弧位置时推力过大或者过小；②上坡口熔滴过渡豁状成形过大；③续接电弧未进入续接位置；④过渡

熔滴与续接位置高低不平。

2）防止措施：第一层焊接的电弧引燃后，应感受电弧在坡口一侧停留时电弧的推力，如熔滴过渡到坡口一侧的钝边处时豁状成形迅速扩大，并使熔滴凝结于一处，说明电流过大。电弧带向引弧处，熔滴难以形成过渡熔池，电弧吹扫力较弱，说明电流过小。电弧在*B*、*A*两点上、下进弧时，应根据坡口的间隙和过流熔池的厚度形成电弧的快速推进，如果*AB*熔池的延伸点外凸坡口边线1mm（见图5-1），可将电弧在上坡口一侧推进，将电弧外侧1/2的吹扫线平行上吹坡口的钝边处，使熔滴金属顺利过渡并凸于坡口的钝边之外，再从上至下呈弧形线带弧至下坡口钝边处的*A*点，使电弧稍作过流推进，熔滴在*A*点钝边处形成外凸熔池。

5.2 上下层填充焊接

5.2.1 ϕ4.0mm焊条的填充焊接

焊接示例：焊槽深度8mm，焊槽表面宽度12mm，选焊条直径ϕ4.0mm，电流调节范围170~180A。

1. 运条方式

（1）三角形运条法 电弧在始焊端引燃后，贴入焊槽底侧根部，缓慢移动使熔池厚度增加，再使电弧在坡口边线处电弧停留片刻，使熔池外凸稍凹于坡口边部1mm。当熔池延伸5mm后再做电弧上提动作，使熔池厚度与上坡面根部相熔，并将电弧沿上坡面根部回推形成上、中熔池成形厚度，如图5-2所示。然后从上坡口处*C*点进弧，呈下坡状态划弧带入熔池延伸线*A*点，电弧停留吹扫后，形成前沿熔池外扩状态，并使焊槽根部熔渣迅速反出，形成5mm长的熔池，再上移电弧至*B*、*C*点，依次循环。

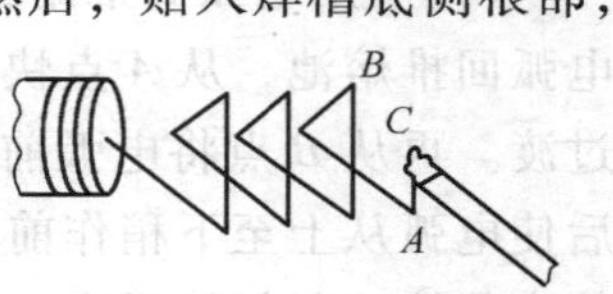

图5-2 三角形运条法

（2）小圆形运条法 电弧引燃后贴入下坡面根部，稍作前移，再呈小圆形划弧上提至上坡面根部，并进弧至熔池中心，逐渐增加熔池厚度。然后使电弧呈小圆形快速移至前沿熔池延伸点，电弧前移5mm后呈弧线形上提，再推向熔池中心，依次循环。小圆形运条方式电弧前移与回带呈小圆圈形快速滑动，如图5-3所示。

（3）斜锯齿型运条法 电弧引燃后先贴于焊槽根部与下坡口面一侧前移5~10mm，再呈斜下坡状态带弧至*A*点延伸处，使电弧继续前移。吹扫焊槽根部时应使电弧稍稍摆动，促使熔渣漂浮及金属熔化，依次循环，如图5-4所示。

图5-3 小圆形运条法

图5-4 斜锯齿型运条法

2. 填充焊接易出现缺欠的原因及防止措施

1）熔池中心突起，熔池上侧成形凹陷太大，熔合线过深。

产生原因：电流过大，熔池成形观察不清，熔滴向熔池的过渡方法不正确。

防止措施：根据熔池形成时横向熔池堆敷成形的状态和熔渣浮出情况，适当调节电流的大小。观察时：①电流过大，电弧稍稍前移，熔池厚度即迅速增加，熔池中心熔波滑动过快，并呈棱状，熔池上边部成形过深，熔池前方吹扫时，熔化痕迹过深，熔池延伸外扩迅速并呈下塌状，此时应适当降低电流的大小；②电流过小，电弧前移至焊槽根部时，熔渣浮动缓慢，前移熔化线模糊，熔池外扩吃力，此时应适当增大电流；③电流大小适当，电弧前移吹扫时，熔池的外扩迅速，前移延伸熔化线清晰并有明显的熔化痕迹，熔渣的浮动灵活。

另外要观察熔池的变化，掌握正确的运条方式。各种运条方式的采用，应根据熔池成形的状态进行选择：①如果中心熔池堆敷成形过厚，在下调电流的大小之后，应缩小电弧摆动的范围，改变电弧停留的位置；②如果电弧从底侧*A*点上提至上侧*B*点后（见图5-5），不做向熔池中心*C*点的挺进动作，而将电弧平行前移至*C*点的上坡口面一侧，使电弧停留所形成的外扩熔池能减少向中心区下移的滑动，并适当缩小向 C 点处进弧的距离，使电弧上提后向 C 点稍作推进即可；③按一定斜度从上向下做快速的带弧动作至下坡面熔池延伸点 A 处，稍作电弧停留使熔池前移，形成下坡面熔池宽度，然后将电弧从 A 点上提至 B 点，上提速度宜快，避免中心熔池过厚，形成滑动。

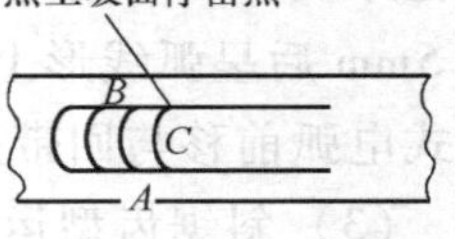

图 5-5 运条方式

2）填充焊缝成形过偏于下坡口面。

产生原因：焊条偏吹程度过大，缺少焊条角度的变化，电弧摆动的范围过小。

防止措施：电弧焊焊接时，二次线搭接有三种方法：①一次搭接，将二次线搭接于被焊工件一侧，这时受较强磁场推力的影响，电弧易偏向相反一侧，如图 5-6 所示；②二次线搭接于被焊工件中心，磁性偏吹减弱，如图 5-7 所示；③容器焊接也可将二次线搭接于容器两侧，以减轻磁性推力，如图 5-8 所示。

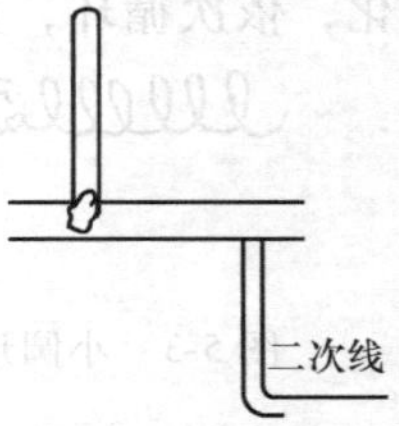

图 5-6 二次线搭接方法（一）

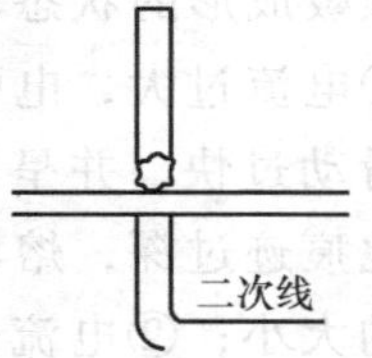

图 5-7 二次线搭接方法（二）

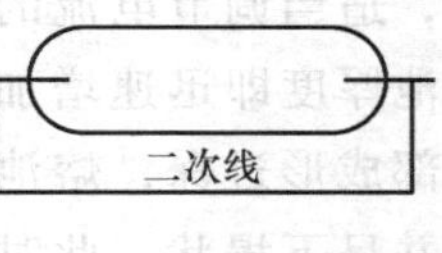

图 5-8 二次线搭接方法（三）

另外还要改变运条方式，当电弧出现偏吹时，应迅速改变电弧吹扫的角度，焊条的角度应根据电弧吹扫的角度来改变。电弧前移时应偏吹于前移方向，焊条一侧熔滴与药皮脱落过快。电弧与焊缝成平行状向前吹扫，熔滴不能准确过渡到续弧位置，应使焊条的角度下压，使之成 70°、65°或 60°角度，并加快电弧前移的速度，或采用小圆形运条方式使电弧回推。出现电弧偏吹现象时也可改变焊条前移角度，将 70°顶弧焊接改为 70°顺弧焊接，并不停改变焊条的吹扫方向，适当延长电弧在上坡面停留的时间，避免熔池成形过偏。

3）填充焊接时易产生熔池成形时的夹渣和熔池未熔化到位夹渣。

产生原因：焊槽内上一遍焊缝表层夹渣埋藏过深，填充层焊接熔池熔化的不够充分，使焊槽根部熔渣不能全部浮出。电流过小，会造成熔池的温度过低，对熔池状态的观察不清，都会产生夹渣等缺欠。

防止措施：焊前对上一层焊缝的较深夹渣点应仔细检查，填充层电流的大小应根据底层焊缝的厚度和填充层熔池的状态进行调节。如果电弧吹扫于焊槽根部时，熔渣浮动缓慢，熔池延伸熔化线没有熔化痕迹，应适当增大电流。填充层金属熔滴的过渡应使熔池前薄后厚，并适当加大电弧前沿熔池与中心熔池的距离，便于电弧的前移吹扫和熔渣的反出。

在电弧前移时，如果焊槽根部吹扫点被熔渣在瞬间所覆盖，也会在熔池延伸时造成熔渣埋在熔池之中不能浮出。

焊接时应仔细观察熔渣浮动的情况，采取熔池前后两个观察点和熔池中心一个观察点共三个点观察。当熔渣浮动后，熔渣与电弧间有一条闪光金属液的观察线，如图5-9所示。熔渣与金属液相混合时，没有观察线，熔池成形观察不清，易形成夹渣。还可以从熔池延伸线上某点进行观察，熔渣始终浮动于电弧的边缘，熔池延伸熔化线模糊，也易使熔渣埋在熔池之中。

防止产生夹渣缺欠的措施还有：①适当增加电流的大小；②在焊槽根部较窄、较深的位置，电弧前移时应压住电弧吹扫线，控制根部熔渣漂浮的范围，电弧稍作前移或后移，仔细观察熔池延伸点的变化，使熔池熔化成形清晰。

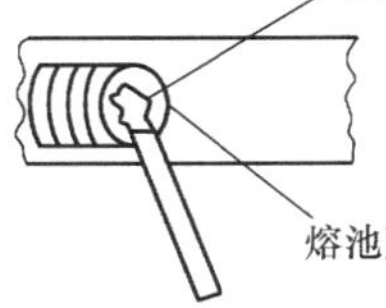

图5-9　熔池前后两个观察点

5.2.2　ϕ3.2mm焊条的上下层填充焊接

焊接示例：焊槽深8mm，宽10～12mm，选焊条E5016，直径ϕ3.2mm，电流调节范围120～125A。

操作方法：焊槽较宽、较深的填充焊接，宜采用上、下层两遍焊接搭配成形。

（1）运条方式　电弧引燃后采用小圆形摆动方法使熔池外扩宽度增加，并将熔池外凸点同下坡口边线相比较，使熔池表面与母材相平或稍凹于母材平面0~1mm。然后将电弧从外向里做小圆形吹扫后，再做上提动作，使电弧高度超过焊槽中心高度，然后做进弧的动作，从上向下带弧过熔池中心，至下坡口熔池延伸点，依次前移。

（2）焊接表面平度的掌握　填充表层焊接时易出现上凸下凹或上凹下凸等缺欠。

1）产生原因：中心熔池表面凸点与坡口上下边线比较时难以控制。

2）防止措施：熔池在下坡口外扩时，应将金属液裸露外扩下突出点与坡口边线在比较中使电弧适当前移或回推。如果熔池外凸点过凹，应使焊条沿焊槽里侧坡面稍稍进弧。如果熔池外凸点外凸或接近于坡口边线，应将电弧快速前移，再将电弧回推，从而控制熔池温度。

中心熔池外凸高度与上、下坡口边线距离较大，电弧上推停留时间较短，熔池外凸易凹于下坡口边线过多。电弧上推摆动的范围过大，停留的时间过长，易使熔池外凸点过高，并超过下坡口边线。

为控制下层焊接熔池成形，应在电弧向焊槽上坡面进弧时，对中心熔池最高点成形的高度，同下边线熔池的高度进行比较。如果最高熔池凸点过厚，应将电弧稍稍前移，将电弧回推的角度由75°改为90°，并缩小电弧摆动的范围。电弧上提停留点，应接近或垂直下侧停留点，使表面熔波成形后平整而光滑。

5.2.3　填充的上层焊接

焊接示例：焊槽表面宽度8mm，深6mm，选焊条直径ϕ3.2mm，电流调节范围120~125A。

1. 运条方式

（1）采用>形运条法　>形运条法即为V形运条法的变化，是以V形偏置的运条线路，使横向焊缝表层填充面更饱满一些，如图5-10所示。

1）先在下坡面引弧，使熔池稍稍外扩，再呈>形带弧线前提上移至焊槽深处，稍作微小的摆动，使熔池厚度增加。

图5-10　>形运条法

2）然后沿上坡口表面呈>形上提线将电弧推向上坡口的边沿线 *B* 点处，稍作停留，使熔池厚度稍凹于上边沿线1～2mm。如果电弧稍稍上推，熔池外扩边线过凹于边沿线，可将电弧前移5mm。

3）再呈>形推进，形成上坡口面熔池表层高度。一次进弧后，在熔池较高的温度时，如果没有连续进弧，会使熔池温度升高，熔池中心堆敷成形过厚。

4）最后按原路呈>形线将电弧前移至焊槽的深处 *C* 点，稍作电弧停留，再作电弧回带动作至底层焊缝的熔合处。

（2）小圆形运条法　如图5-11所示，在下坡面引弧，使熔池稍呈外扩状，再使电弧稍稍上移至焊槽中心，使焊槽内熔池增厚。然后沿上坡面使电弧作小圆形上移推进，并过熔池中心划弧至底层，至上层焊缝的最佳熔合点后稍作停留，使上层熔池的外扩线覆盖于下层焊缝的最佳熔合点之上。再将电弧呈小圆形弧线前移至焊槽深处，使前沿熔池外扩线延伸，最后将电弧上移推进至上坡口边部。

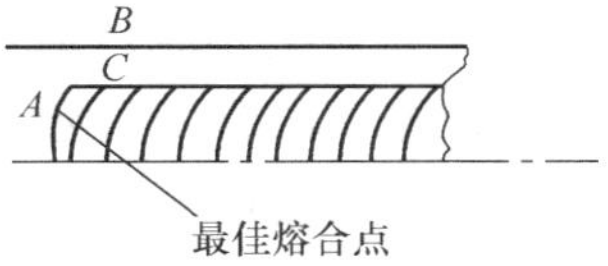

图5-11　小圆形运条法

2. 熔池成形的观察与控制

上层填充焊接时，应观察熔池 *A*、*B*、*C* 三点的变化（见图5-11）。电弧下移至 *A* 点时，应使熔合线的高度不超过下层焊缝的最高凸出线，并以此处最佳的熔合点作为外推熔池的观察点。再观察金属液外扩线对下层熔合线的覆盖情况，使电弧稍作前移或微小的外移摆动。

上层焊接时常把焊槽的深处作为电弧的停留点，通过对外凸熔池的观察，将电弧稍稍上移提起或下带。熔池的上坡口边部成形时，应以熔池稍凹于上坡口边线1~2mm为标准，熔池下边部外扩要找准下一层焊缝最佳的熔合位置，使熔池的外扩不超过下一层焊缝的最高成形点。以熔池上边和下边部成形高低的比较来控制熔池表面的平度，熔池延伸点应有明显的熔化痕迹，熔渣应浮动灵活。

5.3 横焊的盖面焊接

5.3.1 一遍成形的盖面焊接

焊接示例：焊缝表面宽度4~6mm，板厚6~8mm，焊槽表面成形凹于母材平面1mm，选焊条E5016，直径$\phi3.2$mm，电流调节范围110~115A。

1. 操作方法

采用小斜圆形运条方式，先在焊槽中心划弧起焊，将电弧下端吹扫线齐对于底坡口边线，带弧前移5mm后，呈小斜圆形从底边线向上边线划弧上推。然后将电弧上侧的吹扫线吹向上坡口的边线，形成熔池淹没的厚度和宽度（均为1~1.5mm）。下边线电弧停留处以熔池覆盖下坡口的边线1~2mm为标准，将电弧沿下坡口边线稍稍推进，依次延伸。

2. 熔池平度的控制

采用小圆形大幅度的运条时，如果电弧从焊槽的中心向上坡口的边线呈弧线进弧时，一次进弧不能使熔池的外凸线平于或稍凸于上坡口的边线，也可使用上推电弧两次成形的方法，即电弧稍稍前移5mm后，再沿上坡口边线推进。

电弧从上向下呈小圆形运条过熔池中心时，应观察熔波的滑动和熔池厚度的增加情况，如熔波的滑动中心过凸于两侧，中心熔池突出状、棱状成形过大，应在电弧过渡熔池的中心时，不作电弧停留，而将电弧停留于上坡口的时间延长一些，停留在下坡口的时间缩短一些。

从上坡口的边线带弧向下坡口的边线时，应采用垂直或斜坡形，使电弧稍稍前移下滑时中心熔池流动平缓。如果这种运条方式仍使中心熔池处于滑动状态，可适当降低电流的大小。

3. 收弧与续接的方法

（1）收弧 一根焊条燃尽时，应在收弧处，稍作电弧停留，然后将焊条沿焊缝成形方向稍稍回带，向下压低电弧带出收弧处。

（2）续接 当焊槽较窄时，续接引弧位置应选在焊槽中心始焊位置前10mm处。将焊条端贴向续接方向，划燃电弧后前移5mm，再向后带弧进入熔池的续接位置。应尽量避免焊条在焊缝外的母材面上引弧，这样会使母材的板面遭到破坏。引弧角度一般为70°~80°。

5.3.2 两遍成形的盖面焊接

横焊的盖面焊接，应根据焊槽的宽度和表面凹度来掌握焊缝的层次和厚度。如果焊槽宽度为10~12mm，应根据焊缝一遍成形的宽度，采用上、下层叠落的焊接方法。

1. 第一层焊接

（1）操作方法 第一层焊接宜采用小圆形运条的方法，焊条与焊接方向所成的角度为80°~90°。起焊后，操作者可将备有套头的面罩套于头上，使左手腾出，支撑于焊缝的上方，使身体重心平稳，避免走弧时焊条端部颤动，保持电弧长度不变。为使焊缝表面波纹与平度一致，起焊后应保证运条的弧度、角度、带弧前移的速度一致。为了控制熔池表层平度，应采用小圆形小幅度的摆动，使焊条平稳地前移。再以焊槽下1/3段的平行线（见图5-12）为运条中心的轴线，以焊槽内宽度的2/3线作为电弧向上使熔池外扩的覆盖线，在上2/3线和底坡口边线之间，掌握小圆形运条时圆形直径的范围。如果电弧向上推进时，2/3线的距离较高，上移较难掌握，也可以将焊槽的上坡口边线作为标准，将下1/3的宽度作为下层熔池的最高覆盖线。横焊表层焊接时，以下边线为标准，底层熔

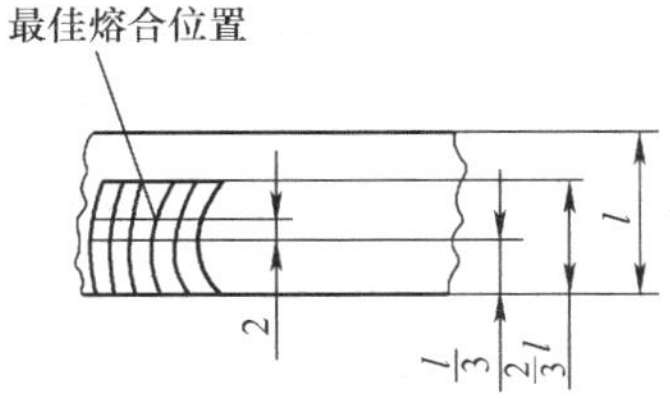

图5-12 第一层焊接

池的外扩线应覆盖于坡口边线 1~1.5mm，外凸厚度为 1~2mm，中心熔池的外凸厚度应高于下边线熔池的厚度 1mm。还应以 1/3 轴线为标准，使中心熔池厚度的最高点均应在此轴线之上。

（2）表层焊接熔池的观察　采用小圆形运条方式时，在小圆形微小摆动相等的情况下，根据操作者的不同习惯，会出现熔池的成形不均匀和表面的棱状成形过大、熔波的大小不均和高低不平等现象。横向表层焊接熔波滑动较快，如果熔池的外扩出现了微小的波纹滑动，在熔波均匀，熔波弧度上、下相等的情况下，均为正常。观察横向焊表层熔池的滑动状态时，应以熔池的正凸点和上下坡度的圆滑过渡为标准。熔滴金属过渡后，如果熔池出现了裸露面过大、熔波呈枪尖般滑动的情况，说明熔池的温度过高，这样会造成熔池的表面成形过于凸起，此时应适当降低电流的大小并改变电弧前移的速度和运条方法。

第一层焊接完成后，留住药皮熔渣。

2. 第二层盖面焊接

此层盖面焊接也采用小圆形运条方式，焊接的走弧线为焊槽内的上 2/3 线和底层焊缝的上边缘线。

（1）运条方式　如图 5-12 所示，起焊后，将电弧在焊槽内稍稍前移，运条时圆形直径的范围为 4~5mm。从焊槽中心抬起电弧，沿坡口的上坡面划弧带向坡口的上边缘线，使电弧的上侧吹扫线对齐或稍凸于上坡口边线，然后保持焊条与下板面所成角度为 70°~80°，从前向后稍作小圆形的带弧推进，使熔池覆盖上坡口的边线为 1~1.5mm，外凸厚度为 1~2mm。再将电弧呈小圆形划弧过熔池中心，至焊槽的下 1/3 线或下层焊缝外凸的高点中心上移 1~2mm。将电弧下侧吹扫线对齐于 1~2mm 线，稍作微小的电弧摆动，使熔池下侧外凸线淹没，并凸出边缘 1~2mm，使上层熔池的覆盖位置基本接近下层焊缝表层外凸成形位置的顶峰。

（2）熔池的观察与控制　上层焊接成形宜掌握四个观察位置，即熔池的上、中、下观察点和电弧的前方吹扫线。

1）上熔池成形观察点为金属液的裸露面与药皮熔渣浮动的下方，根据它的最高浮动位置对上坡口边线的淹没情况，不断地变换电弧向上边线进弧的位置和吹扫线的角度。

2）中心熔池的过渡以熔渣下侧浮动线弧度的变化为依据，正确掌握过渡熔池中心的带弧线。一般有三种情况：①棱状三角形，会造成熔池表面棱状成形；②弧度过大形，会造成熔波滑动弧度过大；③弧度过小形，熔池表面熔波较均匀，但弧度过小。出现上述三种变化时，应采取两种改变方法：①适当降低电流的大小，将电弧小圆圈形摆动改为上下较长、两侧较窄的椭圆形摆动；②根据熔波滑动的范围和熔渣浮动线的变化，改变电弧顶弧吹扫线的角度。

3）熔池下边部外扩面的熔合点应以熔渣浮动线和下层焊缝的1～2mm熔合位置（见图5-12）是否准确为依据，如果熔渣的外扩线熔合的位置没有熔合到1～2mm线的位置之上，熔池表面将出现沟状成形线和较深的沟状表面。如果熔渣浮动线覆盖的位置过下，两层焊缝的叠落外凸，将出现较长的棱状突起线。

（3）前沿熔池的观察与熔渣的产生　在观察熔池的变化时，应全面掌握熔渣埋在熔池之中的多种状况，如被熔化层表面平整度、两侧沟状成形状况、电弧停留时间的长短等，都能决定熔渣反出的程度。横焊表层焊接时，一般都采取观察熔池中心变化的方法。在熔池反渣迅速、熔滴金属过度裸露的熔池表面清晰时，也易使熔渣埋在熔池之中，其产生原因是：电弧前移时，上边沿的被熔化层沟状成形过深，当电弧吹扫前移时，吹扫的角度及位置以表面成形为主，熔池的液流延伸时，使熔滴金属的过渡没有形成电弧的吹扫性熔化，在金属液与熔渣的共同前移时，使熔渣埋在熔池之中。预防夹渣的主要措施有：

1）焊前将被焊层表面较深的沟状点和沟状线用砂轮打磨，有的地方还要进行焊补。

2）起焊后，先进行焊槽内5mm长度的电弧吹扫，再增加熔池的厚度。

3）观察焊槽内的吹扫线应有明显的熔化痕迹。

3. 焊条续接时气孔的产生及防止措施

横焊时气孔的形成多因续接方法的不正确而产生。因焊槽较窄，电弧引燃之后的后推或者前移，都在焊槽的局限之下，且焊缝成形较窄，如果引弧时电弧离始焊端较近，电弧引燃后又很快将熔滴带入续接的端点，会使熔滴金属因快速冷却而凝固，这种续接的方法在起焊处0~10mm内都含有大量的气孔，在焊接环境较差时，尤为突出。

气孔产生的原因主要有两种：①续接位置温度过低；②焊条引燃后的第一滴金属液较为迅速的带入续接处，在较低温度下，使少量的过渡熔滴快速冷却而凝结，熔池之中的气体不能完全逸出而留在熔池之中。

为避免气孔的产生和保证续接位置熔池的圆滑过渡，续接时应采用以下方法：

(1) 固定的引弧位置　盖面焊的下层焊接完成后，为防止在上层焊接时电弧光的辐射和飞溅的飘落，应保留下层焊缝表面的药皮熔渣。在上层焊接引弧时，为避免燃起的焊条端碰触到下一层焊缝的表面浮渣之上，焊条的引弧点应稍稍上提。如果引弧时在上坡口边部的引弧位置过偏，也易使电弧的辐射面及过渡熔滴的金属辐射到上坡口的边线之外，使上坡口边线被熔合后，边线之外的母材面遭到破坏。为此电弧引燃前必须避开上坡口边线，而将电弧的引燃点定在较窄的2/3线之上。

(2) 正确的引弧角度　引弧前，应将焊条触弧的角度摆好，焊条与焊接方向所成角度为70°~80°，这种角度可避免焊条接近母材时焊条铁心先碰触于母材之上形成粘弧。

(3) 正确的引弧方法　电弧引燃后，带弧前移的同时，将焊条稍向上提起，避免焊条铁心与母材相粘。然后做压低回带动作至始焊端前方的熔渣滞留处，稍作电弧停留，使熔池形成外扩形态，熔池温度会迅速升高。再以微小的小圆形方式运条，从下向上对引弧熔滴作再次吹扫，使其第二次熔化，最后进行正常焊接。

5.3.3　三遍成形的盖面焊接

当焊槽宽度大于12mm时，宜采用单焊缝多遍排续的方法。以三层焊单道排续为例，焊前应将焊槽内的表面高度分成若干段，如1/4线、1/2线、3/4线（见图5-13）。然后以1/4线为第一层底层焊缝走弧线的中心，以1/2线或第一层焊缝的上边缘线为第二层中间层焊缝走弧线的中心，以3/4线或二层焊缝的上边缘线为第三层焊缝的走弧线中心。

第三层成形的表层盖面焊接，应注意各层收尾处续接位置相距不能小于10mm，其他方法与第二层盖面焊接基本相同。

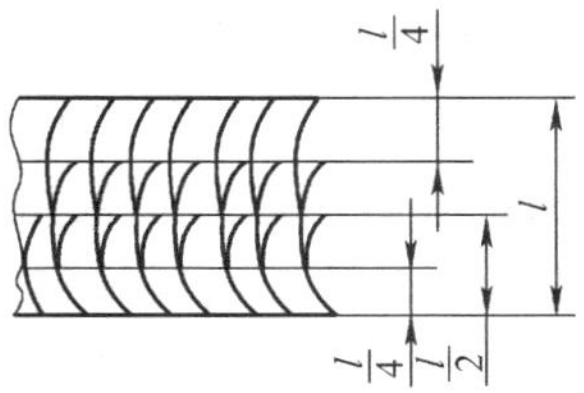

图5-13 焊槽表面宽度的分段

5.4 较粗直径焊条的第一层填充焊接

焊接示例：板厚18～20mm，现场组对容器连接高度40m，直径ϕ6m，内坡口，坡口钝边3mm，坡口组对间隙0～3mm，两板组对所成角度为65°，定位焊点在坡口的外侧，选焊条E5016，直径ϕ4.0mm，第一层焊接电流165～170A。

操作方法：采用较粗直径的焊条进行第一层填充焊接，如果不采用一定的操作技巧，而只是简单将金属的熔滴过渡到带有坡口间隙的被焊槽内，尽管它的成形没有夹渣，熔池的表面与坡口间隙的过流也比较合适，采用的焊条角度和选择焊接极性也正确，但在另一侧清根时，第一层填充层和第二层熔化层也会含有大量的气孔，气孔的分布又因操作技巧的不同，而出现过多、过少和分布均匀、不均匀等情况。

5.4.1 操作方法

在金属熔滴过渡时，电弧直吹坡口间隙过流点，用较粗直径焊条完成头一层填充焊接，会使焊槽内有害物及较强的空气过流瞬间转入较厚的熔池中心，而形成较多较深的气孔群体。防止措施为采用多种屏障保护法进行焊接。

1. 电弧直吹熔池中心屏障保护法

在间隙很小或没有间隙的焊槽内填充焊接时，为了避免空气过流和有害物对熔池的侵蚀，在形成第一层较厚熔滴金属的过渡时，可采用电弧直吹熔池中心的金属过渡方法。

操作时，以焊槽下坡口面为基础，电弧引燃后使熔池厚度增加，并使前沿熔池的外扩液流和熔渣先后液流和封死坡口间隙过流处，形成屏障保护。然后将推向熔池中的电弧稍作上移抬起的动作，使上坡口的熔池厚度增加，并在熔池厚度不断增加的同时，使电弧不停的前移，形成第一层填充焊接。

这种焊接方法，因在熔化金属的过渡时，熔渣与熔池的前沿液流点先过流并形成了封死的熔合，使熔池中心稳步前移，空气过流与有害物不能进入熔池中心，从而会形成良好的熔池结晶。这种方法采用的电流较大，熔池成形较厚，劳动效率较高。

2. 电弧多种角度直吹熔池屏障保护法

横向填充层施焊时，多采用顶弧90°的成形方法推动熔渣浮动，并形成熔化金属的顺利过渡。在有一定间隙和一定厚度的填充层焊接时，因熔渣在熔池中心浮动或漂浮于前沿熔池的熔化点，熔渣不会埋在熔池的底侧或卷在熔池之中，从而避免形成夹渣。熔渣过流坡口间隙会形成挡风屏障，可有效避免气孔的产生。

焊接时，也可利用焊条角度的变化，加快熔化金属的顺利过渡，并通过加快或减慢运条速度来控制熔池堆敷成形的厚度。在顶弧过渡熔滴时，可将顶弧角度改为顺弧吹扫角度，利用小圆圈形电弧的摆动，先推动熔渣及少量熔池过流到坡口钝边间隙处时，形成屏障保护，操作时有以下注意事项：

1）吹扫的角度不能小于75°。

2）电弧吹扫应始终以移动的熔池面为吹扫点。

3）熔池不能出现过厚的成形。

3. 单道排续式屏障保护法

在容器组对时，如果坡口的组对间隙较大（如6～8mm），焊接时如果采用以上两种屏障保护法，很难使金属的熔滴过渡到焊缝，无法形成良好的屏障保护。这时可采用单道排续式屏障保护法，使金属的熔滴过渡到较大间隙的焊缝之中，并有效避免空气过流、有害物、较大间隙的金属熔滴下淌等弊端对焊缝造成的影响。

（1）采用多道排续的焊接方法　操作时，可将组对的焊缝长度分成若干段，先进行定位焊，然后从焊缝的始端，将焊条引燃至下坡口的一面，然后用直线形运条方式，使电弧贴在下坡口的钝边处。尽量形成较窄、较厚的成形。一遍完成后留住药皮熔渣，再从始端起焊，直到熔合于上坡口边沿的钝边处，并封死坡口的过流间隙。然后以收弧处作始端开始引弧，直到完成整体焊缝的焊接。采用多道排续的焊接方法，应注意焊接某段时起焊端与收尾端两端之间的熔合。在收尾端，应使收尾处的收弧点像楼梯式错开，避免收弧熔坑集中在一处，并在收弧前稍作电弧停留后，向熔池方向带弧熄灭。引弧应在续接位置前10～15mm处，引燃电弧带向续接位置。

（2）再形成熔化屏障　第二层熔化层施焊时，应根据焊槽内的高度，采用一次成形和多次成形的焊接方法。焊接时熔池成形不能过厚，熔池对第一层金属层的熔化深度应为0.5～1mm，避免熔化过深，使第一层中的气体进入第二层的熔池之中，第二层填充厚度控制在5mm左右，其焊接方法与焊条直径ϕ3.2mm填充方法基本相同。

5.4.2　第一层填充焊接熔池的观察与控制

1. 较粗直径焊条熔池的观察

（1）熔池温度较高　当电弧进入熔池中心时，金属裸露面的范围扩大迅速，熔池亮度增加，坡口间隙过流点豁状下塌面过大，并呈外凸下滑状。

（2）熔池温度较低　当电弧进入熔池中心时，熔池没有外扩能力，熔池液流至坡口间隙时速度缓慢，坡口间隙较小段熔渣的浮动形成屏障过厚，造成熔池前移延伸受到阻碍，熔池表面成形高低不平。

（3）熔池温度适当　当电弧进入熔池中心时，金属液裸露面清晰，熔池延伸过流迅速，熔池厚度成形上、下边线所成角度为70°～80°，熔渣在熔池中浮动灵活。

2. 熔池表面成形的控制

熔池表面成形一般有两种情况：

1）下坡口面熔池外扩宽度不齐，这时应在电弧对下坡面吹扫时以坡口过流间隙的边线为基础线，根据焊条外皮线直径的宽度，掌握底层熔池外扩的宽度，如熔池成形的厚度是4～6mm，此种厚度与外皮焊条的直径基本相同，焊接时便以外皮焊条直径的宽度观察熔池外扩的宽度。

2）中心熔池成形过凸，宜将焊条在中心熔池的电弧停留吹扫点稍作向上的移动，再以小圆形运条的方法作上坡面连续带弧动作，形成熔滴过渡，使上坡面过凹成形段与母材过渡平滑，使下滑熔池能过多的凝结于中心熔池上侧的成形线，熔池表面整体平整光滑。

较粗直径焊条的二次填充与盖面焊接和较小直径的焊条基本相同。

第6章 仰 焊

6.1 单面焊双面成形的仰焊

焊接示例：板厚12～14mm，两板组对间隙4～5mm，组对所成角度为65°，坡口钝边1mm，选焊条E4303，直径ϕ3.2mm，电流调节范围90～95A，定位焊完成后，将两侧打磨成斜坡状。

6.1.1 操作方法

1）如图6-1所示，在A点（距始焊端4mm）前10～15mm处将电弧引燃，采用长弧带回A点，经2～3s时间的预热，当A点处有珠状熔滴出现时，用2/3电弧吹扫坡口间隙，用1/3电弧对准坡口的钝边处，压低电弧稍作停留，再用2/3电弧贴于钝边处，形成接近于间隙中心点的熔滴过渡，然后采用瞬间向下动作在钝边处下滑带出电弧。

2）电弧带出后借助于熔池的亮度，将熄灭的焊条端瞄准A点的另一侧B点，当灭弧处的熔滴逐渐冷却并由亮红色变成暗红色时，再迅速将焊条端触落在B点的钝边处，并尽量使熔滴脱落端与钝边线持平。然后用2/3电弧穿过坡口的间隙，1/3电弧贴于钝边处，先将电弧外推与钝边处熔合，再转动同A点一侧的熔滴相融合，形成基点熔池。

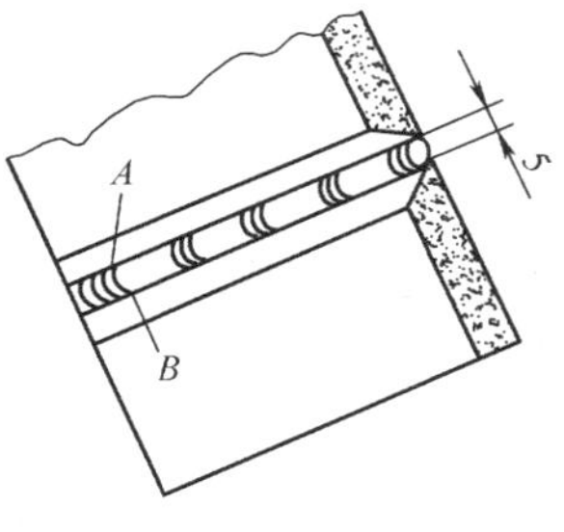

图6-1 双面成形的仰焊

3）基点熔池形成后，再做一个向上推进的微小动作，移走电弧。电弧移走熄灭后，将焊条端对准B点的另一侧A点，当B点的熔池冷却，熔池亮色逐渐消失并缩成一点后，将电弧推入A点的熔池前方。

4）按 A 点的成形方法，电弧停留形成金属熔滴的过渡。

5）采用同一个节奏和规律，使熔滴叠落前移。

6）当焊缝随间隙的收缩由 4～5mm 变为 3mm 左右时，电弧续入坡口间隙的位置，也应由坡口两侧钝边处进弧改为中心间隙点进弧。进弧后，先将电弧贴于坡口一侧的钝边处，停留片刻，转动到坡口 B 侧的钝边处，作微量的熔滴过渡后再移走电弧。

6.1.2 注意事项

1. 操作的姿势和位置

仰焊操作前，根据所处地形的特点，在保证两眼的仰视线平行于焊缝运条线路的同时，还应使腿部的右下膝支撑或顶到一个支点之上。采用带卡箍的面罩，以便腾出左手，抓住另一个支点，以使身体重心保持平稳。

确定焊接位置时，当两眼与焊缝平行后，根据一根焊条的长度及身体的稳定性，确定离引弧处远近的距离。

2. 熔滴过渡时所形成的下塌及防止措施

（1）产生原因　一次熔滴过渡量过多，熔池的温度过高，电弧停留的位置不正确。

（2）防止措施　防止出现上述现象的措施有：

1）电弧进入续弧位置时，应使焊条的熔化端平于或接近于坡口钝边处的上层熔合线，使电弧停留后的熔滴过渡，在电弧撤出、停止对熔池的推托之后，下沉的熔池面仍平于或稍凸于坡口钝边处的上层熔合线。

2）在采用同一个节奏的熔滴过渡时，也应根据钝边处坡口间隙的大小、钝边与熔池续弧的位置、成形的厚度，控制电弧续入后电弧停留的时间，并根据电弧吹扫时熔池的范围及熔池颜色的变化合理控制熔滴过渡的厚度。

3）如果坡口的钝边处与熔合点过薄，电弧续入后熔池外扩面较大，宜在电弧进入后做小幅度的电弧推进动作，使少量熔滴过渡，然后迅速抽出电弧，避免因为电弧停留时间过长，或熔滴过渡量过多形成较大的坍塌面。

4）如果钝边处的续弧位置与熔池熔合处较厚，灭弧熔池温度较低，应将电弧用长弧缓慢进入续接位置，使熔池温度上升后，再做电弧上推的动作，形成过渡熔滴。

5）电弧停留吹扫的位置，应以坡口的钝边与焊缝的连接处作为电弧停留的一个吹点，使熔滴过渡后，既保证熔池的过流面成形，又能使钝边处与焊缝圆滑过渡。

3. 电弧吹扫熔滴过渡吃力及防止措施

（1）产生原因　电流过小，熔池的温度较低。

（2）防止措施　引弧前，应在废钢板上对引弧的电流进行试焊，如果确定了电流的大小，在电压不稳时，宜适当上调电流，并在试焊时通过金属液过渡面的大小作初步的调节。电弧引燃过渡到坡口间隙后，再根据电弧在钝边处推力的大小调节电流。如果电弧过渡熔滴推力过小，熔池没有外扩能力，则应适当增大电流，并根据一次进弧后熔池颜色的变化，确定合适的电流标准值。

4. 焊接参数的确定

在节奏相等、电弧触点合适的交替进弧时，熔池裸露面清晰，熔滴过渡熔池成形平整，说明电流大小合适，电弧进入熔池位置与停留时间正确。

5. 续接的方法

电弧续接宜在续接位置前10～15mm坡口钝边的边缘处，引燃电弧，再以同等高度对起焊处进行预热，当预热处表面熔渣呈下淌状时，再做上推的动作，使电弧迅速进入续接点。

6.2 仰焊填充第二层焊接

焊接示例：焊槽深度6～8mm，焊槽表面宽度12mm，选焊条直径ϕ3.2mm，电流调节范围105～115A。

6.2.1 反月牙运条法

如图6-2所示，电弧在始焊端10～15mm处引弧，拔长电弧带入始焊端的坡口一侧（如A侧），压低电弧形成3～4mm厚度的熔池。

再做微小的反月牙运条动作，从 A 侧带弧至另一侧（如 B 侧），然后在 B 侧焊槽根部电弧停留，使熔池增厚 3～4mm，最后用反月牙运条的方法从 B 侧运条至 A 侧。因为焊槽较窄，电弧作横向运条时应带弧于焊槽根部，这样有利于焊槽根部的熔化和金属熔滴的过渡。

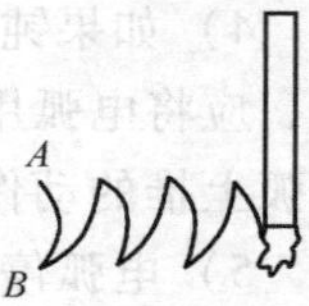

图 6-2　反月牙运条法

6.2.2　熔池两侧挑弧法

如图 6-3 所示，电弧在 A 侧停留后使熔池厚度增加，并淹没焊槽深度 3～4mm，然后横向运条到 B 侧，按 A 侧电弧停留方法使 B 侧熔池外扩，并淹没坡口边部 3～4mm。为缓解中心熔池的下沉，在电弧停留之后，可先不作电弧回带的动作，而使电弧在 B 点上移抬起。

碱性焊条可在保持一定电弧长度时作此种动作，如图 6-4 所示。抬起高度应根据仰焊部位的颜色而确定，熔池外扩面较大，熔滴下淌状态较明显，抬起的高度可适当增大；反之，如果熔池没有下沉下淌状态，电弧抬起的高度可适当减小。

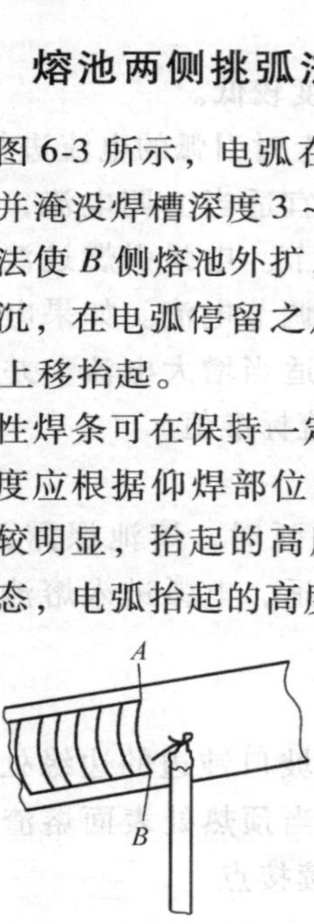

图 6-3　熔池两侧挑弧法

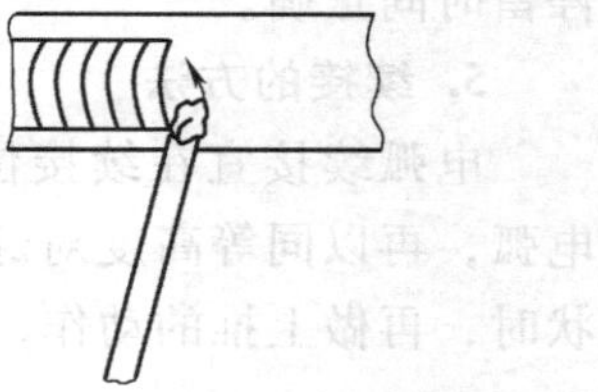
图 6-4　碱性焊条熔池两侧挑弧法

电弧抬起后，再次回落的位置可稍稍前移，落弧后再按同样电弧停留的方法形成熔池厚度。

熔池两侧挑弧法能较好地缓解连弧焊接时由于熔池温度过高而中断焊接和容易出现的熔滴下淌、坠瘤等现象。

6.2.3　电弧一侧抬起一侧回落法

1）在熔池两侧挑弧法的基础上（见图 6-3），电弧在 A 点电弧停留，形成熔池厚度3～4mm，然后横向运条到B点，按A点成形的方法，形成B点熔池厚度，再从B点作电弧抬起动作，从熔池上方划弧形线，落弧到A点熔池的前方。

2）按同样的方法电弧停留后使熔池叠落成形，再横向运条至B点，电弧停留后，带弧抬起焊条。

电弧一侧抬起一侧回落法，可避免往复式横向运条所引起的熔池温度过高带来的各种弊端，又能很好地控制熔池成形。在不锈钢焊条及碱性焊条的仰焊和立焊时，采用这种方法作焊缝的填充和盖面焊接，更能使熔池成形平整而光滑。

但这种方法因落弧与起弧的位置跨度较大，电弧在一侧抬起时，必须观察好另一侧落弧的位置，使落弧熔滴的过渡与落弧位置叠落平整。

6.2.4 运条方式的变化

第二层填充焊接作横向熔滴过渡时，也应根据中心熔池颜色的变化及下塌趋势，掌握和变化多种不同的运条方式。如果电流在坡口一侧金属的过渡量为3～4mm厚度时，坡口一侧根部的过渡成形较平整，但电弧稍作横移的瞬间，会出现大面积过亮的下塌状，此时应将电弧稍作横向推进的动作改为迅速回带于坡口的根部，不作停留。然后采用电弧一侧抬起一侧回落的方法，做抬起的动作，从一侧沿弧形线带弧至坡口的另一侧，在根部电弧停留片刻，使熔池外扩，并适当增加熔池厚度，然后做横向推进的动作，与另一侧相熔。

对仰焊填充及盖面焊接，中心熔池温度的控制宜采用下面方法：①适当调节电流的大小；②采用不同的运条方式。

6.2.5 落弧位置的选择

如图6-5所示，填充及盖面焊接时，电弧落于坡口的一侧，应根据熔池整体成形的厚度选择电弧停留的位置。电弧的续弧处，可分为1、2、3三个位置的电弧停留点。

（1）较薄形 电弧在1点停留，熔池表面的成形较平整，焊接前移速度较快，但熔池成形较薄。

(2) 合适形　电弧在2点停留，熔池成形处外扩范围适当，熔池成形厚度适当。

(3) 较厚形　电弧在3点停留，电弧落入后熔池厚度明显增加。

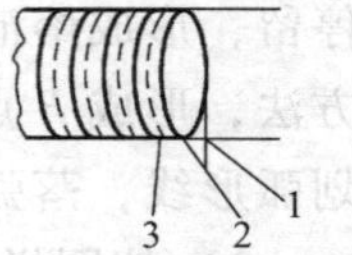

图6-5　落弧位置的选择

以上三个电弧落入与停留的位置中，1点的熔池成形较薄，不适合于较厚熔池的填充及盖面焊接，只适合于特殊情况下熔池成形的焊接。3点熔池成形较厚，电弧落入易使瞬间的熔池厚度增加难以控制，电弧前移至焊槽根部吹扫摆动的幅度过大，电弧前移时，也易形成落弧点的熔滴金属下淌。2点电弧停留的位置根据熔池成形的变化情况，或将电弧稍稍前移，使熔池减薄，或将电弧稍作后移，使熔深增加。

6.2.6　第二层填充焊接夹渣的避免

第二层填充焊接电弧前移时，应观察坡口根部熔渣的反出情况，如果电弧停留于坡口的两侧，焊槽中心根部的熔渣浮动缓慢，应在电弧横向运条时，采用小幅度的往复形回推，使熔渣漂浮。

对被焊层两侧较深的成形线，也应在电弧停留时采用小圆圈形的摆动，使熔池温度增加，并使熔池的外扩范围产生较明显的熔合痕迹。如果咬合痕迹不明显，应增大电弧的摆动幅度进行吹扫。

6.3　第三层表层填充焊接

第三层填充焊接焊槽深度为3～4mm，电弧引燃后先贴向坡口的一侧，电弧停留片刻，使熔池向下外扩，厚度稍凹于坡口边线1mm。然后做横向带弧的动作，缓慢带弧至坡口的另一侧，并以根据前一侧成形的厚度作电弧停留，使熔池外扩后再横向运条至另一侧。在往复的横向运条中，必须仔细观察熔池的各种变化。

6.3.1　对熔池外扩时坡口两侧边线的观察与控制方法

填充表层焊接时，应使电弧委动停留时的熔池外扩始终凹于坡口的边线1mm。如果稍作停留，熔池金属裸露处有明显的外凸成形线，说明熔池的温度过高。为避免这种现象，应采用以下措施：

1）适当降低电流的大小。

2）缩短坡口两侧电弧停留的时间。

3）加快电弧前移的速度。

4）采用图6-5中2的位置为电弧停留位置。

如果在坡口一侧电弧停留时，熔化金属外扩缓慢，电弧前移处熔渣滞留量过多，浮动性差，说明熔池温度过低，焊接电流过小，此时应将电流适当增大，并增加坡口两侧电弧停留的时间。

6.3.2 对中心熔池温度的观察与控制

仰焊表层填充焊接时，焊槽较宽、熔池成形较厚，应控制金属熔滴的过渡在下沉中不形成下淌状，从而避免熔池的中心出现过厚、过凸、坠瘤等缺欠。

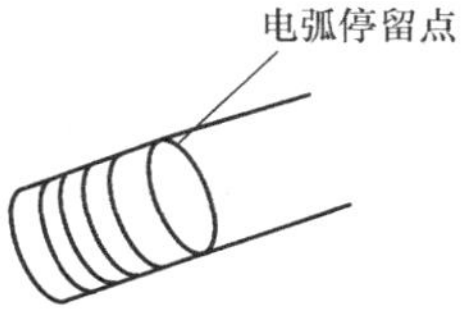

图6-6 平缓弯曲线

横向运条时，电弧每前移一次，都应观察清楚熔池底层外凸线弯曲程度的变化。这种变化分为三种，分别如图6-6、图6-7和图6-8所示。

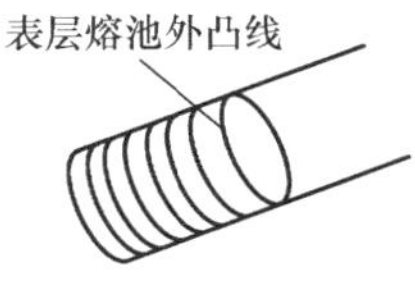

图6-7 弧度较小弯曲线

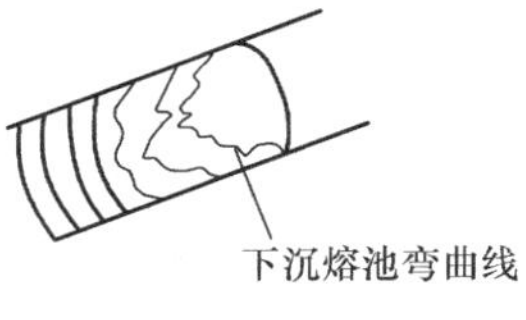

图6-8 弧度较大弯曲线

（1）平缓弯曲线 如图6-6所示，弯曲弧度较平缓，熔池两侧及中心熔池平整，熔波细密光滑。说明熔池的温度高低适当，熔池两侧停留的位置适当，运条的方法正确。

（2）弧度较小弯曲线 如图6-7所示，熔池中心厚度明显凸于两侧，但熔池表面熔波平整光滑。说明电流的大小适当，但应适当延长电弧在坡口两侧停留的时间，并选用合理的运条方式。

（3）弧度较大弯曲线　如图 6-8 所示，中心弯曲点呈棱状滑动，且滑动范围较大，熔池有明显的下沉趋势，熔池中心熔化金属呈下淌状，说明熔池的温度过高，电弧在坡口两侧停留的时间过短，运条的方法不正确。此时应迅速降低电流的大小，延长电流在坡口两侧电弧停留的时间，并改变运条的方法。

6.4 仰焊的盖面焊接

6.4.1　观察熔池固定电弧停留法

当电弧移至坡口一侧后，电弧停留片刻，使熔池形成外扩状态，并在外扩时仔细观察熔池裸露线，正确掌握熔池覆盖线淹没坡口边线的程度。

在观察熔池瞬间冷却并凝固时，会发现使熔池外扩成形覆盖坡口边线的位置过多或过少、过凸或过凹等情况。为使熔池外扩的覆盖线均匀、整齐，应采用观察熔池固定电弧停留，如图 6-9 所示。

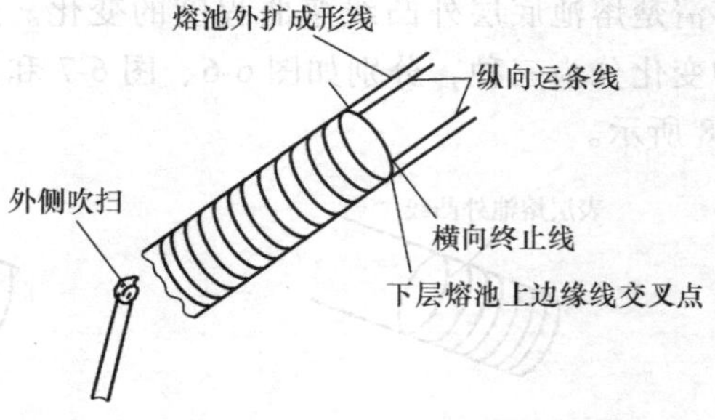

图 6-9　观察熔池固定电弧停留

电弧焊焊接分为纵向走弧和横向走弧两种。纵向走弧以坡口的边线为标准，保持熔池向外的覆盖线外凸与坡口的边线一致，横向走弧以两层熔滴的重叠落下为标准，两种走弧方式的电弧停留交叉点即为电弧上移与横向电弧停留的最佳位置。

确定电弧纵向停留位置时，应在电弧纵向上移时，焊条燃烧端的外侧吹扫线对齐于纵向上移的坡口边线。如果稍作停留，熔池外扩淹没坡口边线 1～2mm，边线熔化点熔池成形清晰，熔池反渣迅速，则确定焊条外侧燃烧端齐对于坡口的边线位置为电弧横向运条的止弧线。

电弧一次纵向上移的高度，应保证一次委弧后上层熔滴的落下与底层熔池的外凸过渡平滑，如果此点位置在下层熔池的上边缘线和横向走弧线的交叉点之上，那么此点电弧停留的位置应为纵向和横向的走弧、电弧停留点。

6.4.2 一点停留时间确定法

电弧停留及坡口两侧的两点位置确定之后，坡口两侧停留的时间应以电弧在一点的停留时间为标准，电弧至坡口的一侧后，稍作一个向下向外的动作之后，再作横向运条于坡口的另一侧。用同一个节奏及同一种推力，再做一个下压的动作，使熔池外扩后，横向运条至坡口的另一侧。以同等的节奏和同样的动作使熔池逐渐外扩，依次前行。

仰焊的盖面焊接，其他操作方法与填充焊接基本相同，焊接完成后，应使焊缝两侧边线整齐、熔波均匀。

第7章 水平固定管道的焊接

7.1 管道封底的第一层焊接

焊接示例：管道直径 ϕ219mm，壁厚8～10mm，两管组对夹角65°，坡口钝边1mm，坡口组对间隙3.5～4.5mm，管道组对如图7-1所示。管道定位焊点为管道的左右两侧及管道平焊部位的最高点，定位焊缝长度30～40mm，定位焊完成后将两侧打磨成斜坡状。

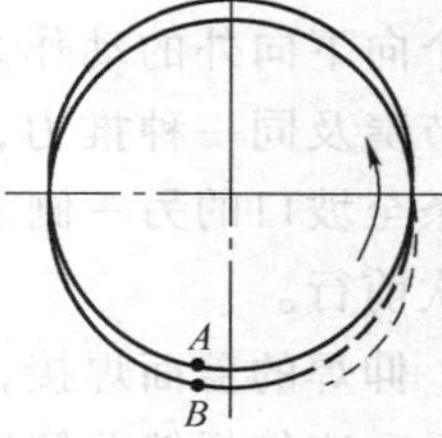

图7-1 管道组对

选焊条E4303，直径 ϕ3.2mm，焊接电流90～100A。

7.1.1 运条方法与电弧长度的控制

1）在管道仰焊部位中心线的一侧40～50mm处的 *A* 点（见图7-1）将电弧引燃，压低后稍稍后带，使电弧穿过坡口间隙，并贴向坡口一侧的钝边处，然后做一个微小的稳弧停留动作，将少量的熔滴过渡到坡口的钝边处，并迅速划弧带出使其熄灭。

2）电弧带出后，焊条与焊缝之间保持50～100mm的距离，并借助灭弧处的亮度，将电弧端对准 *A* 点的对侧 *B* 点（见图7-1）。

3）当亮红色的灭弧熔滴在瞬间冷却并缩成一点后，再将焊条在 *B* 点引弧，并使2/3电弧穿过坡口间隙，1/3电弧贴于钝边处，然后稍稍回带至 *A* 点熔滴处相熔，形成基点熔池。这时可将电弧带出并使其熄灭，在灭弧熔池的亮色中，再将焊条端部对准另一侧 *A* 点。

4）当 *B* 点的亮红面熔池缩成一点暗红时，在 *A* 点引弧，使2/3电弧穿过坡口间隙，使过渡的熔滴上推，将其凸于管道内径平面，并迅速灭弧。在灭弧的亮色中对准 *B* 点，依次循环使熔池延伸。

5）立焊段走弧方法如图7-2所示，立焊段如果坡口间隙适当，电弧落入时应将2/3的电弧置于坡口的间隙，1/3电弧贴在钝边处稳弧，但焊条端落入钝边处的位置，应在仔细观察熔池外凸的基础上，适当的从坡口的钝边处外移2～3mm。在爬坡段焊接时，当电弧落入坡口的钝边处，应使1/3电弧穿过坡口间隙，2/3电弧贴于坡口的钝边处，并采用65°～70°顶弧焊接的角度，使熔滴形成过渡熔池。电弧贴在坡口一侧（如 *A* 侧）稍作进弧，使少量熔化金属过渡后，应迅速推向熔池方向，并使其熄灭。灭弧后，再将焊条端对准坡口的另一侧，当灭弧处的熔滴缩成一点暗红后，开始引弧，在循环进弧时，应使焊条的下端吹扫线贴向坡口的钝边熔合线，如果焊条的底侧吹扫端在钝边的熔合线上移过多或下移过多，会使平焊爬坡处的熔池过流出现过凸或过凹的成形。

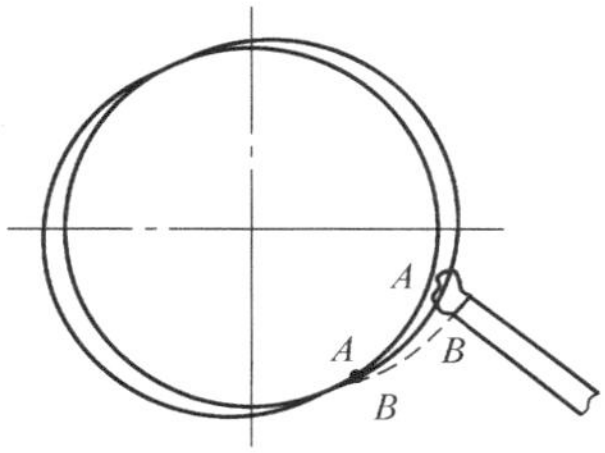

图7-2　立焊段走弧方法

7.1.2　电流大小的调节

确定管道焊接电流的大小时，应根据熔池的外扩、熔池反渣、熔池下塌的情况来调节。

在仰焊部位，电弧进入熔池中心后，稍作电弧停留，熔池迅速下塌，落弧位置下沉点成豁状缺口，说明电弧推力偏大，引弧的电流过大，灭弧的时间较短和电弧停留时间过长。此时应迅速减小电流、降低电弧推力，适当延长灭弧时间，缩短电弧的停留时间。落弧位置也应放到坡口的两侧边部，避免电弧停留位置在大坡口间隙的中心处。

如果焊接电流过小，电弧落入续弧处的位置时，熔渣与金属液相聚于一点，熔池没有熔化力和外扩力。此时应适当增大电流，缩短灭弧时间，延长电弧在熔池中心停留的时间。

7.1.3　电弧停留的方法与熔池成形

管道焊第一层的焊接，应根据管道第一层过流成形的状态，适当形成一定的厚度。

在仰焊部位当电弧推过坡口间隙且管道的内径成形后，熔池自坠厚度为3～4mm，说明成形合适，但此种成形易出现以下两种弊端：

1）熔池自坠成形后，两侧的沟状成形过深，熔化金属与坡口两侧熔化不充分。

2）熔池中心堆敷量过多，坠瘤增加。为了避免这种现象的发生，应在电弧委动停留于坡口的一侧（如 *B* 侧）钝边处时（见图7-3），向 *A*、*B* 坡口中心稍作电弧停留后迅速做带弧动作至坡口 *A* 侧边部熔池的下方，并使其熄灭。这种带弧方法可避免熔池一侧沟状成形过深，也可避免电弧带向坡口两侧中心瞬间灭弧形成缩孔、熔池厚度成形不良等缺欠，但动作一定要迅速，一次熔滴过渡量较少为好。

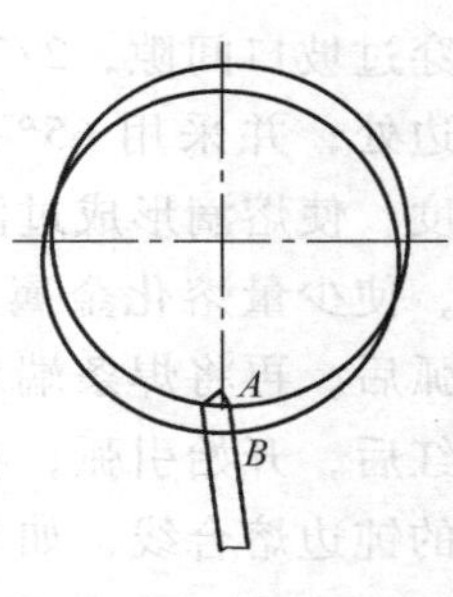

图7-3　灭弧方法

7.1.4　中心熔池过厚和下塌的产生原因及防止措施

1）产生原因：中心熔池过厚，是电弧向中心间隙进弧时，熔滴的过渡量较大，而使较厚的熔池下沉。坠瘤是在熔滴过渡时，电弧向坡口的间隙处摆动的幅度过大，或电弧停留的时间过长，从而使大块未凝结的熔滴产生局部下塌。

2）防止措施：电弧作熔池中心熔化性的吹扫时，不应使电弧端与被吹扫面贴的过远，或一次使过多的熔滴过渡，而应在电弧落入时做一个点弧的动作，并迅速使电弧左带或者右带，再将电弧在坡口两侧边部带出，并使其熄灭。电弧的熔滴过渡点宜选择在坡口的钝边处与熔池的熔化线上，并使其过渡的位置能形成向坡口间隙中心的外扩，使管道内径过流金属平整光滑。

7.1.5　焊条角度的变化对熔池成形的控制

在熔滴过渡时，管道仰焊部位应稍作顶弧焊接，焊条与焊接方向所成角度为 70°~80°，能使熔渣与金属液产生分离，促使熔渣浮动迅速，熔池清晰。在立焊爬坡，焊条与熔池成形方向所成的角度为 70°~80°，以便于电弧对熔池堆敷成形的控制。在爬坡的平焊段，应使焊条与焊接方向所成的角度为 50°~70°。管道截面各位置的焊条角度如图 7-4 所示。

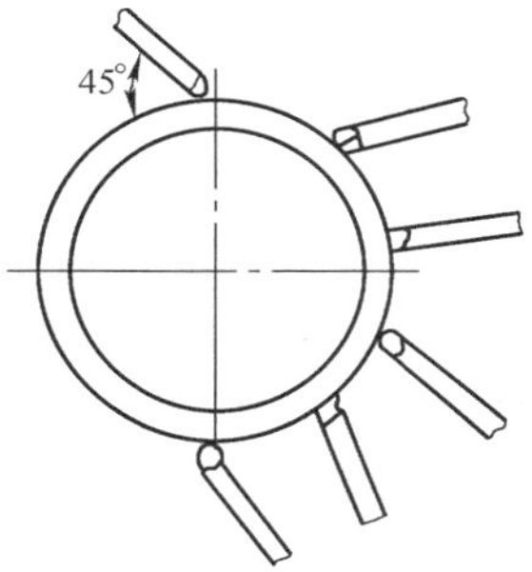

图 7-4　管道截面各位置的焊条角度

7.1.6　熔池成形的观察与控制

管道的第一层焊接成形，应在电弧落入熔池的瞬间使金属液同熔渣产生分离。如熔渣含在熔池之中不能分离出来，可在电弧推向熔池后稍稍下压，再成弧形转动上提，使熔渣产生浮动，动作要迅速快捷。

在熔池瞬间成形与金属液呈亮色闪光、极细状褐色浮动、泡沫状的熔渣进行区别。焊接时，光亮且波纹细小的是金属液流动的状态，也是熔池成形状态。

1. 熔池成形特点

1）熔池亮度区域较大、较亮，熔池可能会呈现下塌状，熔池成形厚度两侧较薄、中心部位较厚。

2）仰焊部位熔池中心的熔渣与金属液相混并急速大块下沉为坠瘤，熔池突出端易产生气孔。

3）立焊爬坡段与平焊爬坡段过渡时堆敷成形缓慢，成形宽度过大，说明熔池温度过高。

4）爬坡段及爬坡平焊段熔滴难以形成过渡，说明电流过大，落弧方法不正确。

2. 控制方法

1）发现熔池亮度区域过大时，应将电弧熄灭，并适当延长灭弧的时间，下调引弧电流的大小，缩短一次进弧后电弧停留的时间。

2）如果仰焊部位熔池瞬间下沉，应将电弧迅速熄灭，再将电弧与下沉点成平行状吹扫下沉突出点。当熔池温度瞬间降低而冷却后，再将电弧推向坡口间隙两侧的熔池最高点，稍作电弧停留，将少量熔滴落入熔池后再迅速移走并使电弧熄灭。

3）立焊爬坡段与平焊爬坡段过渡时在坡口间隙较大、熔池温度较高时，宜采用坡口两侧 *A*、*B* 两点断续进弧法（见图 7-1），即电弧落入 *A* 点后稍作停留，等少量熔滴落入熔池后，迅速熄灭电弧。当坡口间隙较小时，宜采用中心进弧方法，即电弧穿过坡口中心间隙后，迅速推向一侧 *A* 点，稍作停留，再次横向运条至 *B* 点，并使电弧迅速熄灭。电弧落入 *A*、*B* 两点时，应根据熔池液流坡口间隙的状态，适当留出坡口钝边 2～3mm，使坡口两侧具有一定的温度承受能力。平焊爬坡段引弧、电弧停留、带弧的时间，应快于立焊及立焊爬坡段，并根据熔池反渣的状态，不断变化焊条角度。

4）爬坡及平焊段的成形，应掌握正确的焊条角度及引弧方法。如电弧落入 *A*、*B* 两点熔池的中心间隙，再将电弧推向坡口一侧的钝边处，易使坡口钝边在较高电弧温度的吹扫下形成较大的豁状缺口，并伴有延伸点熔池下塌的趋势。

5）落弧时，应先将电弧贴入坡口的一侧边部，再沿钝边处向坡口的间隙推进，使 1/3 或 2/3 的电弧停留于坡口的边缘。然后稍加推进，使填充金属过渡，再将电弧熄灭，使金属成形下沉后平于或稍凸于管道的内径平面。

6）坡口两侧循环引弧时，也可利用灭弧时间的长短有节奏地控制熔池的温度。

7.2 第二层填充焊接

焊接示例：焊槽宽度 10～12mm，仰立焊段焊槽深度 4mm，平焊及平焊爬坡段深度 5～6mm，仰立焊段可采用一次填充焊接，平焊及平焊爬坡段可采用第二层填充焊接，选焊条直径 ϕ3.2mm，电流调节范围 100～115A。

7.2.1　横向带弧挑弧法

填充表层焊接时熔池外扩迅速，电弧引燃后，应看清前沿熔池与底层焊缝表层的熔合痕迹，对表面成形较深点应采用短弧推进，再对其吹扫，使熔合点咬合痕迹明显。

电弧在坡口两侧停留的时间，以熔池液流的状态同坡口两侧外边线的比较而适当延长或者缩短。一般以熔池外扩液流的边缘凹于母材平面 1mm 左右为标准。

横向带弧挑弧法是以带弧加挑弧的两种运条方式控制熔池温度的变化和厚度的成形。操作时在电弧一侧（如 *A* 侧）停留后，使熔池外扩并凹于坡口边线 1～1.5mm，再横向运条至另一侧（如 *B* 侧），按同样的方法停留，使熔池外扩并凹于坡口边线 1～1.5mm 后，不作横向运条，而将电弧上移抬起。如果在抬起时，熔池的温度过高，也可在抬起后将电弧熄灭。

在电弧抬起后，落弧位置宜选在熔池的上方熔化线与坡口边线的交叉点，以便在熔池温度较高时，能使电弧快速回落。电弧停留及带弧时，应观察熔池外扩的状态，保证坡口两侧边部平整熔合。

电弧横向带弧速度的大小以熔池外扩表面平于或稍凹于两侧边线为标准，爬坡平焊段也可采用连续带弧焊接。

7.2.2　横向带弧断弧法

仰焊与平焊的过渡爬坡段焊接时，如果熔池中心温度过高，堆状成形过厚，也可采用横向带弧断弧法，如图 7-5 所示。

1）操作时，如先使电弧在一侧（如 *A* 侧）停留片刻，使熔池外扩熔于或凹于坡口边线后，再做一个向焊缝中心推进的动作，使电弧稍作横向推进，形成熔池外扩至焊槽的中心，并迅速将电弧抬起。

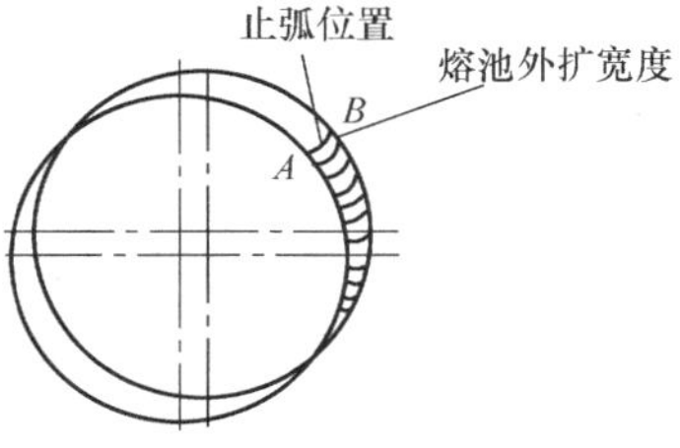

图 7-5　横向带弧断弧法

2）电弧抬起后，在 *A* 侧熔池

温度较高时，迅速将电弧移到坡口的另一侧 *B* 侧，稍作电弧停留，使熔池外扩并接近于坡口边部。

3）再做一个向焊槽中心推进的动作，使电弧稍作横向推进，并同 *A* 侧的外扩熔池相熔，最后迅速抬起电弧。

4）电弧抬起后不作停留，迅速将电弧回落于 *A* 侧，依次循环。

7.2.3 挑弧法或断弧法注意事项

1. 电弧长度的控制

管道焊接应控制电弧长度的变化，即短弧落入后带向电弧停留点，压住电弧停留片刻形成过渡金属后，再迅速以短弧上提，移走电弧。

落弧时，落弧点应是再次电弧停留点上方 3 ~ 5mm 处。落弧后以短弧带向电弧停留点停留片刻，电弧行走时，长度保持不变，使金属过渡在短弧、稳弧的吹扫下形成。如电弧时高时低不能控制，应停止焊接，并打磨掉不稳定成形焊瘤。再次引弧时应找准引弧位置，调整焊接姿势，也可用手臂等进行支撑，使身体各部位重心稳定。

2. 填充焊接熔池成形的观察与熔渣的反出

第二层填充焊应以第一层底层焊缝的厚度为依据，控制和改变填充层熔池厚度的成形。如管道爬坡平焊段第一层焊接熔池成形较薄时。第二层焊接如果采用连弧焊，易造成熔池温度增高而使熔池下塌的现象。

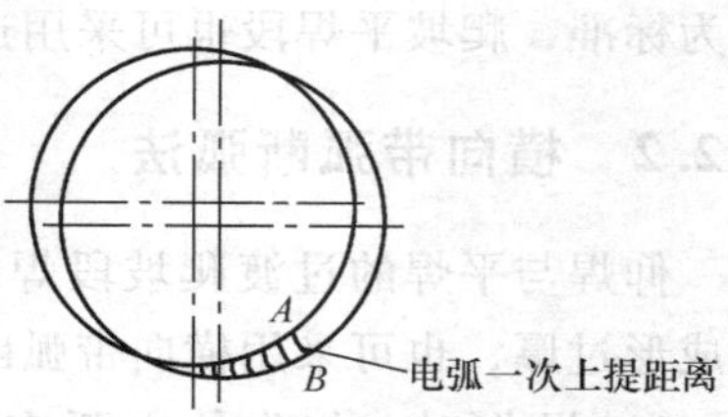

图 7-6　电弧一次上提的距离

焊接时也可采用锯齿形横向快速带弧方法。操作时适当加大电弧一次上提的距离，如图 7-6 所示。适当延长电弧在熔池两侧停留的时间，收弧时应错开各层次收弧的位置。

管道焊的仰焊、立焊、平焊各部位电弧停留时间，应保证熔渣在熔池中漂浮，使电弧委动点熔池呈清晰状。如果电弧停留时熔渣埋在熔池之中，熔池清晰面较小，或没有清晰面，宜采用变换焊条的角度、适当提高电流的大小和增加电弧停留时间等措施，使熔渣产生漂浮，再通过观察熔池面外扩形态，控制熔池向外向里成形的状态。

封底填充焊接完成后，宜用砂轮切片将坡口两侧焊渣点和钩状成形较深点稍作打磨。

7.3　管道的盖面焊接

7.3.1　电弧在坡口两侧停留的位置

确定电弧在坡口两侧停留的位置（见图7-7）应注意以下三点：

（1）控制熔池外扩宽度的方法　熔池外扩宽度应根据对原始边线覆盖的多少来掌握。在焊槽较深、底层焊缝表面钩状成形及微量焊渣点过多时，电弧吹扫的位置应在坡口边线向里1~2mm点，并将电弧稍作下压的停留，使熔池对底层焊缝有明显的咬合痕迹。如果电弧停留时熔池不产生向坡口两侧边部的外扩，应将焊条向外稍作外移，使外扩熔池对两侧边线进行覆盖，焊条外移电弧停留时，动作应迅速快捷，外移后熔池堆敷液流点应稍凸于边线母材的平面，并且不能出现熔合时的过深线。

（2）熔池厚度的控制　电弧一次停留形成熔池的厚度，应根据电弧的落入点同前一层焊缝的外凸点叠落的位置来控制。如果电弧的落入同前一层焊缝的外凸点过远，落弧后，应先将电弧向里移动对底层的焊缝进行吹扫，再做向外的动作，形成一定的外凸厚度。如果一次落弧离下层焊缝最高突出点过远，电弧落入后移动距离过大，熔池的外扩成形难以掌握。

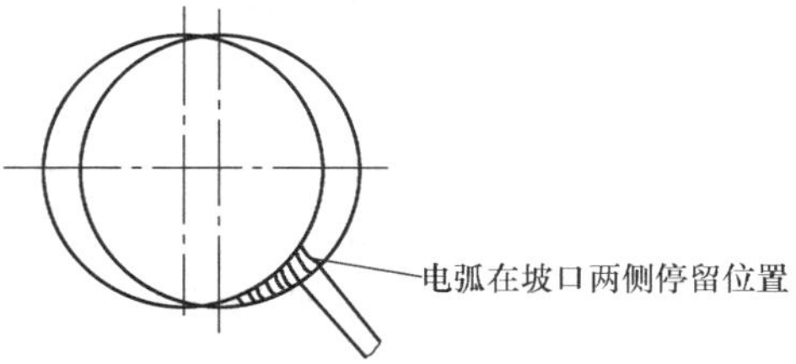

图7-7　电弧在坡口两侧停留的位置

(3) 一次落弧的位置 如图 7-8 所示，应以第一层焊缝的里层熔合线之上为参考，电弧落入后可对底层焊缝进行吹扫，再同坡口两侧边线高度进行比较，使电弧稍稍下压，形成凸出点熔池的厚度，最后移走电弧。

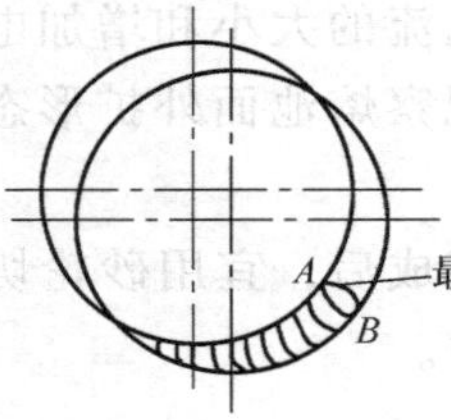

图 7-8　最佳落弧后电弧停留位置

7.3.2　熔池成形

盖面焊接坡口的一侧成形后，做横向带弧的动作时应注意焊缝中心熔池的变化。过凸时堆敷熔池厚度增大，过凹时熔波沟状成形过深并伴有夹渣。产生过凹或过凸的原因有：

1）盖面焊接时电流的大小没有与运条的方法相结合。

2）在焊槽较深时，底层焊缝沟状成形较多。

3）采用快速连弧对底层焊缝表层做吹扫后，熔池成形出现了过厚、堆状液流外凸点过大等状态。

焊接时，熔池成形有诸多变化，应采用多种不同的运条方式进行控制。

7.3.3　管道的盖面焊接示例

焊槽宽度 10～12mm，表层深度 1mm，表面纹波过深。

(1) 电弧下压停留挑弧法　电弧引燃后先落入坡口的一侧，对底层焊缝进行吹扫，使熔池与电弧停留点表层焊缝有明显咬合痕迹。然后做一个下压的动作，使熔池张力外扩。外扩时应注意外扩凸出点熔池的变化。如果对坡口边线咬合量过大，外扩凸出点过大，可将电弧稍稍下压，使熔池对坡口外边线稍加淹没，使外扩熔池突出点与下层焊缝突出线相吻合。然后迅速做电弧上提或横向带弧的动作使之离开。如果下压电弧停留点稍作停留时，熔池外扩凸出点同坡口边线熔合量较小，熔池外凸点低于前一层焊缝的外凸线，应在电弧停留时适当增加停留的时间，并将电弧稍稍下移，等熔池向外扩张后，再迅速作挑起或移走电弧的动作，如图 7-9 所示。此种方法，适合于碱性及酸性焊条的焊接。

（2）电弧下压灭弧法　如图 7-10 所示，电弧横向运条从 *A* 侧至 *B* 侧，使熔池温度增加并外扩成形后，在 *B* 侧做电弧抬起的动作，并使其熄灭。当熔池由亮红色的较大面开始缩小时，再将电弧回落到原处。采用灭弧与挑弧两种方法时，落弧位置应为焊条直径的中心，并对准前一层熔池的上熔化线。落弧后，压住电弧稍稍下移，形成外扩熔池，然后做横向带弧的动作，使电弧从 *B* 侧移至 *A* 侧。

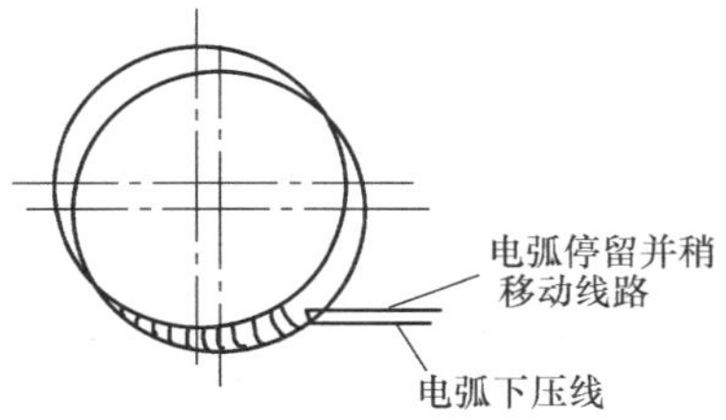

图 7-9　电弧下压电弧停留挑弧法

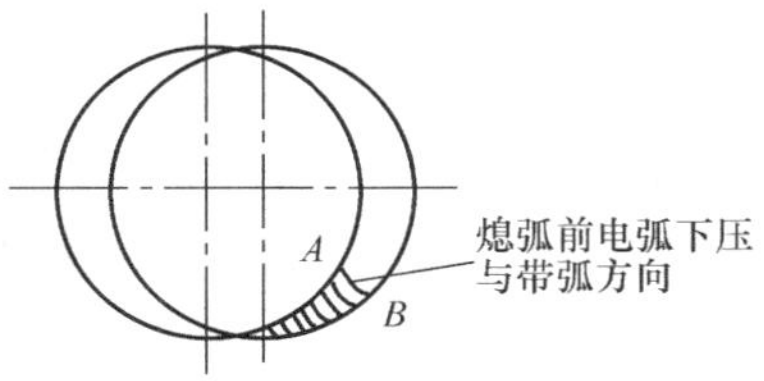

图 7-10　电弧下压灭弧法

电弧落弧与灭弧抬起时，应采用短弧焊接，并在电弧对准焊缝的中心时稍作一个推进的动作，然后将电弧移走熄灭。这种方法可避免较厚熔池突然灭弧产生缩孔等缺欠。

（3）焊缝两侧点弧形成熔池法　在仰焊、爬坡焊部位一次横向带弧时，如果熔池中心液流突出点过大，应采用焊缝两侧点弧形成熔池的方法。操作方法如下：

1）基点熔池形成后，电弧在坡口的 *A* 侧（见图 7-10），做电弧停留的动作，熔池外扩后不作 *A*、*B* 两点间的横向带弧，而将电弧向焊缝中心稍加推进，使熔池液态流动不产生较大的外扩，熄灭电弧并抬起焊条。

2）将电弧落入 *B* 侧，按同样方法电弧停留，再做推进的动作，使电弧推向焊缝中心与 *A* 侧熔池熔合相连，然后迅速抬起焊条并使电弧熄灭。

3）电弧不作横向运条摆动，在熔池下坠速度较快时便于控制。

（4）锯齿形运条法　过管道中心线 10 ~ 20mm 处将电弧引燃，带弧至坡口的一侧 *A* 点（见图 7-11），稍作停留，使熔池外扩凸出并覆盖坡口边线1~1.5mm，再作横向带弧至B点。按同样的方法电弧停留，再使电弧呈0°~5°斜坡形上提，电弧从A点移至B点的过程中，熔池中心的带弧过渡应压低并呈反月形，并快速带弧到B点，避免熔滴过渡过快，使中心熔池堆敷成形过厚。

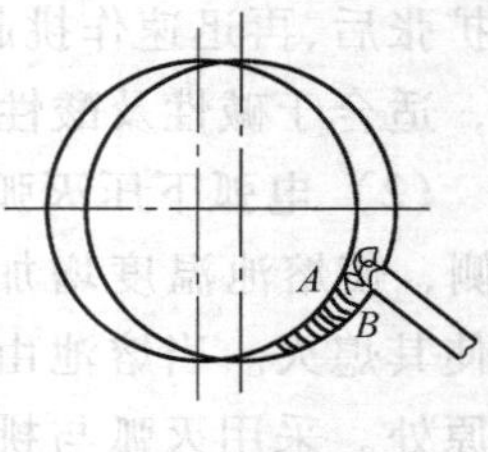

图7-11　锯齿形运条法

电弧在两侧停留时，应避免吹向熔池的角度过小，否则电弧与熔池的距离过近，会使熔池表面出现较深坑状吹扫点。此种方法适合于酸性及碱性焊条的焊接。

管道一侧焊接完成后，另一侧焊接引弧位置应为先一侧焊缝仰焊部位前方10mm点处。电弧引燃后，压低带向焊缝最高突出位置（见图7-12），做快速连续电弧停留动作，并将焊条向前移动至封底层焊缝的表面，进行正常焊接。

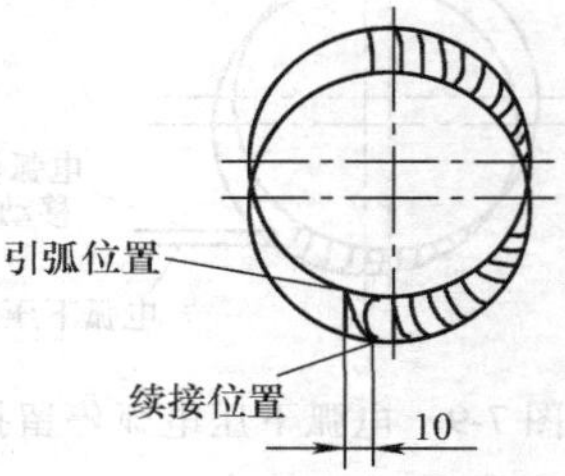

图7-12　引弧与续接位置

管道顶部收弧时，电弧与一侧表层金属相接后，应将电弧继续快速前移，用较薄熔池对相接处收弧点覆盖（长度为10~15mm），然后电弧稍稍回带，使其熄灭。

第 8 章　管道的横焊

焊接示例：管道直径 ϕ219mm，壁厚 8mm，两管组对所成角度为 60°，组对间隙 3 ~4mm，组对定位焊点 4 处，定位焊缝长度 30 ~40mm，定位焊完成后，将焊缝两侧打磨成斜坡状。选用焊条 E4303 或 E5016，直径均为 ϕ3.2mm，电流调节范围分别为 85 ~95A 和 110 ~120A。

8.1　管道的第一层焊接

8.1.1　连弧焊

（1）连弧焊屏障保护推进法　在坡口间隙的较小处将电弧引燃，带弧至下坡口钝边处的边缘，做推进的动作，使熔滴过渡到坡口的钝边处。然后将电弧上移至上坡口的钝边处，电弧停留片刻产生熔滴过渡后，熔合于下坡口的熔滴过流处，形成基点熔池。再做下移的动作，使电弧至下坡口的钝边处，并使电弧的一半穿过坡口的间隙，一半形成过渡熔滴。这种电弧的推进方法，以一半的电弧对坡口的间隙处做吹扫动作，形成挡风的屏障，另一半熔滴金属顺利地过渡，然后在钝边处推进熔滴前移，并超过坡口间隙 0 ~1mm。

（2）屏障保护推进法注意事项　电弧在坡口上下停留形成熔池后，向上移动时应压住电弧，推向坡口的钝边处 2 ~3mm（见图 8-1），形成熔池厚度 3 ~4mm，使熔池向下液流坡口间隙时，不形成较大豁状缺口。这种停留动作应迅速，并将电弧贴于坡口的钝边处，形成熔滴过渡成形后，再做上移的动作使电弧移至上坡口边部。在熔滴过渡时，应仔细观察坡口上下钝边处的熔合，如果电弧在下坡口边部处电弧停留，熔池温度较高，熔池会出现豁状咬合，此时应将电弧稍稍前移，在瞬间做一个上带的动作，从熔池延伸的边缘带弧至上坡口的钝边处，再后做一个微小的上推动作，使熔滴贴于上坡口边部。再沿电弧的上提线使电弧回带过熔池中心至下坡口的豁状处，电弧停留片刻后使熔池延伸。在熔池堆敷成形过厚时，应在电弧下移后，适当增加下坡口熔池的宽度并减少坡口上下电弧停留的时间。电弧作下坡口带弧动作时，应快速带弧和微量推进，再加速前移，使自坠金属过渡的管道内径成形没有较深的咬合点和沟状熔合线。

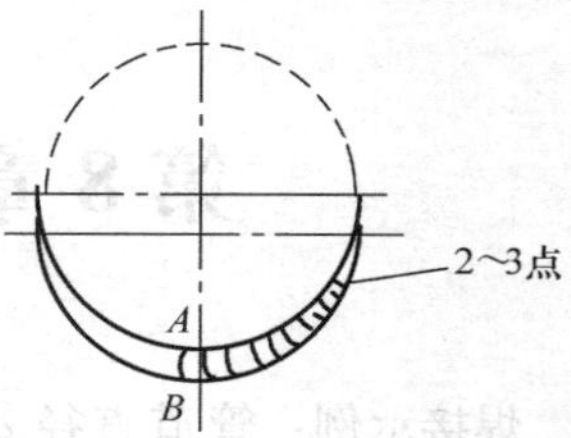

图 8-1　屏障保护推进法

（3）引弧与灭弧　灭弧时应在灭弧前将电弧带向坡口底侧或上侧，稍作电弧停留后再稍稍回带使其熄灭。引弧时因再次引弧点温度较低，引弧位置应在熔池中心部位外侧的前方，并远离坡口钝边处的过流间隙点。电弧引燃后，先带向下坡口一侧并穿过坡口的间隙，稍稍电弧停留后，再做上移带弧的动作，使电弧上提到坡口的钝边处。经电弧停留使熔池穿过坡口内侧钝边后，再将电弧回带到坡口的钝边处，并经过引弧点进行再次吹扫。这种引弧方法，可避免电流较小时引弧点所形成的过渡熔滴因温度较低而出现的坡口钝边处过流、熔化不完全、熔化点熔池过流出现坑状外凸点、较深沟状夹渣、气孔等缺欠。

8.1.2　灭弧焊

（1）引弧方法　电弧引燃先在下坡口 A 点（见图 8-1）的钝边处过渡一点熔滴，并使其外扩熔到坡口的内平面，再将电弧推向熔滴成形的方向，稍作推进并电弧停留片刻，再将电弧熄灭。电弧熄灭后，将焊条在熔池的余亮中上提并对准于上坡口的 B 点，当灭弧处熔滴急剧冷却并缩成一点暗红后，再做一个快速推进的动作，使电弧穿过 A 点熔池的上方钝边处。从上至下做微小的摆动，使电弧下带并回到 A 点与熔滴熔合，然后带出电弧使其熄灭，在 B 点熔池的余亮中，再使电弧对准于 A 点熔池的前方。当 B 点余亮缩小成一点暗红时再将焊条触向 A 点前方的续接处，引燃电弧后电弧停留片刻，形成过流金属，依次循环。

（2）熔池厚度的变化与熔渣的反出对熔池成形的影响　管道封底焊第一层成形的厚度，以熔滴穿过坡口钝边处时的状态而确定，如果熔滴金属过渡时熔池迅速出现下沉状，应迅速做电弧熄灭动作。再次燃弧点应偏向焊槽的底侧坡面，并在熔滴过渡时将电弧停留范围适当加宽，并延长电弧在坡口两侧灭弧的时间，使坡口间隙熔滴过渡温度降低。在液态金属过渡时，如果熔渣快速漂浮于电弧的周围，并呈不规则状，闪着光亮的金属液裸露面过大，并伴有下塌状，熔池成形难以控制，这种状态说明电流过大，熔池的温度过高。焊接中应以电弧的停留和稍作微量的摆动后使熔渣形成有规律的液流，使熔池始终伴有弧状闪光的亮点，操作者在观察熔池的变化中能看清熔池外扩、下塌、夹渣、熔池两侧边部熔合点过深或熔池中心成形过凸等现象，并通过对这些现象的观察，改变运条的方法，调节电流的大小，增加或缩短灭弧的时间。

（3）灭弧焊技巧

1）如果电弧贴于坡口的钝边处，则浮动的熔渣在瞬间呈不规则的外溢，熔滴在过渡的亮色中伴有下塌状，过渡的熔滴成形困难。产生这种情况的原因是坡口组对的间隙过大、电流过大、熔池的温度过高等。改变的方法是适当降低电流的大小、延长一次灭弧时间和缩短一次电弧停留时间，电弧委动的位置应以 2/3 贴于坡口的钝边处，1/3 穿过坡口间隙。电弧停留时电弧不要吹向熔池中心坡口间隙过流处，而应以电弧推动下的熔滴液流穿过坡口间隙并形成过流金属的填充。

2）如果金属熔滴过渡到坡口的钝边处，则熔渣在电弧的周围缓慢地浮动，熔池没有外扩能力，熔滴熔化处模糊，熔池的成形难以观察。产生这种情况的原因是坡口间隙过小、坡口的钝边较厚、电流过小、熔池温度过低、电弧停留的时间过短、灭弧的时间过长等。防止措施为对坡口钝边较大段用砂轮打磨，适当提高电流的大小，缩短一次灭弧时间，增加电弧停留的时间。电弧落入坡口间隙时，应在熔池成形前端形成豁状过流点，如图 8-2 所示。熔滴过渡应以 2/3 电弧穿过坡口间隙，1/3 电弧对过渡熔池形成再次吹扫。电弧进入坡口的钝边处应稍作微量的摆动，使熔滴充分的熔合，并在熔池前端形成豁状过流点，在熔池的外扩中，使熔渣产生漂浮。

3）如果熔池外扩成形观察不清则电弧灭弧与电弧停留的时间没有规律，电流的大小不稳定。产生这种情况的原因是对金属液与熔渣的流动状态观察不清，熔池温度与熔池成形观察不准，熔滴续入坡口间隙的方法不正确。防止措施是在熔池成形的瞬间，迅速分清熔渣浮动和金属液液流的状态，熔渣在熔池中呈外溢状浮动于焊条端点边缘处，表面为泡沫状，颜色呈红褐色。金属液滑动到熔渣的下层时，电弧喷动点呈银亮色，熔波细密。如果电弧委动停留时，电弧停留点的熔渣难以分清，说明熔池温度较低，电弧停留时间较短，应适当上调电流的大小，增加电弧停留时间，使电弧停留点熔池有点状金属液外露点，并通过此点液流成形的状态，分清熔池熔化成形所出现的各种弊端。如果坡口根部熔池过流点没有穿过坡口间隙或穿过坡口间隙外凸点过大等，或者在观察时发现熔池中伴有黑色不清物，最后成形时必然存有夹渣，应迅速停止焊接，并采用手磨砂轮清净夹渣等处理措施进行处理。

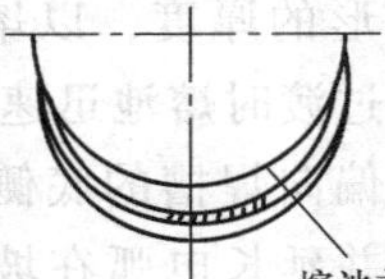

图 8-2　豁状过流点

4）电流的大小应根据熔池清晰范围的大小、外扩速度来调节。在焊条与板面碰触时，触动点熔渣四溢，熔池裸露面过大，熔池呈下塌状，说明电流过大。触动点熔渣没有浮动或浮动速度较慢，金属液外露点过小或没有外露点，熔渣与金属液难以分清，电弧停留点熔池熔化成形吃力，说明电流过小。电弧引燃后，熔渣漂浮在喷弧点的周围，熔池裸露面大小适当，熔池堆浮成形可以适当控制，说明电流大小合适。

8.2　管道的第二层填充焊接

第一层焊接完成后，除尽焊渣，对表面沟状成形过深点采用砂轮打磨。管道第二层焊接时应根据焊槽深度，采用多种填充方法。

焊接示例：焊槽表面宽度为 10～12mm，焊槽深度上部 5mm，下部 3mm。选择焊条直径 ϕ3.2mm，电流调节范围 110 ~ 120A，焊条与下管面所成角度为 60° ~ 75°，如图 8-3 所示。

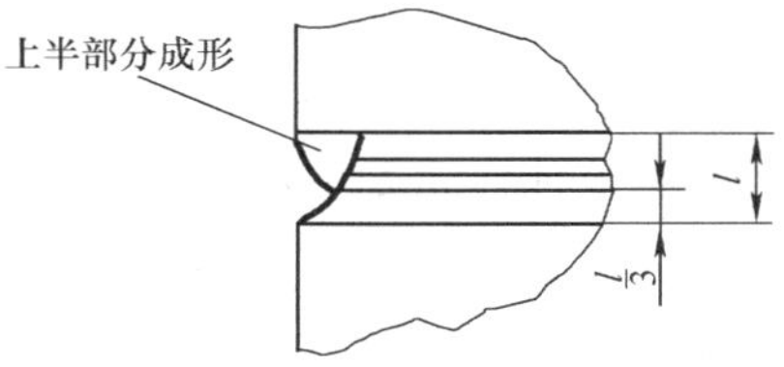

图 8-3　管道的第二层填充焊接

电弧引燃后先在焊槽上侧较深处形成较薄熔池，再形成焊槽上侧填充厚度，使熔池上边部成形稍凹于上坡口边线 1 ~ 2mm，下边部形成覆盖焊槽下半部 1/3 突出点。焊接时，焊条可做小圆形摆动和斜锯齿形摆动，摆动范围根据熔池外扩范围适当缩小或增大。

8.2.1　焊条角度的变化

第二层填充焊接通过上凹点时，使熔池堆敷成形于仰焊、立焊爬坡位置。施焊时熔池中心易出现堆敷成形过厚，熔池上下出现沟状表层等缺欠。

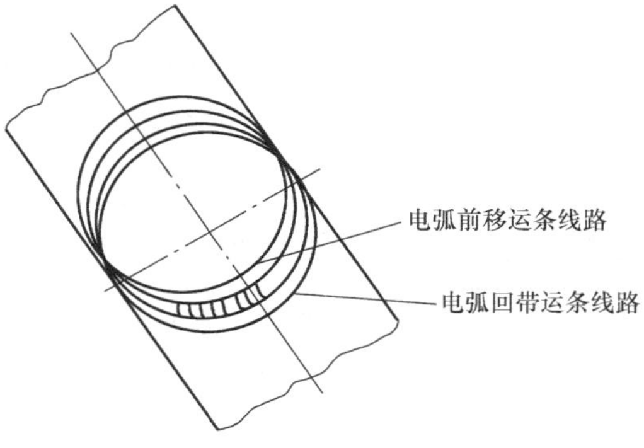

图 8-4　电弧前移及回带

1）产生原因：电流过大，熔池温度过高，走弧的方法不正确。

2）防止措施：适当降低电流的大小，改变顶弧焊接角度，缩小运条摆动的范围。电弧向上推进时，稍稍外推使熔渣向下的漂浮线相交于 1/3 线，并适当控制熔池较大的外凸范围。在电弧的停留点，应以停留时间的 2/3 置于熔池上坡口面，采用连续电弧停留，并在电弧停留中将电弧稍稍前移，使上点熔池厚度增加，如图 8-4 所示。

8.2.2　电弧下移运条线路

（1）垂直下拉法　垂直下拉线在熔池上侧电弧停留点和下侧电弧停留点相连的竖直的一条轴线上，带弧时电弧从熔池前方划弧形线带弧到上坡口边部，做推进的动作，使上侧熔池增厚，再做下移动作，使电弧垂直带到熔池的下侧成形线，即1/3线。然后将电弧稍稍前移，从熔池前方划弧形线上带，依次循环，此种带弧方法适用于焊槽较深、较窄的填充焊接。

（2）正月牙下拉法　电弧在坡口边部做正月牙弧状线带弧到熔池中心，稍作推进并电弧停留片刻，使熔滴过渡到中心熔池。然后做下移的动作带弧至下坡口边部，稍稍停留后使电弧前移，呈弧形线从熔池前方向上带到上坡口的边部，并向熔池推进，使电弧下带，依次循环。这种方法适用于焊槽较深、较窄的填充焊接。

（3）斜形下拉法　电弧从熔池上方呈斜形下拉，下拉速度要快，电弧向下带过熔池中心不作停留。下带时焊条纵向角度应垂直于母材平面，并保证熔渣浮动线处在熔池中心位置。适当延长电弧在上坡口边部停留的时间，并增大下移带弧的角度，使金属熔滴的过渡面没有液流滑动的趋势，这样形成的填充表层平整光滑。这种带弧方法适用于焊槽较浅较宽、熔池外扩形面较大的焊接。

8.2.3　电弧回带运条线路

电弧从熔池下点带弧至熔池上点，也应采用以下两种上提方法：

（1）小圆形上提法　电弧在熔池下点呈弧状小圆形，从熔池前端向熔池上点带弧，电弧上提线不形成过渡熔滴，上提时电弧对熔池没有推力。这种方法熔池成形平缓，适用于较浅较薄的熔池成形，如图8-5所示。

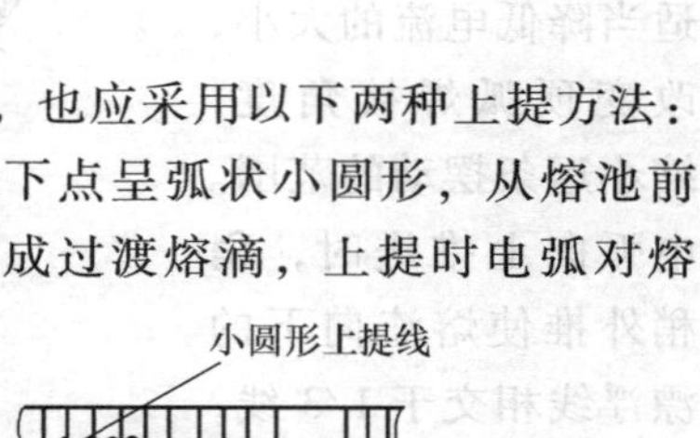

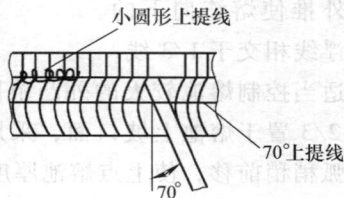

图8-5　小圆形上提和70°上提线

（2）70°上提法　电弧从熔池下点向上点带弧，呈70°角将电弧直接上提至熔池上侧电弧停留，这种方法对熔池有较强的推动力，能促使熔渣快速滑动，使中心熔池厚度增加，适用于焊槽较深的填充焊接，如图 8-5 所示。

8.3　管道第二层较深焊槽的填充焊接

焊接示例：焊槽宽度 10 ~ 12mm，深 6 ~ 8mm，选择焊条 $\phi3.2$mm 或 $\phi4.0$mm，电流调节范围 110 ~ 120A 或 160 ~ 175A，采用上、下两遍堆敷成形焊接，如图 8-6 所示。

8.3.1　底层焊接

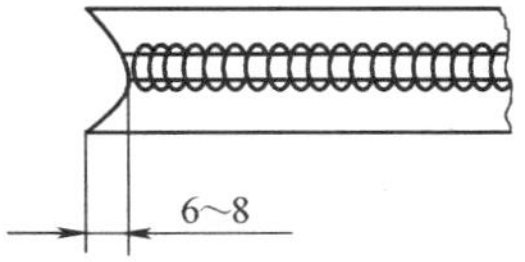

图 8-6　管道第二层较深焊槽的填充焊接

（1）熔池厚度的成形　电弧引燃后先形成较薄熔池，在向下移动的同时，将电弧贴在下坡口面距始端 10mm 外做电弧停留外带的微小动作，使熔池的外边沿线熔合于或稍凹于下坡口边线 1mm。再从熔池前方划一条微小的弧形线，带弧到焊槽的上中心作电弧停留后推进，使中心熔池厚度增加，电弧下带至下坡口面的熔池延伸点，先形成较薄熔池，再按上面的动作循环焊接。底层成形焊接时，熔池最高堆敷线应为焊槽的上坡面之上，其确定方法是以最高熔池堆敷线成形时熔池中心表面的堆敷厚度不超出熔池下边沿线的堆敷位置为标准。如果过于凸出，应将熔池的上侧堆敷线适当降低；如果过于凹陷，可再将熔池堆敷线上升，如图 8-7 所示。

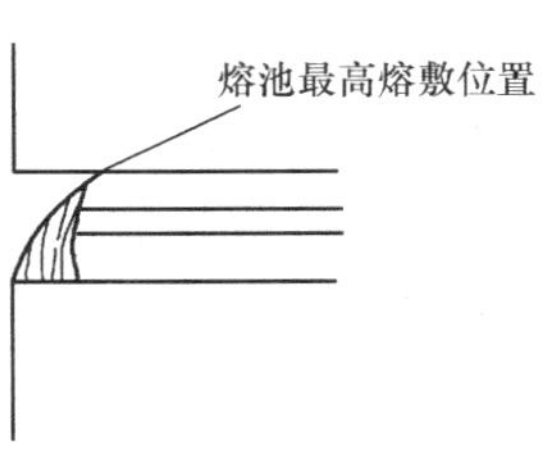

图 8-7　熔池最高熔敷位置

（2）熔池成形易出现的弊端　底层焊接时易出现熔池外扩下覆盖线对坡口的边线控制不准确等情况，电弧引燃后在熔池的中心电弧停留，较大面积的液流和熔渣的漂浮使操作者的观察和动作都出现困难，如果缺乏经验，就无法顾及熔池上、中、下三个线段整体成形情况，从而造成熔池的下覆盖线没有接近于下坡口的边线，使底层填充焊的底边线成形过深，含熔渣过多。在焊槽填充的底层焊接时，应观察熔池外扩线中、下点，从而掌握填充层焊接的整体平度，观察方法有两种：①从上向下观察，即将中心熔池最高凸点同坡口边线作一平行的比较，使其凹于坡口边线 1mm；②从下向上观察，即将熔池的外扩线接近于坡口底边线的某一点进行比较，如果这一点稍凹于坡口边线 1mm，则以此标准的凹度为基准，再采用多种运条的方法，使中心熔池的外凸厚度基本接近于这个平度。

（3）中心熔池厚度的控制　熔池形成后，应观察到熔池有多种熔渣漂浮状态：①熔渣冒着褐色的泡沫，漂浮于熔池的边缘，光亮的金属液出现了大范围的裸露；②熔渣漂浮于电弧的边缘，但熔渣浮动灵活，熔渣与电弧间有一条闪光金属液的浮动线。当中心熔池裸露面过大时，熔渣浮动于熔池中心的最凸点，这一点也是熔池厚度的最高点。在正常焊接时，这一点距离熔池的底边沿线同坡口边线的接触点越远，熔池中心的厚度就越高，离底边线的接触点越近，熔池的表面成形就越平。

下层焊接完成后留住焊渣。

8.3.2　上层焊接

上层焊接时应仔细观察浮动点的位置，如果熔池成形过凸，应缩小运条摆动范围，控制熔渣浮动线漂浮在电弧的边缘，使熔波滑动状态趋于平缓。

电弧引燃并使熔池外扩后，如对下层焊缝覆盖的位置掌握不准，可在焊接完成 30～40mm 焊缝后，熄灭电弧，除掉起焊点熔渣。在进行仔细观察和比较后，上移或加大电弧摆动的范围，确定电弧运条线路在下层焊缝上侧边缘的走弧位置。

封底填充焊接完成后，除净熔渣，如有过深的夹渣点，应采用砂轮打磨。

8.4　管道的盖面焊接

焊接示例：焊槽深度 0～1mm，表面宽度 10～12mm，选焊条直径 ϕ3.2mm，电流调节范围 110～120A。采用单道排续三层堆敷成形的焊接方法。

8.4.1 单道排续的第一层焊接

（1）正推式小圆形法　正推式小圆形操作方法是在小圆形基础之上，将电弧过多推向熔池中心的一种方法。操作时，以熔池上边沿的堆敷线为起点，以小圆形的带弧线为运条方式，由上到下向熔池中心逐步推进。电弧呈弧形线下带至坡口的下边沿线，稍作停留，再快速上提带弧到熔池上线，上提时不作熔滴过渡。采用这种方法时如果推弧动作节奏相等，将会使熔池成形饱满，熔波细致。

（2）电弧推进法　电弧在下坡口边部引燃后，稍稍前移，再从前向后、从上向下做回推动作，然后进弧到熔池中心。进弧时，可根据熔池成形的宽度做微小的上移或下带摆动。这种方法操作简单，如果能保证节奏相等，也可收到好的效果。

（3）电弧下移法　三层成形单道排续焊接的第一层成形高度应占焊槽高度的一半。焊接时，可将焊条端头未脱落端同焊槽底边线进行比较，如果焊条未燃端点的直径为焊槽高度的一半，则在熔滴过渡时，应将电弧稍稍下移，使熔池堆敷高度与焊条未燃点的上端持平。再以焊条未燃的端点平行于坡口的下边线，做微小的摆动，使熔池的下覆盖线淹没下坡边线1~1.5mm，最后将电弧稍稍前移，形成规律，依次焊接前行。

（4）熔池厚度的形成　单道排续焊接第一层的厚度，应以熔覆金属对底边线淹没的厚度为标准。如果熔敷金属稍凸于底坡口边线，并对底边线没有过深的熔合痕迹，熔池中心厚度应以稍凸于下坡口边部为标准，即熔池中心高点厚度凸于底边线成形高度。

8.4.2 单道排续的第二层焊接

第一层焊接完成后，留住药皮熔渣，进行中间层（第二层）焊接，如图8-8所示。

（1）电弧运条线路的位置　封面中间层第二层焊接电弧的运条线路，应以熔池对底层焊缝高点的覆盖位置为标准，即第二层焊缝覆盖线应整齐覆盖接近于第一层焊缝高度突出点的爬坡段。电弧中心的运条线路宜对准或稍高于第一层焊缝的上边缘线，如图 8-8 所示。

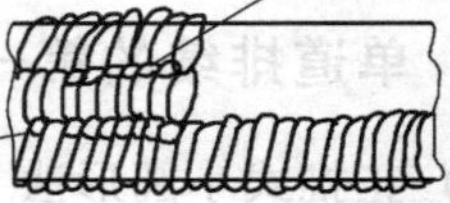

图 8-8 单道排续的第二层和第三层焊接

（2）熔池成形厚度及高度的控制 第二层熔池成形的厚度，应以第二层熔池的底线同第一层焊缝覆盖的位置为标准。熔池中心高点成形的厚度，应凸于或平于对底层熔池的覆盖线。熔池中心厚度的成形，以熔池范围的突出点同熔池两侧下覆盖线的比较而确定。如果熔池中心凸点过于突出熔池下侧覆盖线，熔池成形的范围必然增大，熔池成形有明显的滑动痕迹。第二层熔池高点成形如果低于熔池下侧覆盖线，说明熔池成形时，没有观察清楚第一层焊缝覆盖线的位置，即过低于下层焊缝的最高凸位点。如果第二层焊接底侧熔池覆盖线在下层焊缝覆盖线之上，第二层熔池中心成形凹于下层熔池覆盖线，说明熔池成形范围较小，熔池中心较薄，熔池中心熔渣浮动线与下层焊缝覆盖点没有凸出痕迹。防止措施有以下两种：

1）控制第二层中心熔池熔渣浮动点同覆盖线凸出的状态，焊条角度由顶弧焊接改为纵向 90°焊接，并缩小运条摆动范围。

2）仔细观察第二层熔池外扩时对下层焊缝覆盖的位置，当两层熔池熔合后，应没有较深沟状成形线和夹渣点。如果走弧位置观察不清，可在焊接完成 30 ~ 40mm 长度焊缝之后，熄灭电弧，除掉熔渣，在观察和比较之后，再使电弧做上提或下移的动作，并使其找准下层焊缝上边沿线走弧轴线的位置。

第二层盖面焊接熔池成形高度应占焊槽高度的 4/5，焊接完成后，留住药皮及熔渣。

8.4.3 单道排续的第三层焊接

单道排续的第三层焊接应注意和掌握以下几点：

1）第二层中间层焊接完成后，如上侧坡口表面多呈沟状成形，第三层电弧运条线路应紧贴上坡口边线的下侧，焊条与下平面所成角度为 60° ~ 70°，电弧的吹扫点始终宜贴向焊槽根部，并采用小圆形运条法。

2）第三层焊接熔池上侧覆盖线应使熔池覆盖住上坡口边线 1 ~ 1.5mm，电弧吹扫线应稍低于上坡口的边线，熔池成形应稍高于上坡口边线。

3）第三层焊接熔池中心厚度应稍低于第二层焊缝的最高点，否则将出现上凸下凹的表面成形缺欠。

4）第三层焊接熔池下层覆盖线应以熔渣浮动后所闪出的覆盖点为两层焊缝平滑过渡位置，如果较凹，可适当下移电弧；如果较凸，可缩小熔池成形范围，并加快电弧前移速度。

5）因焊缝成形较窄，焊接电流较小，引弧位置应选在焊缝续接点前方 10 ~ 20mm 处，电弧引燃后，压低带向续弧点。

6）收弧前先使电弧向前稍作电弧停留，然后再压低电弧稍稍回带将其熄灭。

第9章 管板焊接

9.1 焊条电弧焊管板焊接

由管子和平板（上开孔）组成的焊接接头，叫管板接头。

管板接头的焊接位置有垂直仰位和垂直俯位两种；按工件的位置转动与否，可分为全位置焊接与水平固定焊接；按工件的装配形式分骑座式和插入式两种，如图9-1所示。插入式管板工件焊后仅要求一定表面成形和熔深，骑座式管板工件则要求焊透。

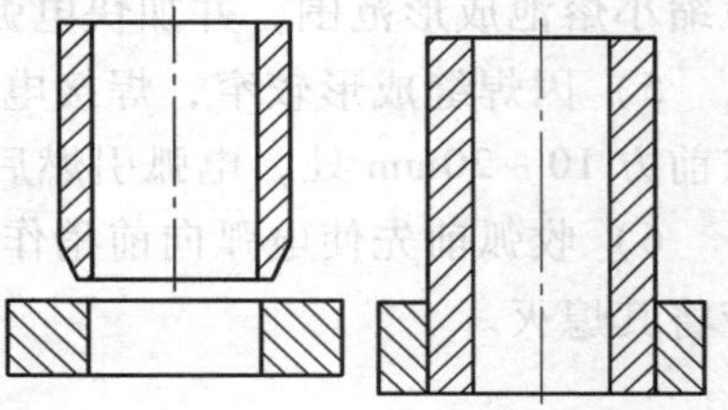

a)　　b)

图9-1　管板工件的形式

a）骑座式　*b*）插入式

9.1.1 骑坐式管板的垂直仰位焊接

1. 打底焊

为了保证打底焊时坡口根部与底板熔合良好，焊接时，引燃电弧后对始焊端先预热，然后将电弧压低，待形成熔孔后，采用小幅度锯齿形横向摆动的运条方式，进入正常焊接直至焊接结束。操作时，电弧长度要控制得短些，保证底板与立管坡口熔合良好。

1）采用连弧焊施焊打底层的最佳焊条角度如图9-2所示，首先在板侧起焊点处引弧，如图9-3中的A点所示。稍作停顿预热后，将焊条对准坡口根部，向背面送入焊条。当听到击穿坡口根部的“噗”声后，说明已形成熔孔，采用小幅度锯齿形运条法摆动焊条进行正常施焊。施焊过程中应始终采用短弧施焊，运条时，电弧在板端停留的时间应稍长些，在管端停留的时间稍短些，保证将熔化金属液由板端带向管端，使得在板端的电弧深度较大，以防熔池金属

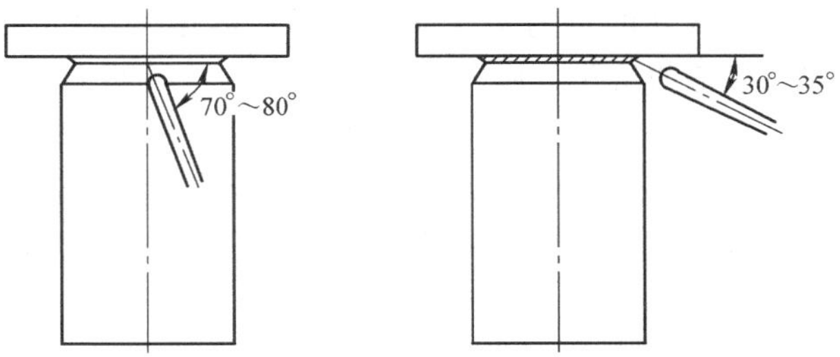

图 9-2 仰焊打底焊时的最佳焊条角度

下坠。同进电弧应稍偏向孔板，以防管壁被烧穿。注意先使板孔边缘与管子坡口根部形成熔池且连接在一起，然后才能继续向前运条。

2）采用灭弧法焊接时，焊条角度、起焊点位置与连弧焊相同，如图 9-2 和图 9-3 所示。首先在板侧起焊点 A 位置引弧，稍作停顿预热后，将电弧对准坡口根部顶送焊条，当听到击穿根部的“噗”声后，说明形成了第一个熔池，这时应迅速灭弧。待熔池金属由红变暗后，按 A→B→C 路线，以断弧击穿法运条法施焊，如图 9-4 所示。*A* 点表示在板孔边缘引弧，稍作停留，使板孔边缘预热、熔化，将较多的熔化金属敷在板孔边缘的熔池上，然后将电弧带着熔化金属拉向 *B* 点停顿。*B* 点表示板孔边缘与管壁坡口根部共同形成的熔孔（即第二个熔池），其作用是保证坡口根部背面焊透、形成焊缝。当第二个熔池形成后，将电弧拉向 *C* 点灭弧。*C* 点表示在管子坡口根

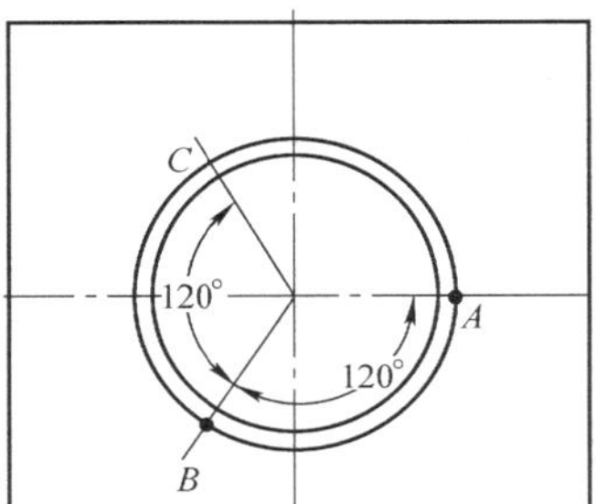

图 9-3 起焊点和定位焊缝的位置

A—起焊点 *B*、*C*—定位焊缝

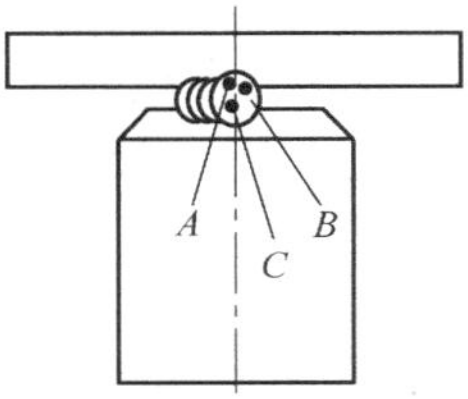

图 9-4 断弧击穿运条法

部灭弧，在 C 点灭弧的目的是保证管侧根部熔化，并加热从 A 点淌流到管子坡口根部的熔化金属，使其与管侧坡口根部金属熔合良好，防止产生未熔合缺欠，如此 A→B→C 反复运条进行施焊。施焊过程中应始终采用短弧施焊，保持 B 点熔孔的大小一致，运条时以透过坡口背面 1/3 弧柱长度为宜，并且要控制 A、B、C 三点电弧的停留时间。

2. 填充焊

填充焊前要将打底焊缝的熔渣清理干净，处理好焊接有缺欠的地方，填充焊缝的表面不能有局部突出的现象，保证焊缝两侧熔合良好。填充层的焊缝不能太宽或太深，焊缝表面要保持平整。

3. 盖面焊

盖面焊有两道焊缝，先焊下面的焊缝，后焊上面的焊缝。焊下面的焊缝时，焊条摆动幅度略微加大，熔池的下沿要覆盖填充焊道的一半以上。焊上面的焊缝时，焊缝上沿与上面的板面要熔合良好，保证两条盖面焊缝圆滑过渡，使焊缝外形成形良好。管板垂直固定仰焊的打底层焊缝的焊条

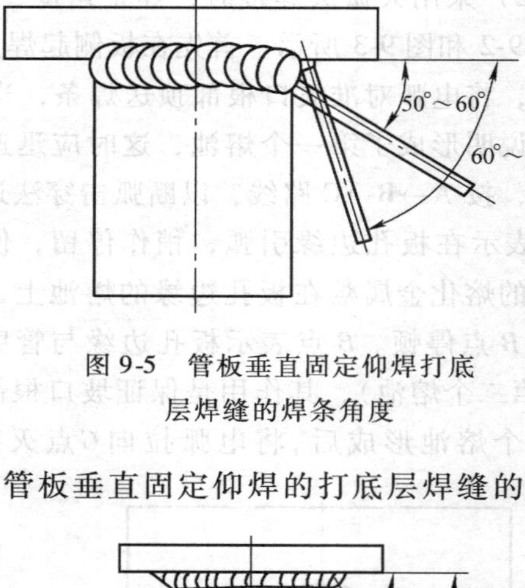

图 9-5　管板垂直固定仰焊打底层焊缝的焊条角度

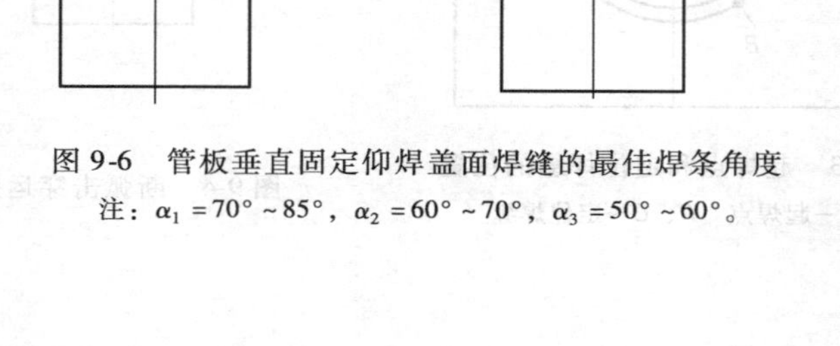

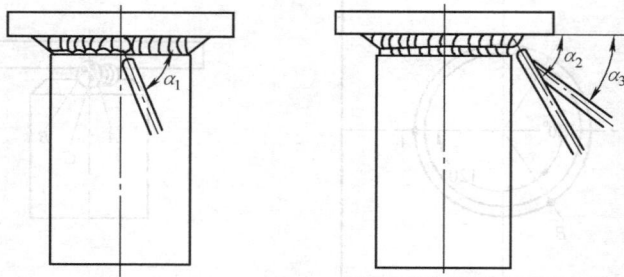

图 9-6　管板垂直固定仰焊盖面焊缝的最佳焊条角度

注：$\alpha_1 = 70° \sim 85°$，$\alpha_2 = 60° \sim 70°$，$\alpha_3 = 50° \sim 60°$。

角度与盖面焊缝的最佳焊条角度分别如图 9-5 和图 9-6 所示。

9.1.2　骑坐式管板的垂直俯位焊接

1. 装配和定位焊

管子和平板间要预留一定的装配间隙，定位焊要焊一点或二点。焊接时用直径 ϕ2.5mm 的焊条，先在间隙的下部板上引弧，然后迅速地向斜上方拉起，将电弧引至管端，将管端的钝边处局部熔化。在此过程中会产生 3～4 滴熔滴，然后立即灭弧，一个定位焊点即完成。

2. 打底焊

打底焊的作用主要是保证根部焊透、底板与立管坡口熔合良好，背面成形没有缺欠。

1）采用连弧焊焊接时，首先在左侧的定位焊缝上引弧，稍加预热后开始由左向右移动焊条。当电弧移到定位焊缝的前端时，开始压低电弧，向坡口根部的间隙处送进焊条，听到“噗噗”声即表示已经熔穿。由于金属的熔化，即可在焊条根部看到一个明亮的熔池，如图 9-7 所示。

形成熔孔后，保持短弧并做小幅度的锯齿形摆动，电弧在坡口两侧稍加停留。打底焊时，焊接电弧的大部分覆盖在熔池上，另外一小部分保持在熔孔处。必须保持熔孔大小一致，如果控制不好电弧，容易产生烧穿或熔合不好等缺欠。打底焊时的焊条角度如图 9-8 所示。

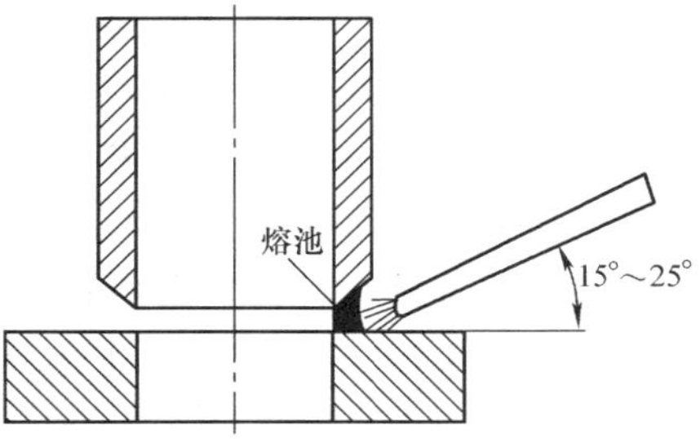

图 9-7　连弧焊焊接时的熔池

焊接时，将焊条适当向里伸入，每个焊点的焊缝不要太厚，以便于第二个焊点在其上引弧，如此逐步进行打底层的焊接。当一根焊条焊接收尾时，要将弧坑引到外侧，防止在弧坑处产生缩孔。

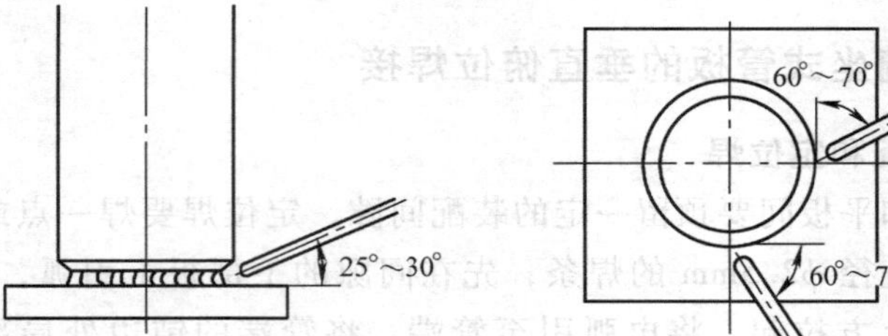

图 9-8 打底焊时的焊条角度

焊接过程中由于焊接位置不断地发生变化，因此要求操作者手臂和手腕要相互配合，保证合适的焊条角度，正确控制熔池的形状和大小。随着焊缝弧度的变化，手腕应不断转动，并保证电弧始终在焊条的前方，同时要注意保持熔池形状和大小基本一致，以免产生未焊透、内凹和焊瘤等缺欠。

打底焊的接头一般采用热接法，因为打底焊时熔池较小，凝固速度很快，因此操作时要迅速快捷。

在每根焊条即将焊完前，向焊接相反方向回焊 10 ~ 15mm，并逐渐拉长电弧至熄灭，以消除收尾处气孔或避免将其带至表面，以便在更换焊条后将其熔化。接头尽量采用热接法，如图 9-9 所示，即在熔池冷却前，在 *A* 点引弧，稍作上下摆动移至 *B* 点，压低电弧，当根部击穿并形成熔孔后，转入正常焊接。

如果采用冷接法，一定要将接头处加工成斜面后再接头。焊接最后的封闭接头时，要保证焊缝有 10mm 左右的重叠，填满弧坑后灭弧。

2）采用灭弧法焊接时，引弧后向坡口根部压送焊条后停顿 1 ~ 2s，当听到击穿坡口根部的“噗”声后，说明第一个熔池已经形成，然后立即灭弧，按图 9-10 所示运条方式操作施焊。电弧在 1 点迅速引燃后拉向 2 点，穿透坡口根部后，向 3 点挑划灭弧，如此循环施焊操作。在施焊过程中应注意电弧应以熔化板侧坡口边缘为主，管侧坡口边缘熔化应较少些，以防背面焊缝下坠，且应使 1/3 的电弧熔化坡口根部，2/3 的电弧覆盖熔池。

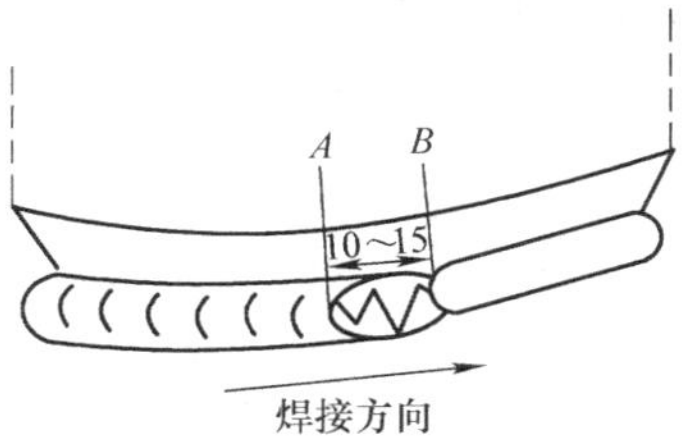

图 9-9 打底焊接头方法

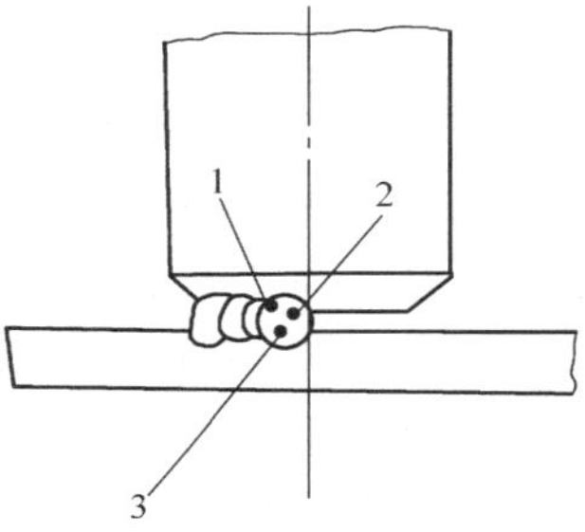

图 9-10 灭弧法焊接

3. 填充焊

填充焊前要将打底层焊缝的熔渣清理干净，处理好焊接有缺欠的地方，保证底板与管的坡口处熔合良好。填充层的焊缝不能太宽或太高，焊缝表面要保持平整，填充层焊接时的最佳焊条角度如图 9-11 所示。

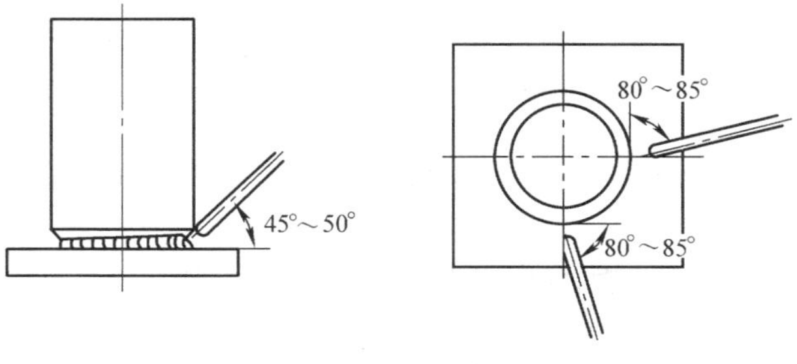

图 9-11 填充层焊接时的最佳焊条角度

打底层焊完后，可用角向磨光机进行清渣，先磨去接头处过高的焊缝，然后进行盖面层的焊接。

4. 盖面焊

盖面焊焊接前同样要将填充层焊缝的熔渣清理干净，处理好局部缺欠。盖面焊一般采用直径 ϕ3.2mm 的焊条，电流调节范围在 120～130A。

盖面焊盖面层必须保证管子不咬边和焊脚对称。盖面层一般采用两道焊缝，后道焊缝覆盖前一道焊缝的1/3～2/3，避免在两焊缝间形成沟槽和焊缝上凸，盖面焊时的焊条角度如图9-12所示。

焊接下面的盖面焊缝时，电弧要对准填充层焊缝的下沿，保证底板熔合良好；焊接上面的盖面焊缝时，电弧要对准填充焊缝的上沿，该焊缝应覆盖下面焊缝的一半以上，保证与立管熔合良好。连弧盖面焊时的最佳焊条角度如图9-12所示，灭弧盖面焊时的最佳焊条角度如图9-13所示。

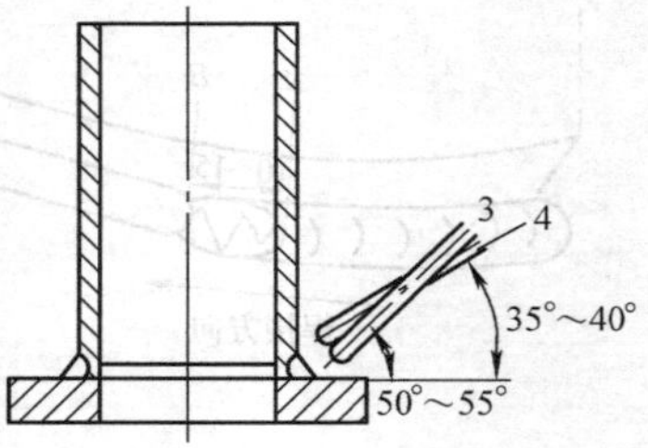

图9-12　连弧盖面焊时的最佳焊条角度

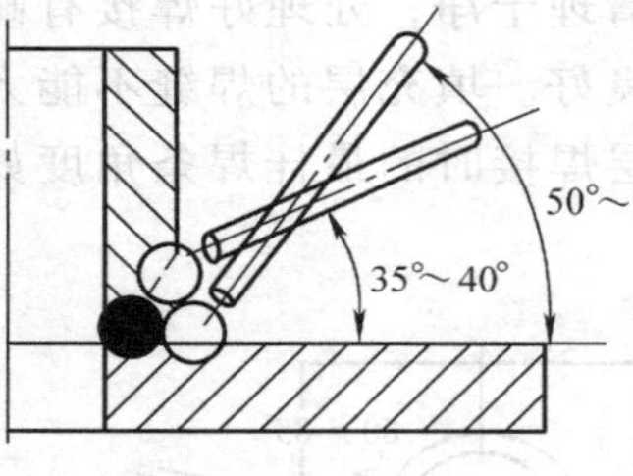

图9-13　灭弧盖面焊时的最佳焊条角度

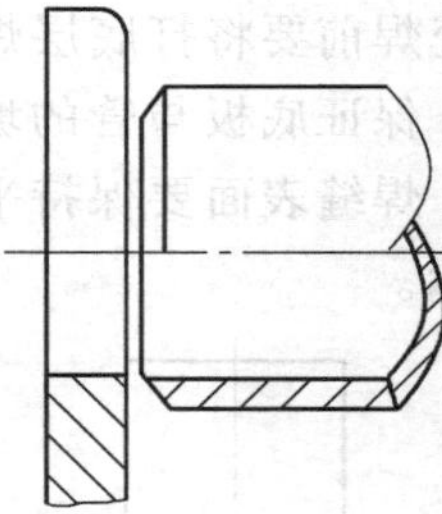

图9-14　骑坐式管板的水平固定方式

9.1.3　骑坐式管板的水平固定全位置焊接

骑坐式管板的水平固定方式如图9-14所示。

管板水平固定全位置焊要求对平焊、立焊和仰焊的操作技能都要熟练。焊接过程中焊条的角度随着焊接位置的不同而不断发生变化，全位置焊时的焊条角度如图9-15所示。

1. 打底焊

打底焊时，可以采用连弧焊法，也可以采用灭弧焊法。但必须采用左右两半圈进行焊接，先焊右半圈，后焊左半圈（见图9-15），以减小缺欠的产生。

（1）右半圈的焊接　将管子截面看作一个时钟，在时钟4点处

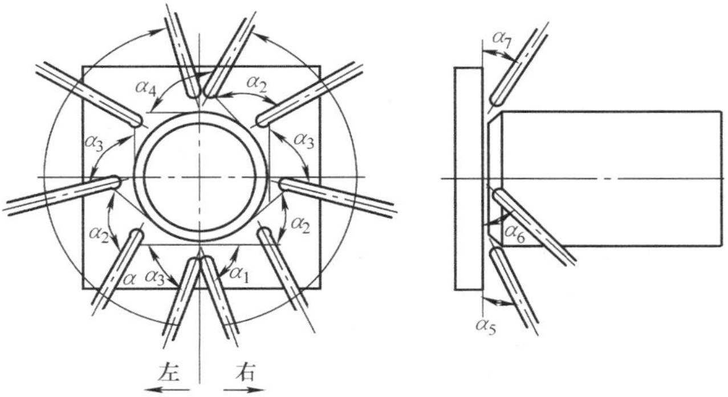

图 9-15 全位置焊时的焊条角度

注：$\alpha_1=75°\sim85°$，$\alpha_2=90°\sim105°$，$\alpha_3=100°\sim110°$，$\alpha_4=110°\sim120°$，$\alpha_5=30°$，$\alpha_6=45°$，$\alpha_7=35°\sim45°$。

到6点处之间引弧，引燃电弧后，迅速将电弧移到6点至7点之间处，对工件稍加预热后压低电弧，等管板根部充分熔合形成熔池和熔孔后（母材熔化金属液与焊条熔滴连在一起表示第一个熔滴形成）开始向右焊接，在6点至7点处的焊缝尽量薄些，以利于左半圈焊接时连接平整。

在时钟6点至5点之间时（近似仰焊位置），为了避免产生焊瘤，操作时焊条尽量向上顶送，可采用斜锯齿形运条，横向摆幅要小，运条间距要均匀且不宜过大，向斜下方摆动要快，向斜上方摆动相对要慢，在两侧稍加停留，采用短弧焊接。

时钟5点到2点之间的焊接时（近似立焊位置），焊条向工件里面送得要相对浅些，有时为了更好地控制熔池形状和温度，可采用间断灭弧焊或挑弧焊法灭弧焊接。采用间断灭弧焊时，如果熔池产生下坠，可采用横向摆动焊条且在两侧加以停留，扩大熔池面积，使焊缝成形平整。

时钟2点至12点位置焊接时（近似平焊位置），应将焊条端部偏向底板一侧并作短弧锯齿形运条，并使电弧在底板处停留时间稍长一些。

（2）接头　为了便于仰焊及平焊位置接头，施焊前半圈时，在仰焊位置（时钟6点）起焊点及平焊位置（时钟12点）终焊点的焊缝都必须超过工件的半圈，如图 9-16 所示。

（3）左半圈的焊接　焊接前先将右半圈焊缝的开始和末尾处的熔渣清理干净。如果时钟 6 点至 7 点处焊缝过高或有焊瘤、飞溅物时，必须进行清除或返修。焊接开始时，先在时钟 8 点处引弧，引燃电弧后，快速将电弧移到始焊端（时钟 6 点处）进行预热，然后压低电弧，以快速斜锯齿形运条，由 6 点向 7 点处进行焊接。左半圈的焊接除方向不同外，其余与右半圈基本相同。当焊至 12 点处与右半圈焊缝相连时，采用挑弧焊或间断灭弧焊。当弧坑填满后，灭弧停止焊接。

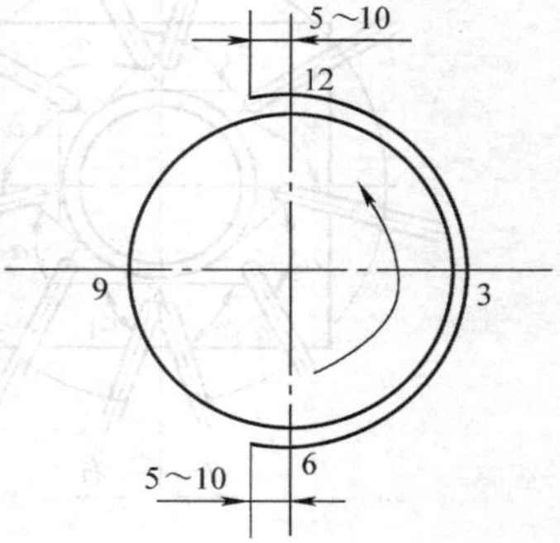

图 9-16　起焊点和终焊点位置

（4）更换焊条　一般采用热接法，当弧坑尚保持红热状态时，迅速更换焊条后，在熔池后方约 10mm 处引弧，然后将电弧拉到熔孔处，焊条向里推进，听到“噗”声后，稍作停顿，恢复原来的操作方法焊接。有时也可采用冷接法，但是必须在熔池冷却后，将收弧处打磨出斜坡方可接头。更换焊条后在打磨处附近引弧，运条到斜坡根部时，焊条向里推进，听到“噗”声后，稍作停留，恢复原来的操作方法焊接。

（5）收弧　收弧时将焊条逐渐引向坡口斜前方，或将电弧往回拉一小段，再慢慢提高电弧，使熔池逐渐变小，填满弧坑后灭弧。

（6）操作要点　焊接过程中，要使熔池的形状和大小保持基本一致，使熔池中的金属液清晰明亮，熔孔始终深入每侧母材 0.5～1mm。同时应始终伴有电弧击穿根部所发出的“噗”声，以保证根部焊透。当运条到定位焊缝根部时，焊条要向管内压进，听到“噗噗”声后，快速运条到定位焊缝另一端，再次将焊条向下压进，听到“噗”声后稍作停留，恢复原来的操作方法。

2. 填充焊

填充焊的焊条角度和焊接步骤与打底焊相同，焊条的摆动幅度比打底焊时略大。填充层的焊缝尽量薄些，管子一侧的坡口要填满，且底板一侧要比管子坡口一侧宽出1.5~2mm，使焊缝形成一个斜面，以利于盖面焊的焊接。

3. 盖面焊

（1）右半圈的焊接　引弧时在填充焊缝上5点钟到6点钟的位置引弧，然后迅速将电弧移到6点至7点钟之间预热后，压低电弧，采用直线形运条法施焊。焊接时应使熔池呈椭圆形，上、下轮廓线基本处于水平位置，焊条摆动到管与板侧时要稍作停留，而且在板侧停留的时间要长些，以避免产生咬边缺欠。焊缝应尽量薄，以利于左半圈焊缝连接平整。时钟6点至5点处的焊接（近似仰焊位置），应采用锯齿形运条法。时钟5点至2点处的焊接（近似立焊位置），可采用间断灭弧焊。2点到12点处的焊接（近似平焊位置），可采用间断灭弧焊。当焊到12点钟的位置时，将焊条端部靠在填充焊缝的管壁处，以直线形运条到12点与11点钟之间处收弧。焊条与板的夹角从仰焊部位的45°逐渐过渡到平焊部位的60°左右，焊条与焊接前进方向夹角随焊接位置不同而改变。

（2）左半圈的焊接　左半圈焊接前，先将右半圈的起焊位置和末端的熔渣清理干净，如果接头处存在过高的焊瘤或焊缝时，应将其处理平整。一般在8点处左右的填充焊缝上引弧，然后将电弧拉至6点处的焊缝起始端预热并压低电弧开始焊接。6点钟到7点钟之间一般采用直线形运条，同时保证连接处光滑平整。当焊至12点钟位置时，连续做几次挑弧动作，将熔池填满后收弧。

9.1.4　插入式管板的焊接

插入式管板的焊接一般分两个层次。先用直径ϕ2.5mm的焊条进行定位焊（定位焊每一点的长度为5~10mm），接着在定位焊缝的对面引弧，用直径ϕ2.5mm的焊条进行打底层的焊接，焊接电流70~100A，焊条与平板的夹角为40°~45°，焊条不作摆动，操作方法与平面焊基本相同。焊完后用清渣锤进行清渣，再用钢丝刷清扫焊缝表面，然后焊接盖面层。盖面层用直径ϕ3.2mm的焊条，焊条与平板的夹角为50°~60°，焊接时采用月牙形运条。

焊接插入式管板工件时，必须保证焊接两层，不能用大直径焊条只焊一层。因为这种接头往往要承受内压，如果只焊一层，虽然可以达到所需的焊脚尺寸，但由于焊缝内部存在缺欠，工作时往往会发生焊缝泄漏、渗水、渗气和渗油等现象。

9.2 氩弧焊管板焊接

9.2.1 骑坐式管板焊接

骑坐式管板焊接时采用单面焊双面成形工艺，焊接难度大。打底焊接时，要保证根部焊透且背面成形。首先在右侧的定位焊缝上引燃电弧，暂时不填加焊丝，电弧在原位置稍微摆动。待定位焊缝熔化且形成熔池和熔孔后，轻轻将焊丝向熔池推进，将金属液送到熔池前端，以提高焊缝背面的高度，防止出现未焊透等缺欠。当焊到其他的定位焊缝时，应停止送丝，利用电弧将定位焊缝熔化并和熔池连成一体后，再送丝继续向前焊接。焊接时要注意观察熔池的变化，保证熔孔大小一致，可通过调整焊枪与底板间的夹角来控制熔孔的大小，防止管子烧穿。

收弧时，先停止送丝，再断开开关，此时焊接电流开始衰减，熔池逐渐减小。当电弧熄灭且熔池冷却到一定温度后，再移开焊枪，这样做可防止焊缝金属被氧化。焊接接头处时，应在弧坑右方15～20mm处引燃电弧，并立即将电弧移到接头处，先不填加焊丝。待接头处熔化，左端出现熔孔后再加丝焊接。焊至封闭接头处，稍停填丝，待原焊缝头部熔化时再填丝，保证接头处熔合良好。

9.2.2 插入式管板焊接

1. 焊枪角度

管板垂直俯位焊的最佳焊枪角度如图9-17所示。

2. 钨极伸出长度

调整钨极伸出长度的方法如图9-18所示。喷嘴紧靠管板两侧，钨极指向坡口根部。喷嘴和孔板的夹角为45°，在喷嘴与工件根部之

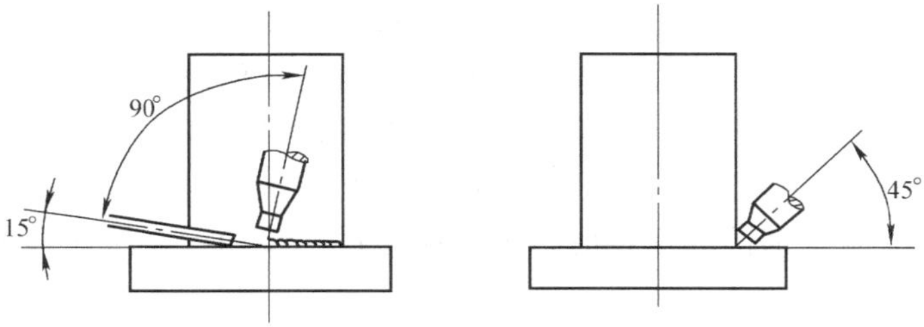

图 9-17 管板垂直俯位焊的最佳焊枪角度

间放一根 ϕ2.4mm 的焊丝，将钨极尖端与焊丝相接触，钨极伸出喷嘴的长度，应小于喷嘴的直径。

3. 引弧

在工件起焊点位置引弧，起焊点位置如图 9-19 中的 *C* 点所示。引弧后，先不填加焊丝，焊枪稍作摆动，待起焊点顶角根部熔化并形成明亮的熔池后，开始送丝并采用左焊法进行焊接。

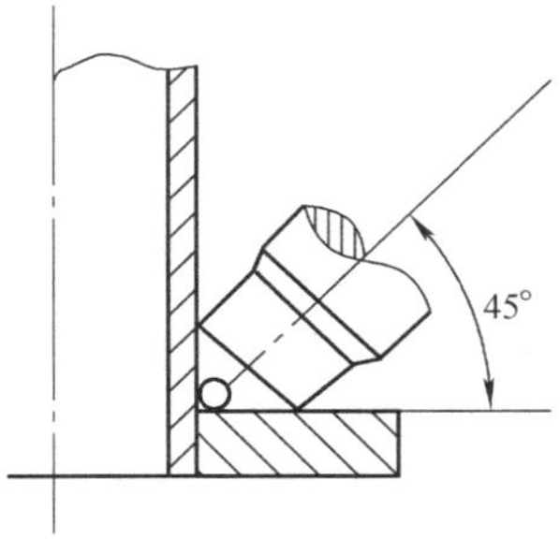

图 9-18 调整钨极伸出长度的方法

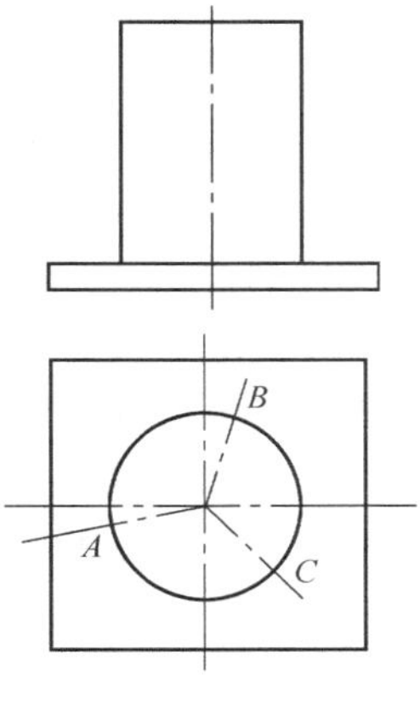

图 9-19 起焊点和定位焊缝位置

A、*B*—定位焊缝位置 *C*—起焊点位置

4. 焊接

在焊接过程中，喷嘴与两工件之间距离应尽量保持相等，电弧应以管子与孔板的顶角为中心作横向摆动，摆动幅度要适当，以使焊脚均匀、对称。同时注意观察熔池两侧和前方，使管壁和孔板熔

化宽度基本相等，并符合焊脚尺寸要求。送丝时，电弧可稍离开管壁，从熔池前上方填加焊丝，以使电弧的热量偏向孔板，防止咬边和熔池金属下坠。当焊丝熔化形成熔滴后，要轻轻地将焊丝向顶角根部推进，使其充分熔化，这样可防止产生未熔合缺欠。同时，要注意沿管板根部圆周焊接时，手腕应作适当转动，以保证合适的焊枪角度。

5. 接头

首先检查原弧坑焊缝状况，如果发现有氧化皮或其他缺欠，应将其打磨消除，并将弧坑磨成缓坡形。然后在弧坑右侧 15mm 左右处引弧，并慢慢向左移动焊枪，先不填加焊丝，待弧坑处熔化形成熔池后，再接着填丝并向前施焊。

6. 收弧

当一圈焊缝快焊完时停止送丝，待起焊点的焊缝金属熔化并与熔池连成一体后再填加焊丝，填满弧坑后，切断控制开关。随着焊接电流的衰减，熔池不断缩小，此时将焊丝抽离熔池但不要脱离氩气保护区，待氩气延时 5 ~ 10s 左右，关闭气阀，再移开焊丝和焊枪。封闭焊缝的收弧处也是接头处，可将起焊点打磨成缓坡形，能有效防止未焊透缺欠。

7. 操作要点

仰焊的操作难度较大，熔化的母材和焊丝熔滴容易下坠，必须严格控制焊接热输入和冷却速度。焊接电流较平焊时要小些，焊接速度和送丝频率要快，尽量减少每次的送丝量。氩气流量要加大，电弧尽量压低。一般采用两层三道的左向焊法。焊接时，首先要进行打底焊，打底焊要保证顶角处的熔深，焊枪角度如图 9-20 所示。

在右侧的定位焊缝上引弧，先不填加焊丝，等定位焊缝开始熔化并形成熔池后，开始填加焊丝，向左焊接。焊接过程中要尽量压低电弧，电弧对准顶角，保证熔池两侧熔合好，焊丝熔滴不能太大，当焊丝端部熔化形成较小的熔滴时，立即送入熔池，然后退出焊丝，观察熔池表面。当要出现下凸时，应加快焊接速度，待熔池稍冷后再填加焊丝。

最后是盖面焊，盖面焊缝一般有两条焊缝，在焊接时，先焊下

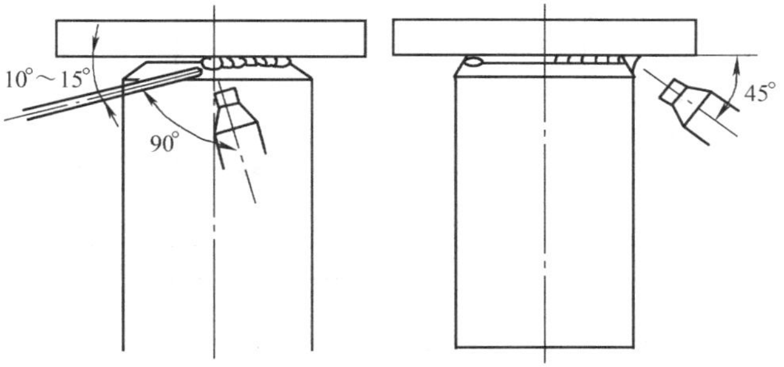

图 9-20 仰焊打底焊焊枪角度

层的焊缝，后焊上层的焊缝。焊枪角度如图 9-21 所示。

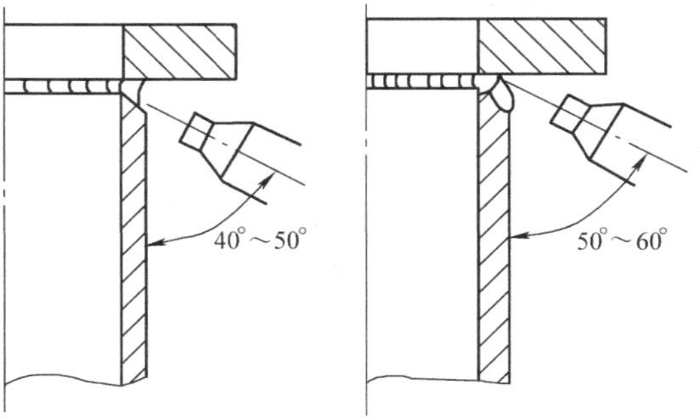

图 9-21 仰焊盖面焊的焊枪角度

9.3 CO_2 保护焊管板焊接

1. 垂直俯位焊

1）一般采用单层单道左向焊法，最佳焊枪角度如图 9-22 所示。

2）在定位焊点的对面引弧，从右向左沿管子外圆焊接，焊至距定位焊缝约 20mm 处收弧，磨去定位焊缝，将焊缝始端及收弧处打磨成斜面。

3）将工件旋转 180°，在收弧处引弧，完成余下焊缝。焊接时，电弧应偏向板材，同时焊丝应水平平移。

4）在施焊过程中，采用斜圆圈形运条。

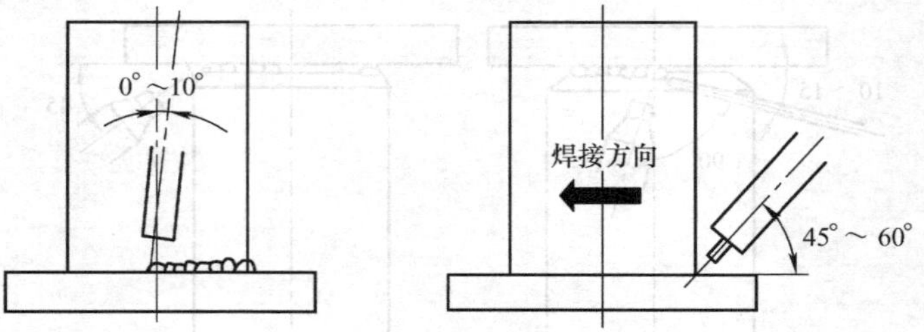

图 9-22 垂直俯位焊的最佳焊枪角度

5）在施焊过程中，操作者应随焊枪的移动调整身体的姿势，以便清楚地观察熔池。

2. 水平固定全位置焊

水平固定全位置焊接难度较大，要求对平焊、立焊和仰焊的操作都要熟练。

1）水平固定全位置焊接的最佳焊枪角度如图 9-23 所示。

2）焊接方向一般是先从 7 点位置逆时针方向焊至 12 点位置，再从 7 点位置顺时针方向焊至 12 点位置，如图 9-24 所示。

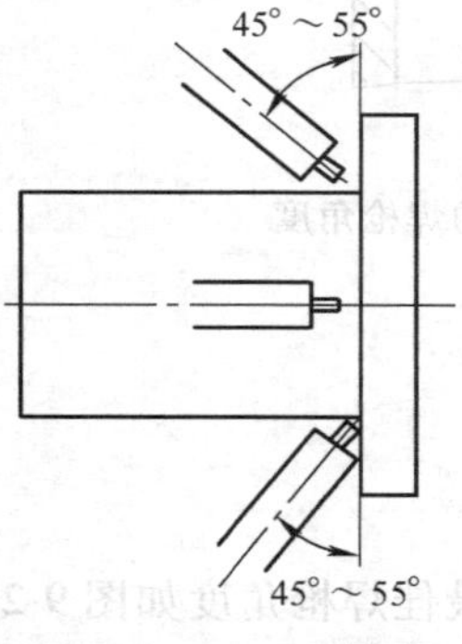

图 9-23 水平固定全位置焊接的最佳焊枪角度

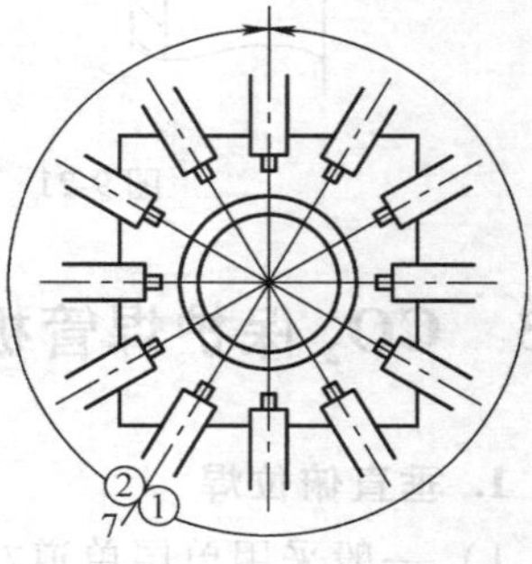

图 9-24 焊接顺序

3）如果焊到一定位置感到身体位置不合适时，可灭弧保持焊枪位置不变，快速改变身体位置，引弧后继续焊接。

4）在焊接过程中，焊至定位焊处时应将原焊点充分熔化，保证工件焊透。接头处要保证表面平整，填满弧坑，使焊缝两侧熔合良好，焊缝尺寸达到要求。

5）如果采用两层两道焊接，在焊第一层时焊速要快些，焊脚尺寸要小，根部要充分焊透，焊枪不要摆动。在第二层焊接前，先用钢丝刷清理干净第一层焊缝表面的氧化物，焊接时允许焊枪摆动，保证两侧熔合良好，并使焊脚尺寸符合要求。

3. 垂直固定仰焊

垂直固定仰焊一般采用右焊法，最佳焊枪角度如图9-25所示。

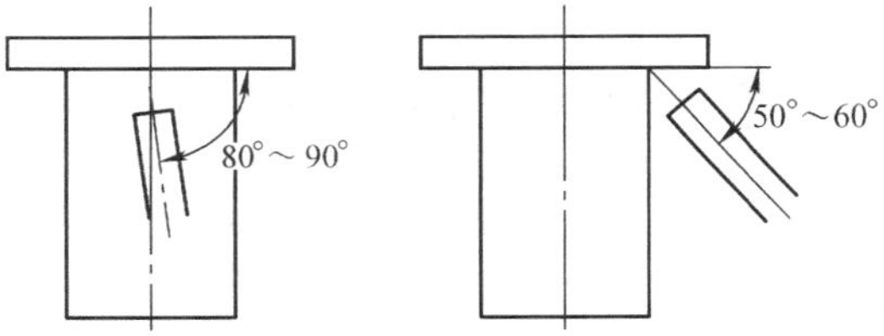

图9-25 仰焊时的最佳焊枪角度

打底焊时，电弧对准管板根部，保证根部熔透。不断调整操作者身体位置及焊枪角度，尽量减少焊缝接头，焊接速度可快些。盖面焊时，焊枪适当做横向摆动，保证两侧熔合良好。

第10章　焊接缺欠及焊接变形

10.1　焊接缺欠

1. 未熔合

未熔合是指焊缝与母材之间或焊缝与焊缝之间未完全熔化结合的部分，如图10-1所示。

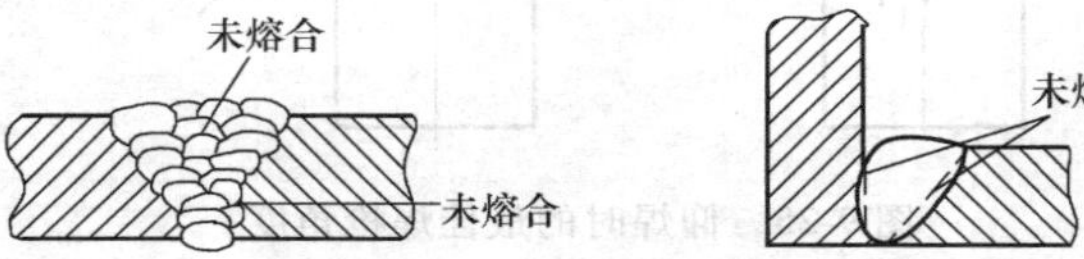

图10-1　未熔合

1）产生原因：①坡口侧壁有锈蚀及污物；②多层焊缝间清渣不彻底；③焊条偏心；④焊条摆动幅度太窄；⑤电弧指向偏斜；⑥焊接热输入太低，焊接电流太小。

2）防止措施：①加强焊前坡口清理；②加强层间清渣；③不使用偏心焊条；④操作时注意焊条的摆动幅度；⑤适当增大焊接电流。

2. 未焊透

未焊透是指焊接时接头底层未完全熔透的现象，如图10-2所示。

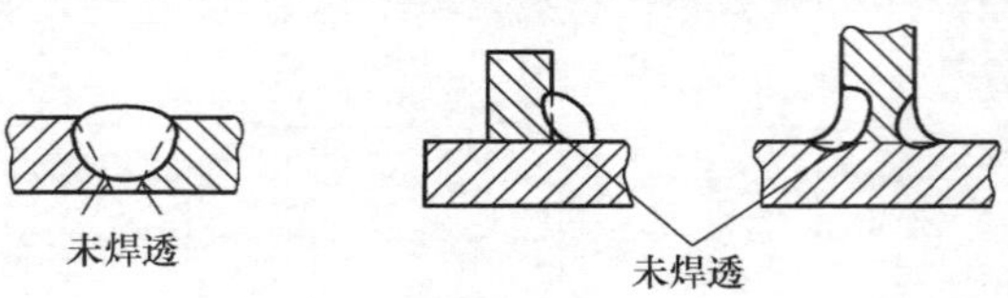

图10-2　未焊透

1）产生原因：①坡口角度或间隙过小，钝边过大；②电弧太长或电弧偏吹；③焊条角度或运条方式不当，使熔池偏于一侧；④焊接电流太小；⑤焊接速度太快。

2）防止措施：①正确选用和加工坡口尺寸，合理装配，保证间隙；②采用小直径焊条焊接；③适当增大电流；④降低焊接速度。

3. 凹坑

凹坑是指焊后在焊缝表面或焊缝背面形成的低于母材表面的局部低洼部分，如图 10-3 所示。

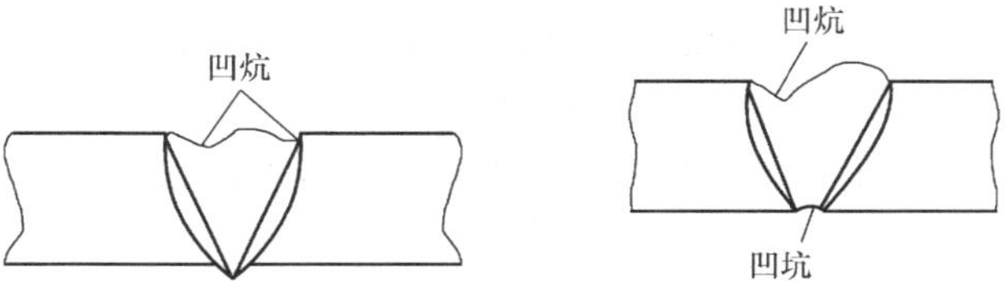

图 10-3　凹坑

1）产生原因：①工件装配间隙过大；②焊接电弧过长；③焊条倾角不合适。

2）防止措施：①合理安排工件装配间隙；②采用短弧焊接；③运条时调整焊条倾角。

4. 烧穿

烧穿是指焊接过程中，熔化金属自坡口背面流出，形成穿孔的缺欠，如图 10-4 所示。

1）产生原因：①工件装配间隙过大，钝边过小；②焊接电流太大；③焊接速度太慢；④电弧在某处停留时间过长，造成局部温度过高。

2）防止措施：①减小根部间隙；②加大钝边；③适当降低电流大小；④增大焊接速度；⑤电弧停留时间不要太长。

5. 塌陷

塌陷是指单面熔焊时，造成焊缝金属过量透过背面而使焊缝正面塌陷、背面凸起的现象，如图 10-5 所示。

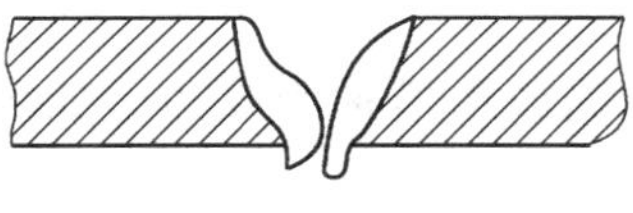

图 10-4　烧穿

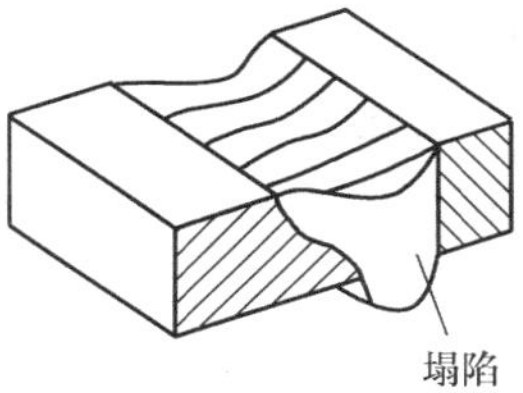

图 10-5　塌陷

1）产生原因：①工件装配间隙过大；②焊接电流过大。

2）防止措施：①合理安排工件装配间隙；②适当减小焊接电流。

6. 焊瘤

在焊接过程中，熔化金属流淌到焊缝之外未熔化的母材上所形成的金属瘤称为焊瘤，如图10-6所示。

1）产生原因：①焊条直径太大；②焊接电流太大；③焊接速度太慢；④运条方式不正确。

2）防止措施：①使用细小焊条；②适当减小焊接电流；③加快焊接速度；④改变运条方式。

7. 弧坑

焊缝收尾处产生的下陷部分称为弧坑，如图10-7所示。

图10-6　焊瘤

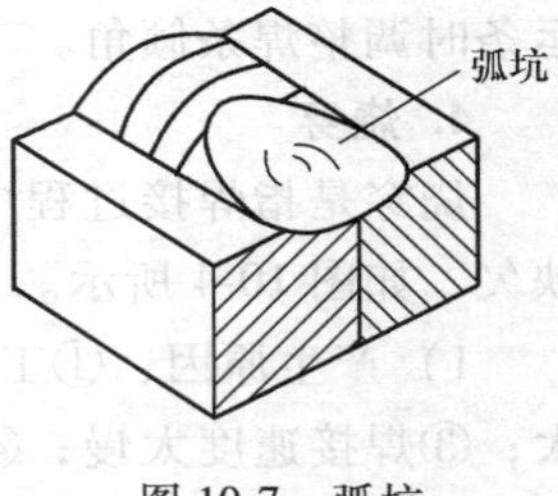

图10-7　弧坑

1）产生原因：①薄板焊接时电流过大；②灭弧停留时间过短，使熔池金属在电弧吹力下向后移动而又没有新的填充金属添加造成弧坑。

2）防止措施：①采用断续灭弧或用引出板将弧坑引至工件外面；②收弧时焊条应在熔池处稍停留或做环形运条，待熔池金属填满后再引向一侧灭弧。

8. 咬边

焊接后沿焊趾母材部位产生的凹陷或沟槽称为咬边，如图10-8所示。

1）产生原因：①焊接电流过大；②焊接速度过快；③焊条摆动速度过快；④运条方式不当；⑤电弧过长。

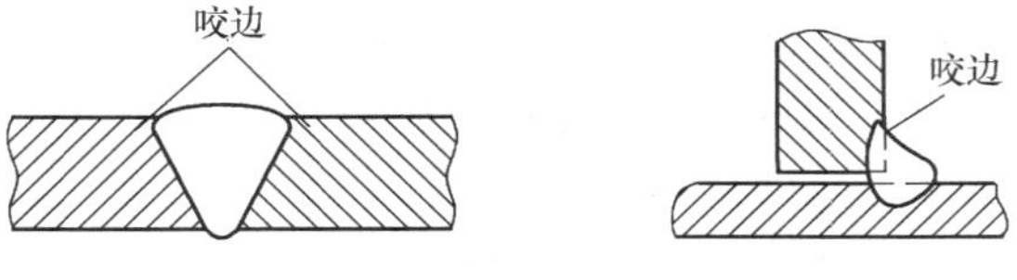

图 10-8 咬边

2）防止措施：①适当减小焊接电流；②减小焊接速度；③减小焊条摆动速度；④改变运条方式；⑤使用短弧焊接。

9. 夹渣

焊后残留在焊缝中的点状或条状焊渣称为夹渣，如图 10-9 所示。

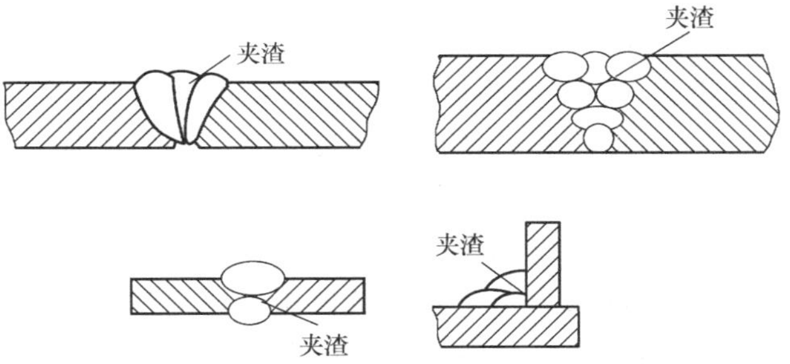

图 10-9 夹渣

1）产生原因：①坡口设计不当，坡口角度太小，在深坡口底层焊接时，因熔渣数量多而流向电弧前方；②焊条选择不当，不能和母材化学成分匹配；③焊条直径太大；④焊接过程中，工件边缘、焊缝、焊层之间清渣不干净；⑤焊接电流太小；⑥焊接速度太快；⑦焊接过程操作不当，如焊条摆动幅度过宽，焊条前进速度不均匀，工件倾角太大等。

2）防止措施：①适当增大坡口角度；②采用化学成分与母材匹配的焊条；③采用直径较小的焊条；④在后焊焊缝施焊之前应彻底清渣；⑤适当增大焊接电流；⑥减小焊接速度；⑦减小焊条摆动幅度，减小工件倾角。

10. 气孔

焊接时熔池中的气泡在凝固时未能逸出而残留下来所形成的孔穴称为气孔，如图 10-10 所示。

1）产生原因：①工件表面和坡口处有油、锈、水分及污物等存

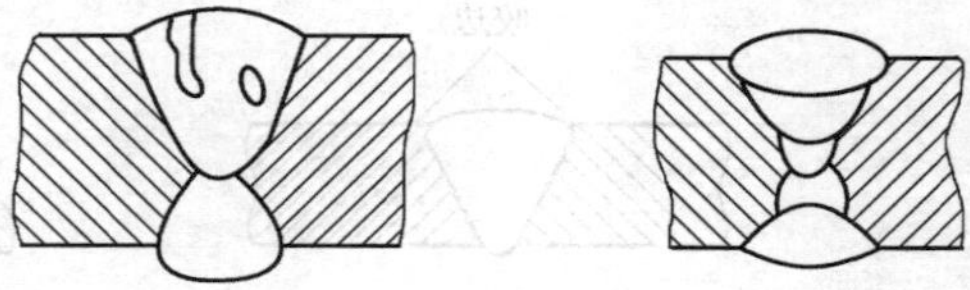

图 10-10　气孔

在；②焊条药皮受潮，使用前没有烘干；③焊条烘干温度过高，使药皮中成分失效或药皮脱落；④焊接时电流过大，焊条发红，药皮提前脱落，失去保护作用；⑤焊接电流太小或焊接速度过快；⑥焊接电弧太长；⑦焊接电弧发生偏吹；⑧运条方式不当，如收弧动作太快，易产生缩孔；接头引弧动作不正确，易产生密集气孔；⑨使用 E5015 碱性焊条时，电源采用错误的直流正接；⑩野外焊接时没有防风措施。

2）防止措施：①焊前将坡口两侧 20 ~ 30mm 范围内的油脂、锈蚀清除干净；②不使用焊心锈蚀、药皮开裂、剥落的焊条；③严格按焊条说明书规定的温度和时间烘焙；④运条时，利用运条动作加强金属液搅动，使熔池内气体能顺利逸出；⑤防止电弧偏吹，不要使用偏心度超过标准的焊条；⑥尽量使用短弧焊接，特别在使用碱性焊条时，不要随意拉长电弧；⑦采用碱性焊条时，电源一定要直流反接；⑧野外施工要有防风措施。

11. 焊缝成形缺欠

焊缝成形缺欠包括焊缝太窄、太宽、太高、宽窄不均、焊脚尺寸不等、焊缝余高过高、焊缝表面下凹和角焊缝凸起过高等，如图 10-11 所示。

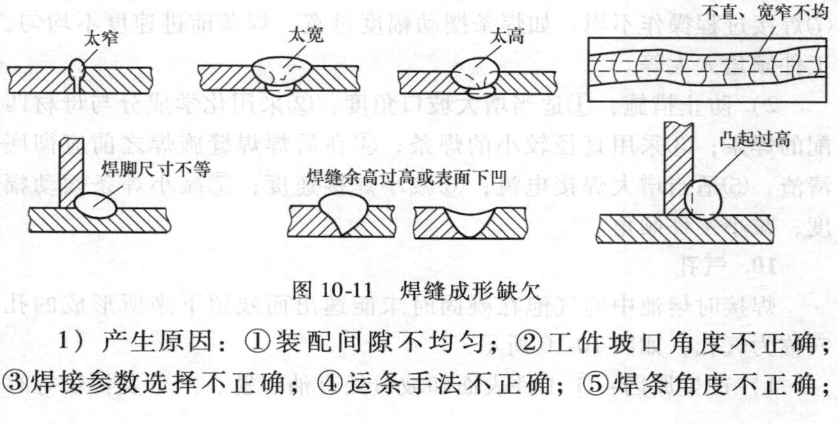

图 10-11　焊缝成形缺欠

1）产生原因：①装配间隙不均匀；②工件坡口角度不正确；③焊接参数选择不正确；④运条手法不正确；⑤焊条角度不正确；

⑥焊条送进或移动速度不恒定；⑦焊接时操作者的手不稳定；⑨焊缝位置可达性不好。

2）防止措施：①调整工件装配间隙；②改变工件坡口角度；③选择正确的焊接参数；④⑤调整运条方式；⑥调整焊条角度；⑦保证焊条送进或移动速度恒定；⑧加强操作练习，焊接时手要稳，不能抖动；⑨改变焊接结构，改善焊缝位置的可达性。

10.2　焊接变形

10.2.1　焊接变形的种类

焊接变形可分为局部变形和整体变形两大类。

1. 局部变形

局部变形仅发生在焊接结构的某一局部，如收缩变形、角变形、波浪变形。

（1）收缩变形　如图 10-12 所示的两板对接焊以后发生了长度缩短和宽度变窄的变形，这种变形是由焊缝的纵向收缩和横向收缩引起的。

（2）角变形　角变形是由于焊缝截面上宽下窄，使焊缝的横向收缩量上大下小而引起的，如图 10-13 所示。

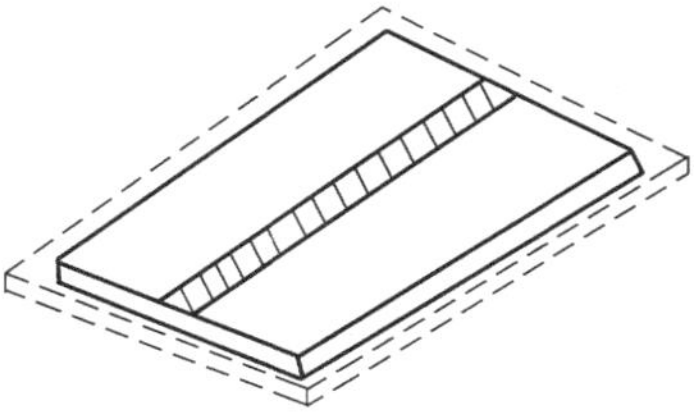

图 10-12　收缩变形

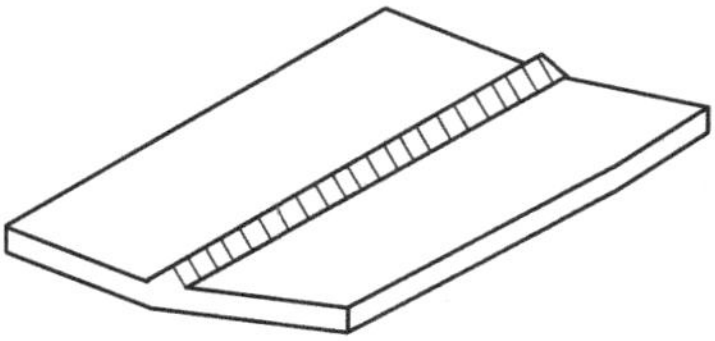

图 10-13　角变形

（3）波浪变形　波浪变形又称失稳变形，主要出现在薄板焊接结构中，产生的原因是焊缝的纵向收缩对薄板边缘造成了压应力，如图 10-14 所示。

2. 整体变形

整体变形指焊接时产生的遍及整个结构的变形，如弯曲变形和扭曲变形。

（1）弯曲变形　弯曲变形主要是焊缝的位置在工件上不对称引起的，如图10-15所示。

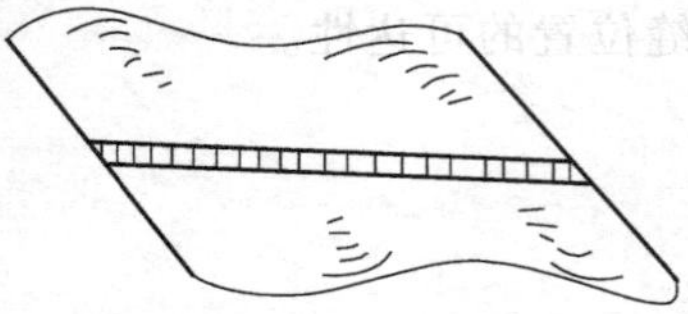

图10-14　波浪变形

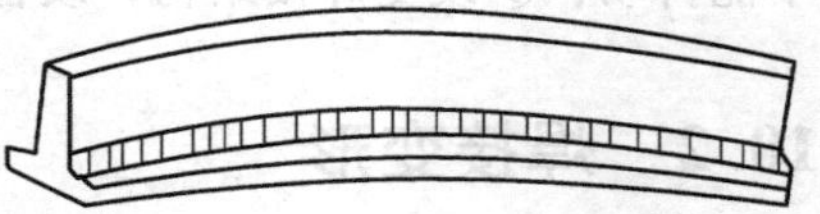

图10-15　弯曲变形

（2）扭曲变形　装配质量不好、工件搁置不当、焊接顺序和焊接方向不合理，都可能引起扭曲变形，但根本原因还是焊缝的纵向收缩和横向收缩，如图10-16所示。

10.2.2　焊接变形的矫正

各种矫正方法就其本质来说，都是设法造成新的变形去抵消已经产生的焊接变形。生产中常用的矫正方法有机械矫正法和火焰矫正法。

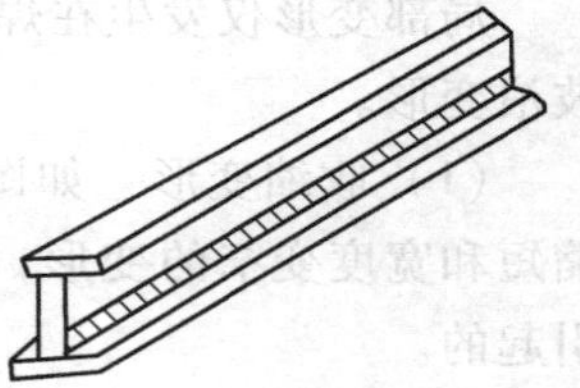

图10-16　扭曲变形

1. 机械矫正法

机械矫正法是利用机械力的作用来矫正变形。可采用辊床、液压压力机、矫直机和锤击等方法。机械矫正的基本原理是将工件变形后尺寸缩短的部分加以延伸，并使之与尺寸较长的部分相适应，恢复到所要求的形状，因此只有对塑性材料才适用。

薄板波浪变形，主要是由于焊缝区的纵向收缩所致，因而沿焊缝进行锻打，使焊缝得到延伸即可达到消除薄板焊后波浪变形的目的，如图10-17所示。

2. 火焰矫正法

火焰矫正法常用于薄板结构的变形矫正，它是使用气焊火焰中性焰在工件适当的部位加热，利用金属局部的收缩所引起的新变形，去矫正各种已产生的焊接变形，从而达到使工件恢复正确形状和尺寸的目的。火焰矫正法主要用于低碳钢和低合金钢，一般加热温度在 600 ~800℃。

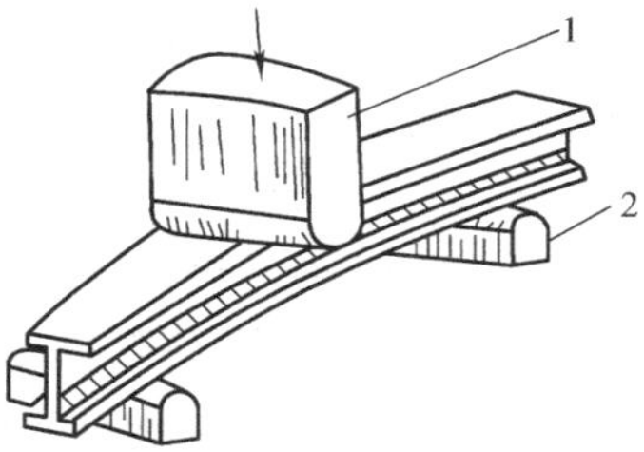

图 10-17 机械矫正法
1—压头 2—支承

火焰矫正是一项技术性很强的操作，要根据结构特点和矫正变形的情况，确定加热方式和加热位置，并要目测控制加热区的温度，才能获得较好的矫正效果。常用的加热方式有点状加热、线状加热和三角形加热三种。

（1）点状加热 为了消除板结构的波浪变形，可在凹陷或凸出部位的四周加热几个点，加热处的金属受热膨胀，但周围冷金属阻止其膨胀，加热点的金属便产生塑性变形。然后在冷却过程中，在加热点的金属体积收缩，将相邻的冷金属拉紧，这样凹凸部位周围各加热点的收缩就能将波浪形拉平，如图 10-18 所示。加热点的大小和数量取决于板厚和变形的大小。厚度较大时，加热点的直径应大些；厚度较小时，加热点的直径应小些。变形量大时，加热点的距离应小些，一般在 50 ~100mm 范围内。

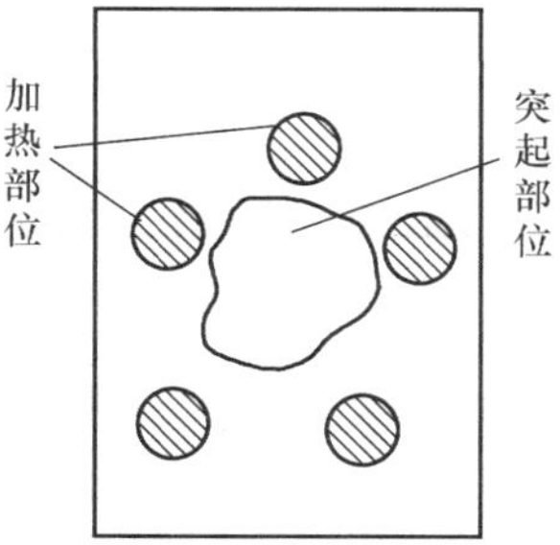

图 10-18 点状加热

（2）线状加热 线状加热主要用于矫正角变形和弯曲变形。加热火焰作直线运动，或者同时作横向摆动，从而形成一个加热带。首先找出凸起的最高处，用火焰进行线状加热，加热深度不超过板厚的 2/3，使钢板在横向产生不均匀的收缩，从而消除角变形和弯曲变形。图 10-19 所示为均匀弯曲钢板线状加热矫正实例。在最高处进行线状加热，加热温度为 500 ~600℃。第一次加热未能完全矫平时，可再次加热，直到矫平为止。对于直径和圆度都有严格要求的厚壁圆筒，矫正方法是在平台上用木块将圆筒垫平竖放。先矫正圆筒的周长，当周长过大时，用两个气焊火焰同时在筒体内、外沿纵缝进行线状加热，每加热一次，周长可缩短 1～2mm。矫正椭圆度时，先用样板检查，如圆筒外凸，则沿该处外壁进行线状加热，可多次加热，直至矫圆为止。如圆筒弧度不够，则沿该处内壁加热，如图 10-20 所示为圆筒火焰矫正时的加热位置。

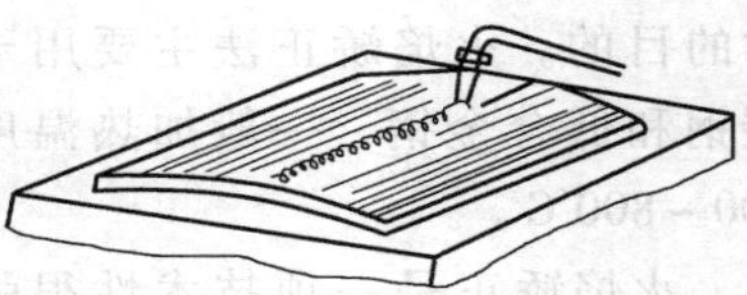

图 10-19 线状加热

（3）三角形加热 三角形加热常用于矫正厚度较大、刚性较大工件的弯曲变形，可用多个气焊火焰同时进行加热。加热区呈三角形，利用其横向宽度不同产生收缩不同的特点矫正变形，如 T 形梁由于焊缝不对称产生弯曲时，可在腹板外缘处进行三角形加热，如图 10-21 所示。若第一次加热后还有上拱，则须进行第二次加热，第二次加热位置应选在第一次加热区之间。

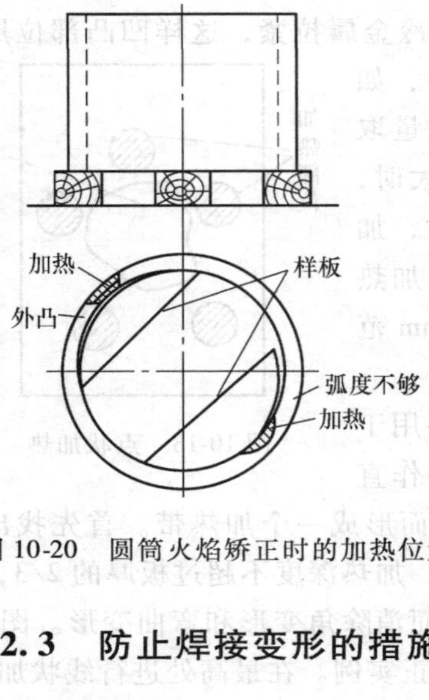

图 10-20 圆筒火焰矫正时的加热位置

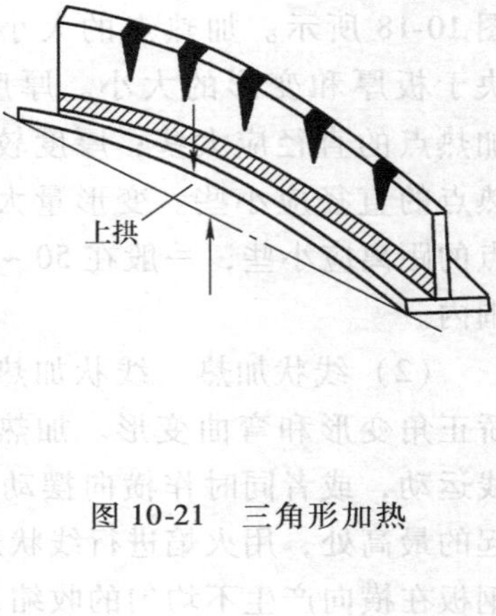

图 10-21 三角形加热

10.2.3 防止焊接变形的措施

1. 热调整法

减少焊接热影响区的宽度，降低不均匀加热的程度，都可以减少焊接变形。

1）采用能量高的焊接方法，如用二氧化碳气体保护焊代替焊条电弧焊。

2）多层焊代替单层焊。

3）用小直径焊条代替大直径焊条。

4）用小电流快速不摆动焊代替大电流慢速摆动焊。

2. 刚性固定法

一般刚性大的工件，焊后变形都较小。如果焊接之前能加大工件的刚性，工件焊后的变形就可以减小，这种防止变形的措施称为刚性固定法。加大刚性的办法有夹具、支撑、使用专用胎具、临时将工件点固定在刚性平台上、采用压铁等。

3. 强制冷却法

采取强制冷却来减少受热区的宽度，能达到减少焊接变形的目的。

1）将焊缝四周的工件浸在水中。

2）用铜块增加工件的热量损失。

4. 焊前预热法

对于焊接性较差的材料，如中碳钢、铸铁等通常采用预热来减少焊接变形。

5. 反变形法

常用的反变形法有下料反变形法和装配反变形法。

（1）下料反变形法　在刚性较大的工件下料时，将工件制成预定大小和方向的反变形，如桥式起重机的主梁焊后会引起下挠的弯曲变形，通常采用腹板预制上拱的方法来解决，如图 10-22 所示。

（2）装配反变形法　在焊前进行装配时，为抵消或补偿焊接变形，先将工件向与焊接变形的相反方向进行人为的变形，焊接后，由于焊缝本身的收缩，工件应恢复到预定的形状和位置，这种方法叫作反变形法，如图 10-23 所示。

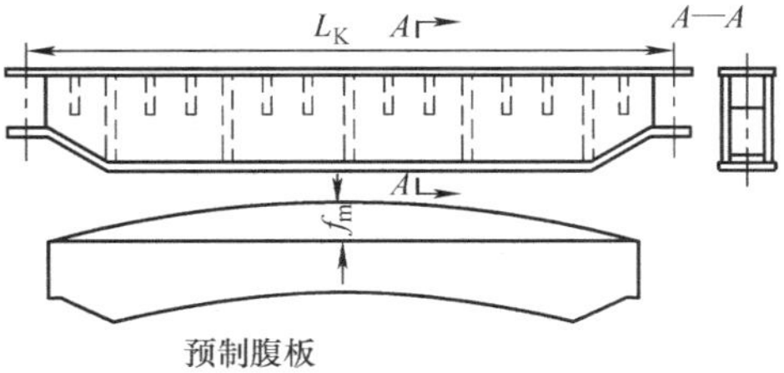

图 10-22　下料反变形法

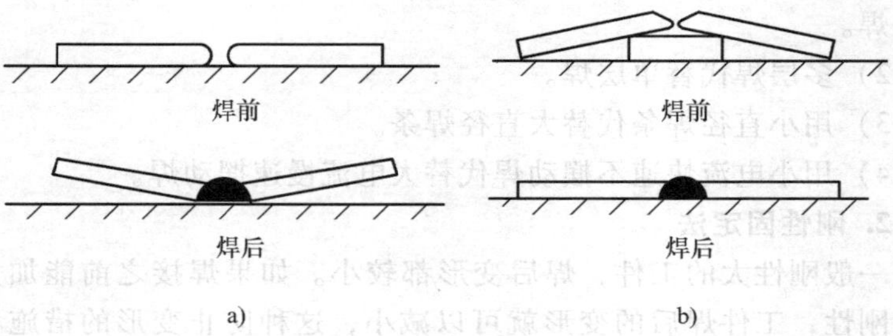

图 10-23 板材对焊的焊接变形

a）未采取措施 b）采取装配反变形法

6. 控制顺序法

同样的焊接结构，如果采用不同的焊接顺序，产生的焊后变形则不相同。

（1）采用对称的焊接顺序 采取对称的焊接顺序，能有效地减少焊接变形，如图 10-24 所示。

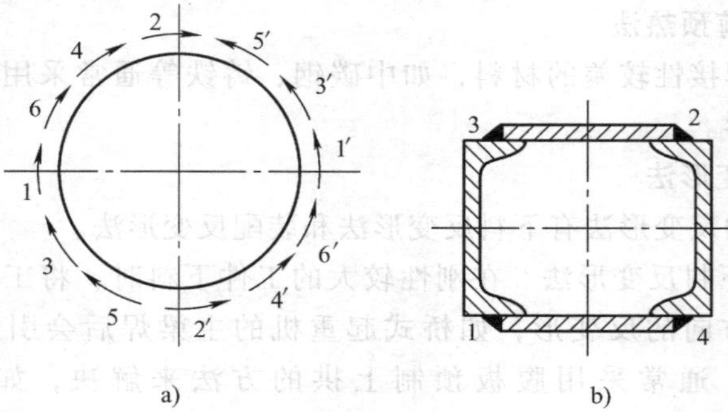

图 10-24 对称的焊接顺序

a）圆形 b）矩形

（2）长焊缝的焊接顺序 长焊缝焊接时，应采取对称焊、逐步退焊、分段逐步退焊、跳焊等焊接顺序。

（3）先焊收缩量大的焊缝 因为对接焊缝比角焊缝的收缩量大，如果一个结构中既有对接焊缝，又有角焊缝，则应先焊对接焊缝，后焊角焊缝。

附　　录

附录 A　常用金属材料的焊接性及焊接材料选用指南

焊接性是指在一定焊接条件下，金属是否易于获得优良焊接接头的能力。它取决于焊缝产生裂纹、气孔等缺欠的倾向。焊接性好的材料易于用一般的焊接方法和工艺焊接，焊接时不易产生焊接缺欠，焊接接头有较高的力学性能。

1. 低碳钢的焊接

由于低碳钢含碳量低，锰、硅含量也少，通常情况下不会因焊接而产生严重硬化组织或淬火组织。低碳钢焊后的接头塑性和冲击韧度良好，焊接时，一般不需预热、控制层间温度和后热，焊后也不必采用热处理改善组织，整个焊接过程不必采取特殊的工艺措施，焊接性优良。

低碳钢焊条电弧焊所用焊条的选用如表 A-1 所示，气体保护焊所用焊接材料的选用如表 A-2 所示，埋弧焊所用焊接材料的选用如表 A-3 所示。

表 A-1　低碳钢焊条电弧焊所用焊条的选用

钢牌号	焊条的选用				施焊条件
	一般结构		焊接动载荷、复杂和厚板结构、重要受压容器以及低温下焊接		
	国标型号	牌号	国标型号	牌号	
Q235 Q255	E4313，E4303，E4301，E4320，E4311	J421，F422，J423，J424，J425	E4316，E4315，(E5016，E5015)	J426，J427 (J506，J507)	一般不预热

（续）

钢牌号	焊条的选用				施焊条件
	一般结构		焊接动载荷、复杂和厚板结构、重要受压容器以及低温下焊接		
	国标型号	牌号	国标型号	牌号	
Q275	E5016，E5015	J506，J507	E5016，E5015	J506，J507	厚板结构预热150℃以上
08、10、15、20	E4303、E4301、E4320、E4311	J422、J423、J424、J425	E4316，E4315，（E5016，E5015）	J426，J427（J506，J507）	一般不预热
25、30	E4316、E4315	J426、J427	E5016、E5015	J506、J507	厚板结构预热150℃以上
20G、22G	E4303，E4301	J422，J423	E4316，E4315，（E5016，E5015）	J426，J427（J506，J507）	一般不预热
20R	E4303，E4301	J422，J423	E4316，E4315（E5016，E5015）	J426，J427（J506，J507）	一般不预热

注：表中括号表示可以代用。

表 A-2　低碳钢气体保护焊所用焊接材料的选用

钢牌号	焊接材料的选用		简要说明
	保护气体	焊丝	
Q235 Q255 Q275 15、20 20G、22G 20R	CO_2	ER49-1（H08Mn2SiA） YJ502-1 YJ502R-1 YJ507-1 PK-YJ502 PK-YJ507	低碳钢[w(C)<0.30%]焊接性优良，是最易焊接的钢种，可采用多种焊接方法，并能获得良好的焊接接头。在气体保护焊中，CO_2焊应用最广，一般采用实心焊丝ER49-1（H08Mn2SiA），以选用镀铜焊丝为好。采用ER49-1焊丝（熔敷金属抗拉强度≥490MPa），强度略偏高。目前我国正在开发新的牌号，以更好地适用各种低碳钢焊接的需要

（续）

钢牌号	焊接材料的选用		简要说明
	保护气体	焊丝	
Q235 Q255 Q275 15、20 20G、22G 20R	自保护	YJ502R-2 YJ507-2 PK-YZ502 PK-YZ506	药芯焊丝正在发展，应用范围不断扩大 YJ502R-2、PK-YZJ502 等自保护焊丝，一般来说，焊接时烟雾较大，适于室外工作，有较强的抗风能力 对某些结构也采用钨极氩弧焊（如锅炉的集管箱、换热器等，一般采用 H05MnSiAlTiZr 焊丝）或自动混合气体保护焊（如锅炉的水冷系统采用 ER49-1 焊丝，CO_2 + Ar 保护）

注：PK 系列为北京焊条厂开发的药芯焊丝。

表 A-3　低碳钢埋弧焊所用焊接材料的选用

钢牌号	焊接材料的选用		
	焊丝	焊剂	
		牌号	国际型号
Q235	H08A	HJ430、HJ431	HJ401-H08A
Q255	H08A		
Q275	H08MnA		
15、20	H08A、H08MnA	HJ430、HJ431 HJ330	HJ401-H08A HJ301-H10Mn2
25、30	H08MnA、H10Mn2		
20G	H08MnA、H08MnSi、H10Mn2		
20R	H08MnA		

2. 中碳钢的焊接

中碳钢中碳的质量分数为 0.25% ~0.60%，当碳的质量分数接近 0.25% 而含锰量不高时，焊接性良好。随着含碳量的增加，焊接性逐渐变差。如果碳的质量分数为 0.45% 左右而仍按焊接低碳钢常用的工艺施焊时，在热影响区可能会产生硬脆的马氏体组织，易于开裂，形成冷裂纹。

大多数情况下，中碳钢焊接需要预热，以降低焊缝和热影响区冷却速度，从而防止产生焊接缺欠。

中碳钢焊条电弧焊焊条的选用如表 A-4 所示，气体保护焊焊接材料的选用如表 A-5 所示。

表 A-4 中碳钢焊条电弧焊焊条的选用

钢牌号	母材碳的质量分数(%)	焊条型号的选用		
		要求等强度的构件	不要求强度或不要求等强度的构件	塑性好的焊条
35	0.32～0.40	E5016 E5015	E4303 E4301	E308L-16 E308-15 E309-16 E309-15 E310-16 E310-15
ZG270-500	0.31～0.40	E5516-G E5515-G	E4316 E4315	
45	0.42～0.50	E5516-G E5515-G E6016-D1 E6015-D1	E4303 E4301 E4316 E4315 E5016 E5015	
ZG310-570	0.41～0.50			
55	0.52～0.60	E6016-D1 E6015-D1	E4303 E4301 E4316 E4315 E5016 E5015	
ZG340-640	0.51～0.60			

表 A-5 中碳钢气体保护焊焊接材料的选用

钢牌号	焊接材料的选用		简要说明
	保护气体的体积分数	焊丝	
35 45	CO_2	ER49-1 ER50-2 ER50-3、6、7 PK-YJ507 YJ507-1 YJ507Ni-1	中碳钢的 w(C)＝0.30%～0.60%。当 w(C)＝0.4%时，基本仍按低碳钢选用焊丝；当强度要求高时，可选用 ER50-2、ER50-3、ER50-4、ER50-5、ER50-7 等或相当强度级别的药芯焊丝，并采取适宜的焊接工艺，严格控制焊接过程，避免热影响区产生马氏体组织和裂纹
	CO_2 或 Ar＋$CO_2$20%	GHS-60	

3. 高碳钢的焊接

一般高碳钢不用于制造焊接结构，其焊接多为补焊或堆焊。焊条的选择应按被焊工件的使用要求而定，较高要求可选 E7015G 或 E6015，较低要求可选 E5015 或 E5016，或选用 E309、E309Mo 焊条等。预热一般应在 250～350℃之间，焊后应缓冷并高温（650℃）

回火。

4. 低合金高强度钢的焊接

低合金高强度钢含有一定量的合金元素及微合金化元素，其焊接性与碳钢有差别，主要是焊接热影响区组织与性能的变化对焊接热输入较敏感，热影响区淬硬倾向增大，对氢致裂纹敏感性较大，含有碳、氮化合物形成元素的低合金高强度钢还存在再热裂纹的危险。

低合金高强度钢焊接材料的选用如表A-6所示。

表A-6　低合金高强度钢焊接材料的选用

钢　号	焊条电弧焊		熔化极气体保护焊		
	焊条型号	焊条牌号	焊丝型号	焊丝牌号	保护气体的体积分数
07MnCrMoVR 07MnCrMoVDR 07MnCrMoV-D 07MnCrMoV-E	GB E6015-G JIS D5816 AWS E9016-G	PP J607RH			
HQ60	GB E6016-G GB E6015H	J606RH J607H	GB ER60-G AWS ER80-G	HS-60Ni (H08MnNiMoA) HS-60 (H08MnSiMoA)	Ar+20% CO_2 或 CO_2
HQ70	GB E7015-G AWS E10015-G JIS D7015	J707Ni J707RH J707NiW	GB ER69-1,-2,-3 AWS ER100-G	HS-70 (H08Mn2NiMoA) ER100-1,-2	Ar+20% CO_2 或 CO_2
HQ80C	GB E8015-G AWS E11015-G JIS D8015	J807RH	GB ER76-1 AWS ER110-G	HS-80A (H08MnNi2MoA) ER110	Ar+20% CO_2
HQ100		J956		GHQ-100 (H08MnNi2-CrMoA)	Ar+5%~20% CO_2
14MnMoNbB	GB E7015-D2 E7015-G E7515-G E8015-G	J707 J707Ni J707RH J707NiW J757、J757Ni J807、J807RH	AWS ER110S-1 (Mn2-Ni3-Cr-Mo) AWS ER110S-G	HS-80A (H08MnNi2Mo)	Ar+20% CO_2 或 Ar+1%~2% O_2

5. 中碳调质钢的焊接

中碳调质钢的焊接性较差，由于中碳调质钢的含碳量高，合金元素多，钢的淬硬倾向大，在热影响区的淬火区会产生大量的马氏体，增大了焊接接头的冷裂倾向，导致严重脆化。热影响区被加热到超过调质处理时回火温度的区域，将出现强度、硬度低于母材的软化区。中碳调质钢的碳及合金元素含量高，熔池的结晶温度区间大，偏析严重，因而具有较大的热裂纹敏感性。

中碳调质钢焊条的选用如表 A-7 所示。

表 A-7 中碳调质钢焊条的选用

钢号	状态	焊条的选用	
		型号	牌号
25CrMnSiA	退火(在退火状态下进行焊接,焊后调质)	E8515-G E9015-G E10015-G	J907、J907Cr
30CrMnSiA			J857、J857Cr
30CrMoA			J857CrNi
35CrMoVA			J107、J107Cr
30CrMnSiNi2A			HTJ-2
34CrNi3MoA			HTJ-3
40Cr			J107、J107Cr、J857Cr、J907、J907Cr
25CrMnSiA	调质后焊接	E1-16-25MoN-15 E1-16-25MoN-16	A502、A507、HTG-1、HTG-2、HTG-3
30CrMnSiA			
30CrMnSiNi2A			
34CrNi3MoA			
40CrNiMoA			
40CrMnMo			HTG-1

6. 奥氏体不锈钢的焊接

奥氏体不锈钢比其他不锈钢具有优良的耐蚀性、耐热性和高塑性，其焊接性能较好。但如果焊接方法和工艺参数选择不当，仍会产生晶间腐蚀、裂纹等缺欠。

奥氏体不锈钢焊接材料的选用如表 A-8 所示。

7. 铁素体不锈钢的焊接

在进行铁素体不锈钢的焊接时，有产生脆化和冷裂纹的倾向，应尽可能地减小焊接热输入。铁素体不锈钢中碳、氮含量很低，并添加了合金元素优化成分，在选择合适的焊接材料及工艺的前提下，大部分铁素体不锈钢薄板可获得优良的焊接接头。

表 A-8 奥氏体不锈钢焊接材料的选用

钢号	焊条		氩弧焊焊丝	埋弧焊	
	牌号	型号		焊丝	焊剂
1Cr19Ni9	A002	E308L-16	H00Cr21Ni10	H00Cr21Ni0	HJ206 HJ151
0Cr18Ni9Ti	A102	E308-16	H0Cr20Ni10Ti	H0Cr20Ni10Ti	HJ172 SJ608
1Cr18Ni9Ti	A132	E347-16	H0Cr20Ni10Nb	H0Cr20Ni10Nb	SJ701
00Cr18Ni10	A002	E308L-16	H00Cr21Ni10	H00Cr21Ni10	SJ601
0Cr18Ni12Mo2Ti	A022	E316L-16	H00Cr19Ni12Mo2	H00Cr19Ni12Mo2	HJ206 HJ172
1Cr18Ni12Mo3Ti	A242	E317-16	H0Cr20Ni14Mo3	H0Cr20Ni14Mo3	HJ206 HJ172
00Cr17Ni13Mo2	A022	E316L-16	H00Cr19Ni12Mo2	H00Cr19Ni12Mo2	HJ260 HJ172
00Cr17Ni13Mo3	A002	E308L-16	H00Cr19Ni12Mo2	H00Cr20Ni14Mo3	HJ260 HJ172

铁素体不锈钢焊条电弧焊时焊条的选用如表 A-9 所示，铁素体不锈钢气体保护焊时焊接材料的选用如表 A-10 所示。

8. 马氏体不锈钢的焊接

马氏体不锈钢焊接时有强烈的冷裂倾向，焊缝及热影响区焊后均会产生硬而脆的马氏体组织，钢中含碳量越高，冷裂倾向越严重。焊接时在温度超过 1150℃ 的热影响区内，晶粒粗大。过快或过慢的冷却速度都可能引起接头脆化。

马氏体不锈钢气体保护焊时焊接材料的选用如表 A-11 所示。

表 A-9 铁素体不锈钢焊条电弧焊时焊条的选用

类别	钢号	热处理温度/℃		焊条的选用	
		预热、层温	焊后热处理	型号	牌号
铁素体型	0Cr13	100～200	700～760 空冷	E410-16 E410-15 E410-15	G202 G207（耐蚀、耐热） G217
		70～100	—	E309-16 E309-15 E310-16 E310-15	A302 A307 A402（高塑、韧性） A407
	0Cr17 0Cr17Ti 1Cr17Ti 1Cr17Mo2Ti	100～200	700～760	E430-16 E430-15	G302 G307（耐蚀、耐热）
		70～100	—	E308-16 E308-15 E309-16、15 E310-16、15	A101、A102 A107 A302（高塑、韧性） A307 A402 A407
	Cr28	70～100	—	E309-16、15 E310-16、15 E310Mo-16	A302、A307 A402、A407 （耐蚀、耐热） A412

表 A-10 铁素体不锈钢气体保护焊时焊接材料的选用

类别	钢号	焊接材料的选用		简要说明
		保护气体	焊丝	
铁素体型不锈钢	1Cr17 1Cr17Ti 1Cr17Mo 1Cr25Ti 1Cr28	CO_2	H1Cr17 YA102-1 YA107-1 相应成分焊丝（非标准）	超高纯度铁素体钢有良好的焊接性，一般不需预热和焊后热处理。一般均应采用同质焊缝（相同成分的焊丝），工件、焊丝均应进行严格清理，应用氩弧焊或双层气体保护焊、等离子弧焊、电子束焊等
		Ar 或 Ar + O_2 或 Ar + CO_2	H1Cr17 相应成分非标准焊丝 H0Cr21Ni10 H1Cr24Ni13 H0Cr26Ni21	

表 A-11　马氏体不锈钢气体保护焊时焊接材料的选用

母材类型	焊接材料的选用	焊接工艺
Cr13 型	G202(E410-16)[①]、G207(E410-15)、G217(E410-15)焊条 H1Cr13、H2Cr13 焊丝 AWS E410T 药芯焊丝 其他焊接材料: E410Nb(Cr13-Nb)焊条 A207(E316-15)、A307(E309-15)等焊条 H0Cr19Ni12Mo2、H1Cr24Ni13 等焊丝	焊条电弧焊 TIG MIG
低碳及超低碳马氏体钢	E0-13-5Mo(E410NiMo)焊条 AWS ER410NiMo 实心焊丝、AWS E410NiMoT 和 AWS E410NiTiT 药芯焊丝 其他焊接材料: A207(E316-15)、A307(E309-15)焊条 HT16/5、G367M(Cr17-Ni6-Mn-Mo)焊条 H0Cr19Ni12Mo2、H0Cr24Ni13 焊丝 HS13-5(Cr13-Ni5-Mo)、HS367L(Cr16-Mi5-Mo)、HS367M(Cr17-Ni6-Mn-Mo)焊丝 000Cr12Ni2、000Cr12Ni5Mo1.5、000Cr12Ni6.5Mo2.5 焊丝	焊条电弧焊 TIG MIG SAW

① G202 为牌号,E410-16 为型号,下同。

9. 铜及铜合金的焊接

铜及铜合金的焊接性比较差,焊接铜合金比焊接低碳钢困难得多。铜合金焊接时焊缝成形能力差,焊接接头容易产生裂纹、气孔等缺欠。

铜及铜合金焊条电弧焊时焊接材料的选用如表 A-12 所示,气体保护焊时焊接材料的选用如表 A-13 所示。

表 A-12 铜及铜合金焊条电弧焊时焊接材料的选用

类别	工艺措施	热处理温度/℃	焊条型号（牌号）的选用
纯铜	1）应采用较高的预热温度和较大的焊接电流，并保持较高的道温[1]，使母材熔合良好 2）需较大的坡口角与间隙，并将接头部位清理干净，不得有氧化皮、油污、水等，可用有机溶剂、碱、酸溶液清洗后，再用水冲洗并吹干 3）由于流动性好，尽量在平焊位置焊接。磷青铜、白铜可实现全位置焊接；对高流动性的铜合金焊接时应采用石墨或铜合金的衬带或衬环 4）直流反接，短弧操作 5）为改善接头性能，减小焊接应力，焊后对焊接接头进行热态和冷态的锤击 6）对 Al 的质量分数 >7% 的铝青铜厚板，焊后需经 600℃ 退火处理，并以风冷来消除内应力	预热 400～500	ECu、ECuSi-B（T107）、（T207）ECuSn-B ECuAl-C（T227）、（T237）
黄铜		预热 250～350	ECuSn-B（T227） ECuAl-C（T237）
锡青铜		预热 150～200 道温 <200 后热 480 快冷	ECuSn-B（T227）
铝青铜		Al 的质量分数 <7%，预热 <200 Al 的质量分数 >7%，预热 600～620 后热 600 退火并快冷 厚度 <3mm 可不预热	ECuAl-C（T237）
硅青铜		不预热 道温 <100 焊后锤击消除应力	ECuSi-B（T207）
白铜		不预热 道温 <70	ECuAl-C（T237）

① 道温是指焊道之间的温度。

表 A-13　铜及铜合金气体保护焊时焊接材料的选用

名称	牌号	焊接材料的选用		简要说明
		保护气体的质量分数	焊丝	
纯铜	T1 T2 T3 T4 磷脱氧铜 TUP	TIG 焊 Ar + He30% 或 Ar + $N_2$30%	HSCu (HS201) HSCuSi HS211 锡磷青铜丝 QSn4-0.3 (非标准丝)	特别适用于中板、薄板(一般小于12mm)的焊接。对厚件(12mm 以上)宜选用 MIG 焊 纯铜由于母材不含脱氧元素,故一般应选用含有 Si、Mn、P 等脱氧元素的焊丝,对导电性有要求的产品也可选用 HSCu 焊丝并配以气焊剂 301(质量分数为:硼酸 77.5%、硼砂 17.5%、磷酸铝 5%)。焊前用无水酒精调成糊状,涂在待焊处的表面再施焊,采用直流正接。厚度≤4mm 的焊前不预热;4~6mm 的预热至 300~400℃;6~12mm 的需预热至 450~500℃
		MIG 焊 Ar 或 Ar + He	HSCu HSCuSi	MIG 焊时焊丝的选用同 TIG 焊。我国生产的标准焊丝两者是通用的。厚度 12~15mm 的预热至 350~450℃;厚度大于 20mm 时,需预热至 500~600℃ MIG 焊时,电流密度的选用是焊接参数中最重要的一项,它决定熔滴过渡形式,又是电弧稳定和焊缝成形的决定因素。实践表明只有达到喷射过渡时才会达到最佳的效果,获得优质焊缝
白铜	B10 B30	Ar 或 Ar + He	HS201 RCuSi S-1(非标)	白铜本身不含脱氧元素,故选用加有 Mn 或 Ti 等脱氧元素的焊丝。白铜的导热性接近碳素钢,并具有良好的力学性能,焊接性良好一般无需预热,可直接采用 TIG 或 MIG 焊。TIG 焊适于薄板、中板,而 MIG 焊则适于中板、厚板的焊接。TIG 采用直流正接,MIG 焊采用直流反接,并呈喷射过渡

（续）

名称	牌号	焊接材料的选用		简要说明
		保护气体的质量分数	焊丝	
黄铜	H68 H62 H59	Ar 或 Ar + He	HSCuSn(212) ECuSnA(美) HSCuSi HSCuAl	黄铜为 Cu-Zn 合金。Zn 在焊接过程中易蒸发、烧损，Zn 的减少会降低合金的力学性能和耐蚀性，并对气氛造成污染，一般最好不选用含 Zn 的焊丝。对普通黄铜可选用锡青铜焊丝，对高强度黄铜可选用硅青铜或铝青铜焊丝
青铜	QSn 6.5-0.4	Ar	HSCuSn(212) ECuSn-A(美)	青铜所含合金元素具有较强的脱氧能力。焊丝成分只需补偿烧损部分，所以青铜焊丝的选用即为合金元素略高于母材的相应焊丝。如锡青铜焊接时宜选用 Sn 的质量分数比母材高 1% ~2%，以补充 Sn 的烧损等。对含 Sn 较高的青铜也可选用含 Si、Mn、P 等脱氧元素的焊丝。对 Sn-Zn-Pb-Ni 青铜不能采用与母材成分相同的焊丝，否则气孔严重，实践表明采用黄铜焊丝可获得良好效果 对铝青铜焊接时，采用 Ar 与涂焊剂的联合保护法，可获得满意的效果
	QAl9-2		HSCuAl HSCuAlNi ECuAl-A2 (美)	
	QSi3-1		HSCuSi ERCuSi(美)	

附录 B　焊条电弧焊焊缝熔敷重量及焊条消耗量

焊条电弧焊焊缝熔敷重量及焊条消耗量如表 B-1 所示。

表 B-1　焊条电弧焊焊缝熔敷重量及焊条消耗量

焊接接头种类	焊件厚度/mm	焊缝熔敷金属截面面积/mm^2	焊缝熔敷重量/(g/m)	焊缝焊条消耗量/(g/m)
不开坡口对接焊	1.0	5.0	39	67
	1.5	5.5	43	74
	2.0	7.0	55	94
	2.5	9.5	75	128
	3.0	12.1	95	162

（续）

焊接接头种类	焊件厚度/mm	焊缝熔敷金属截面面积/mm^2	焊缝熔敷重量/(g/m)	焊缝焊条消耗量/(g/m)
V形坡口对接焊	3.0	17	133	227
	4.0	24	188	322
	5.0	32	251	429
	6.0	40	314	536
	7.0	48	377	645
	8.0	58	455	778
	9.0	69	542	927
	10.0	80	628	1074
	12.0	110	864	1477
	14.0	146	1146	1960
	16.0	182	1429	2444
	18.0	234	1837	3141
双面V形坡口对接焊	12	84	660	1129
	14	96	750	1289
	16	126	989	1690
	18	140	1099	1879
	20	176	1382	2363
	22	192	1507	2577
	24	234	1837	3141
	26	252	1978	3382
	28	286	2245	3839
搭接焊	1.0	4.3	34	58
	1.5	6.7	53	91
	2.0	10.8	85	145
	2.5	11.7	92	157
	3.0	14.8	116	198
	4.0	21.6	170	291

参考文献

[1] 张文明．焊工实用技术[M]．沈阳:辽宁科学技术出版社,2004.

[2] 程绪文．焊接技能强化实训[M]．北京:化学工业出版社,2008.

[3] 许小平．焊接实训指导[M]．武汉:武汉理工大学出版社,2003.

[4] 张增国．青工电气焊工操作技术要领图解速查手册[M]．济南:山东科学技术出版社,2008.

[5] 胡玉文．电焊工操作技术要领图解[M]．济南:山东科学技术出版社,2008.

[6] 支道光．焊工速成与提高[M]．北京:机械工业出版社,2008.

[7] 卢本．金属焊接技术禁忌[M]．北京:机械工业出版社,2008.

[8] 刘胜新．特种焊接技术问答[M]．北京:机械工业出版社,2009.

[9] 王文翰．焊接技术问答[M]．郑州:河南科学技术出版社,2007.

[10] 孙景荣．电焊工 [M]．北京:机械工业出版社,2002.

[11] 赵玉奇．焊条电弧焊实训[M]．北京:化学工业出版社,2002.

[12] 北京市机械工业局技术开发研究所．焊工安全操作必读:上、下册[M]．北京:冶金工业出版社,2010.

[13] 劳动与社会保障部教材办公室．焊工工艺及技能训练[M]．北京:中国劳动出版社,2001.

[14] 高忠民．电焊工基本技术[M]．北京:金盾出版社,2004.

[15] 董定元．焊工实用技术问答[M]．北京:机械工业出版社,2002.

[16] 陈茂爱．气体保护焊[M]．北京:化学工业出版社,2007.

[17] 中国机械工程学会焊接分会．焊工手册[M]．北京:机械工业出版社,2007.

[18] 朱学忠．看图学电弧焊[M]．北京:人民邮电出版社,2005.

[19] 沈惠塘．焊接技术与高招[M]．北京:机械工业出版社,2003.

[20] 陈永．常用焊接材料速查手册[M]．北京:机械工业出版社,2011.

[21] 潘继民．焊工操作质量保证指南[M]．北京:机械工业出版社,2010.

[22] 高忠民,金凤柱．电焊工入门与技巧[M]．北京:金盾出版社,2005.

[23] 支道光．看图学电焊[M]．北京:化学工业出版社,2010.